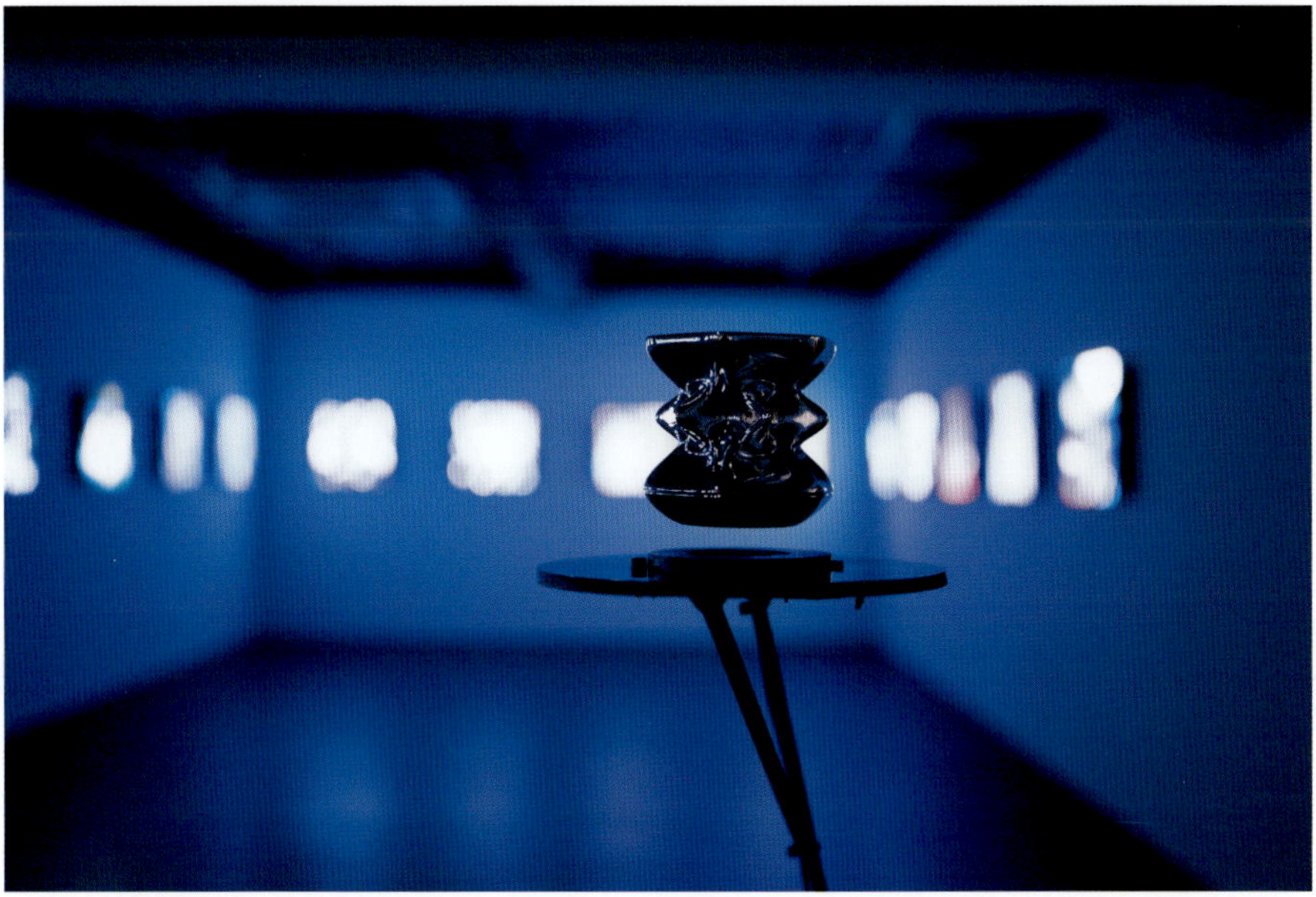

口絵 1　落合陽一「Re-Digitalization of Waves」 →図 8-1

口絵2　ラスコー洞窟（フランス、ドルドーニュ県）の「牡ウシの広間」、およそ2万年前、マドレーヌ文化（©N. Aujoulat/CNP/MC）　→図2-1

口絵3　ショーヴェ洞窟（フランス、アルデシュ県）のライオンの壁画、およそ3万6000年前、オーリニャック文化（©J. Clottes/MC）　→図2-2

口絵 4　小早川秋聲《國之楯》(1944、1968)、京都霊山護国神社蔵（日南町美術館寄託）
→図 3-3

口絵 5　島村信之《紗》(2003)、ホキ美術館蔵　→図 3-9

口絵6　ピーテル・ブリューゲル（父）《イカロスの墜落》（1555頃）、油彩、カンバス、74×112 cm、ブリュッセル、ベルギー王立美術館　→図4–14

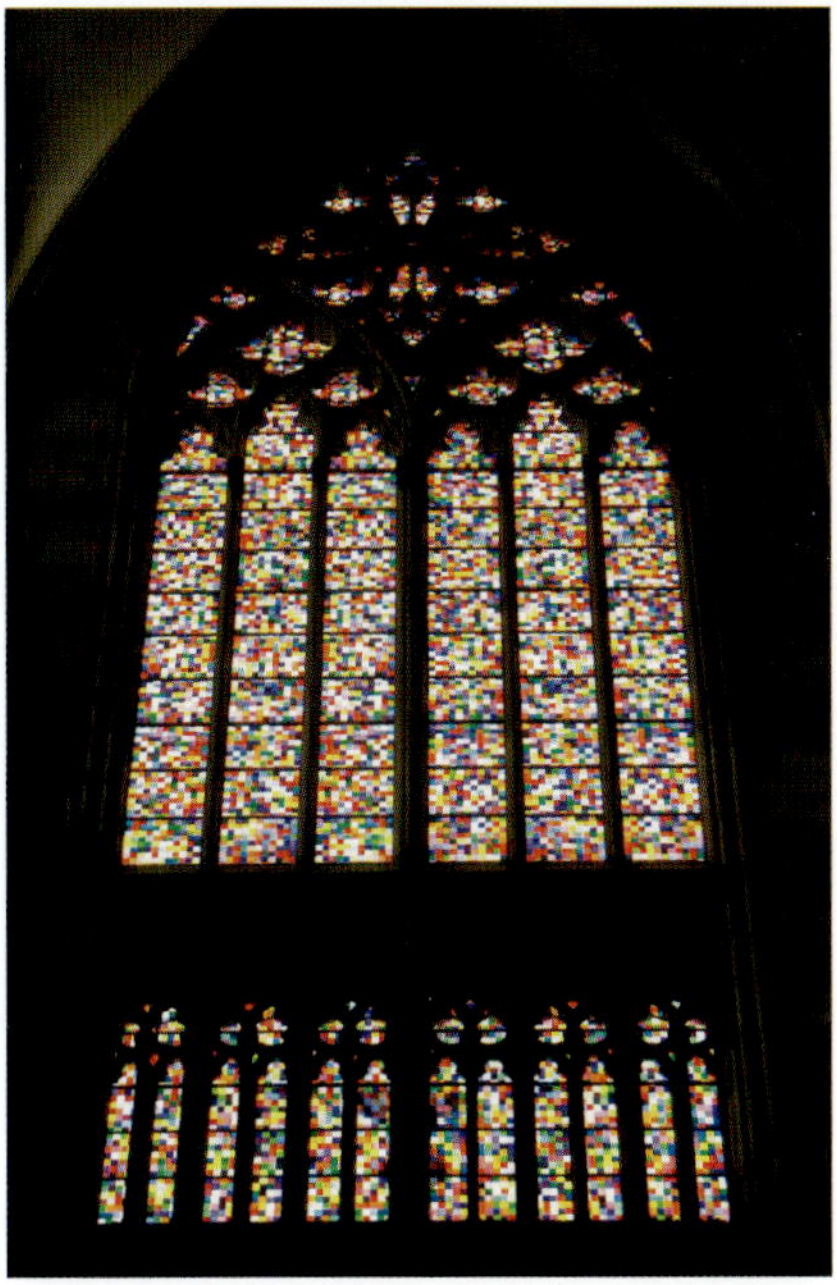

口絵 7　ケルン大聖堂ステンドグラス（Allie-Caulfield, CC BY 2.0, https://publicdelivery.org/gerhard-richter-cathedral）　→図 6-1

口絵 8　ヴァシリー・カンディンスキー《聖ゲオルギウス III》（1911）、鏡面ガラスの背面にテンペラ、23.6×22.8 cm、GMS 119、市立レンバッハハウス美術館およびクンストバウ所蔵、ミュンヘン（©Städtische Galerie im Lenbachhaus und Kunstbau München, Gabriele Münter Stiftung 1957. 出典：https: //www.lenbachhaus. de/entdecken/sammlung-online/detail/st-georg-iii-30013098）→図 7-3

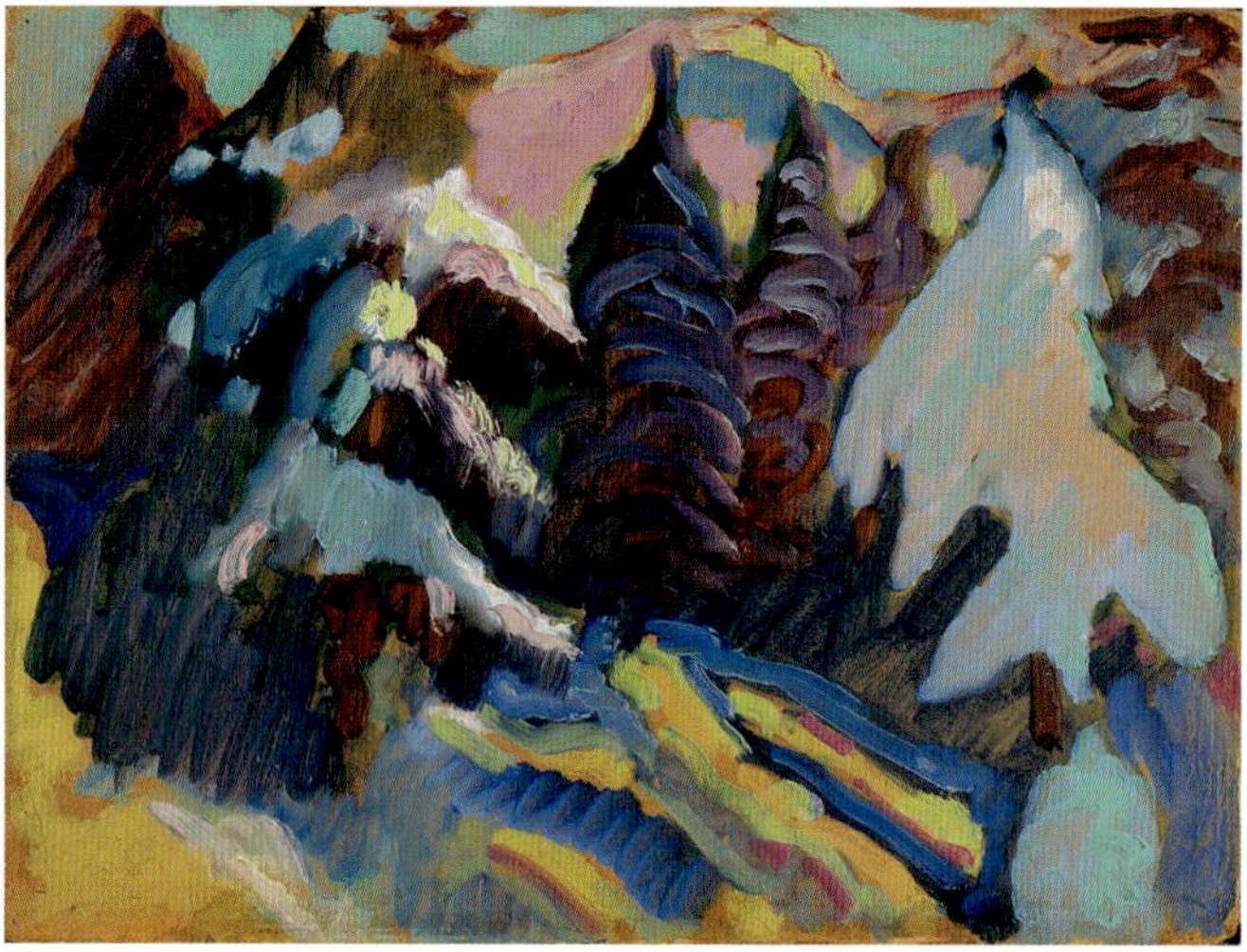

口絵 9　ヴァシリー・カンディンスキー《コッヘル　雪に覆われた樹々》(1909)、油彩、厚紙、33 × 44.9 cm、GMS 38、市立レンバッハハウス美術館およびクンストバウ所蔵、ミュンヘン（©Städtische Galerie im Lenbachhaus und Kunstbau München, Gabriele Münter Stiftung 1957. 出典：https://www.lenbachhaus.de/entdecken/sammlung-online/detail/kochel-verschneite-baeume-30004016）　→図 7–4

口絵 10　ヴァシリー・カンディンスキー《コンポジション IV》(1911)、油性テンペラ、キャンヴァス、159.5 × 250.5 cm、ノルトライン = ヴェストファーレン美術コレクション、デュッセルドルフ（©Kunstsammlung Nordrhein-Westfalen, Düsseldorf）　→図 7–5

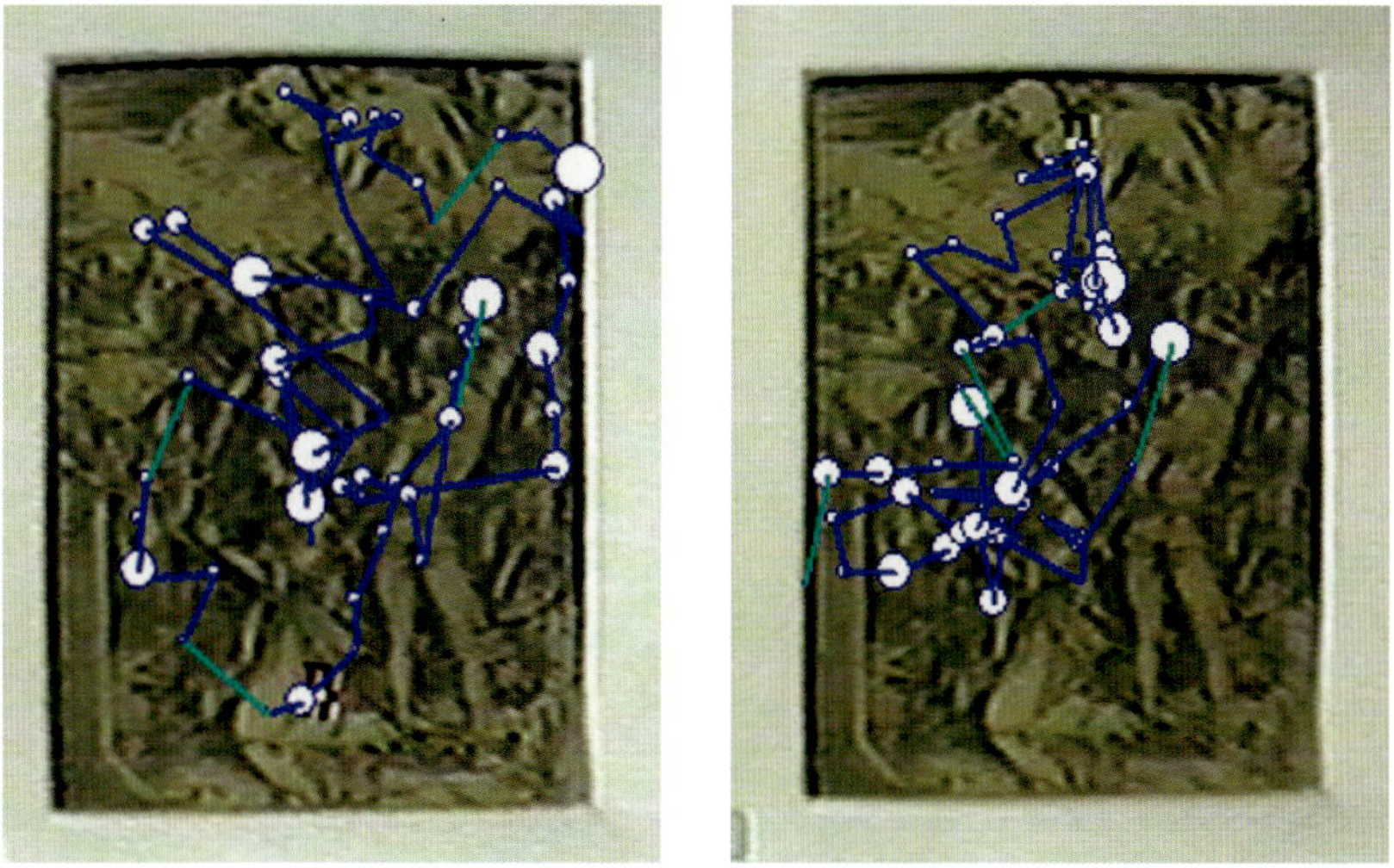

解説前　　解説後

口絵11　《聖カタリナの殉教》主題解説前後での眼球運動（主題を知らない被験者）（前田ほか、2007）　→図 4-3

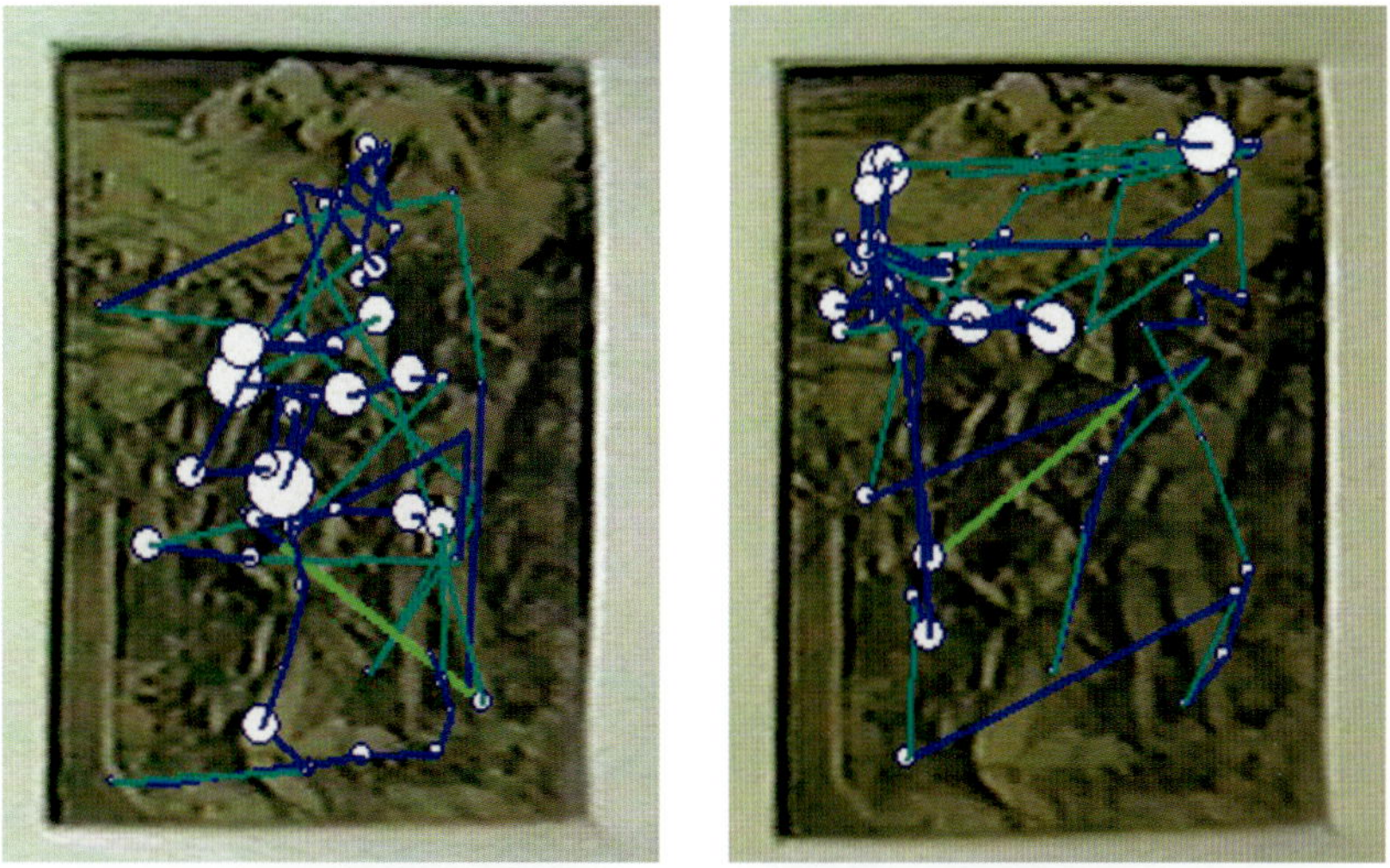

解説前　　解説後

口絵12　《聖カタリナの殉教》主題解説前後での眼球運動（主題を知っていた被験者）（前田ほか、2007）　→図 4-4

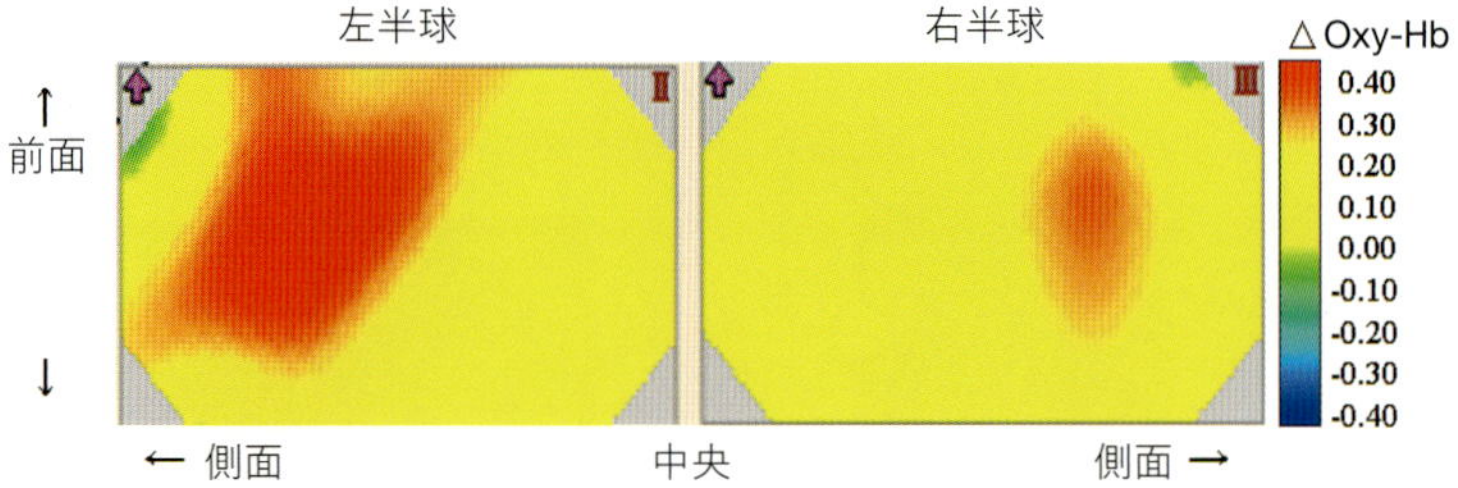

口絵 13　《十字架降下》鑑賞時の酸化ヘモグロビン（Oxy-Hb）の前頭葉トポグラフィーマッピング（前田ほか、2007）　→図 4-6

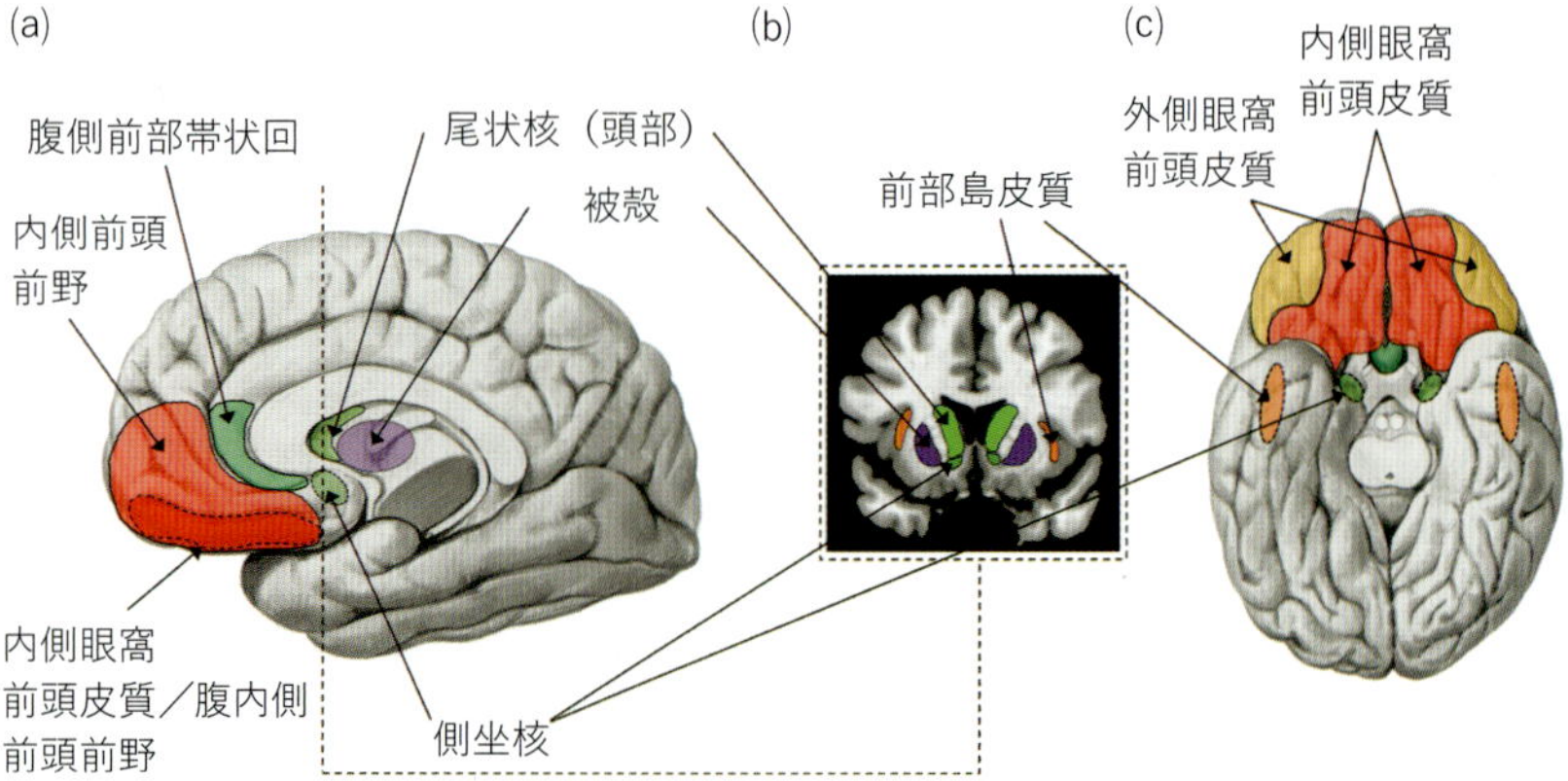

口絵 14　美しさの経験に関係する主な脳部位の模式図。(a) 矢状面、(b) 冠状面、(c) 水平面で切った断面図。（石津，2023 から改変）　→図 5-4

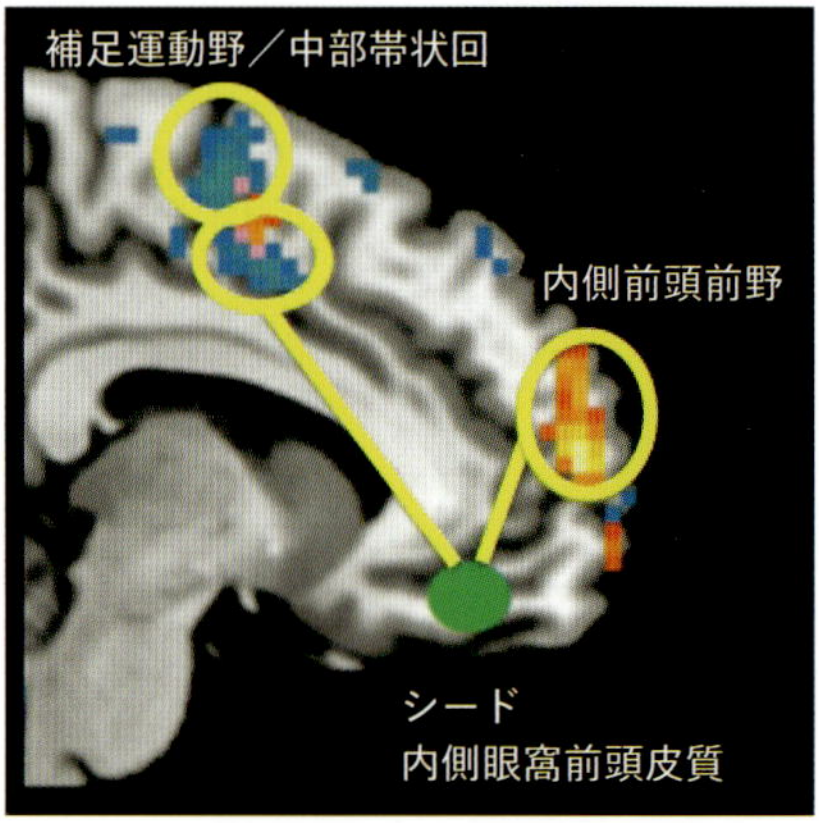

口絵 15　悲哀美の経験に反応する脳領域。内側前頭前皮質と中部帯状回、補足運動野、背外側前頭前皮質（この断面図では見えない）との間に機能結合が見られる。（石津，2019 から改変）　→図 5-5

WHY ART?

なぜアートに魅了されるのか

[編]
渡辺　茂
大崎　睦

[著]
渡辺茂・五十嵐ジャンヌ
幕内充・星聖子・石津智大
内海健・後藤文子・森山朋絵

共立出版

まえがき

本書では、「ヒトはなぜアートに魅了されるのか」という問いに挑むため、第一線で活躍する素晴らしい研究者たちを執筆陣に迎えました。アートの研究は領域侵犯的な分野なので、既存の学問領域を軽々と超えた先端的な本が出版できたと思います。執筆者の方々には、そのような野心的な内容を平易な文章で伝えるということにも心を砕いていただきました。この試みも成功したと思います。どの章から読み始めても惹きつけられ、他の章も読みたくなると思います。「ヒトはなぜアート魅了されるのか」という問いに簡単な答えはありません。しかし、この問いを解きほぐす過程はとてもスリリングです。執筆者とともにその探求を楽しんでいただきたいと思います。

アートというと人類文明の粋のように思いますが、渡辺は第1章で無謀にも動物の美学に挑戦し、少なくともアートのある部分は進化的起源をたどることができることを主張しています。私たちのアートの中にある動物のアートを多少とも理解していただければ筆者としては本望です。二〇一六年に東京の国立科学博物館で「世界遺産 ラスコー展」が開催されました。ラスコー村の村長さんが地酒ワインを持ち込んでのレセプションがあり、大変楽しかったのですが、この展覧会を取り仕切ったのが第2章の著者五十嵐ジャンヌさんです。五十嵐さんは『洞窟壁画考』（青土社、二〇二三）という専門書もお書きになっていますが、この章では洞窟壁画の実証的研究がどのように行われるかをわかりやすく説明してくださっていますし、最後に「なぜ洞窟絵画が描かれたのか」という根本的な疑問を考察なさっています。第3章では幕内充さんが記号論からアートを解きほぐします。記号としてのアートには、それが何を表しているかという指示的記号としての機能と、感情を引き起こす喚情的記号としての機能があります。その観点から写真の写実性やデジタルアートのＮＦＴ（非代替性トークン）としての価値にまで論が及びます。極めて今日的な論考といえます。

美学というと、趣味人のこだわりとか現代思想の用語を散りばめた小難しい理屈とかを思い浮かべがちですが、一九世紀にはグスタフ・フェヒナーが経験科学としての実験美学を開始しています。フェヒナーは編者の渡辺の専門である実験心理学の産みの親の一人でもあります。星聖子さんは美学研究者になる前は宇宙ロケットを飛ばしていたという経歴の方ですが、第4章で実験美学の現状をわかりやすく述べてくださっています。「アートは美しく、人を楽しませるものでなくてはならない」。一つの考え方です。しかし、私たちは、悲しい絵画に惹かれ、悲劇を楽しみます。この一見矛盾するような人間心理に踏み込んだのが、石津智大さんの第5章「なぜ悲しい芸術を求めるのか？」です。石津さんはギリシャ哲学のユーダイモニアという概念から説き起こし、神経美学の成果を引きつつ、詩人キーツの主張する不確実性や未解決性を受容する「ネガティブケイパビリティ」にその答えを見出そうとしています。

「アートには正常と異常という区別がなくなる」。こういう書き出しで始まる精神科医・内海健さんの第6章「アートの治外法権性——アール・ブリュットの場をめぐって」はアートにそもそも内在している荒々しさ、素朴さを考察したものです。アール・ブリュットはアウトサイダー・アートとも呼ばれる、いわゆる専門家でない作家によるアートです。内海さんはこれを正統派のアート、商業化されたアートに対するアンチとしてではなく、むしろアートの本質を裸形にしたものと捉えています。ガーデニングというとなんとなくまったりしたものを感じますが、後藤文子さんの第7章はそのようなガーデニングのイメージを一新させるものです。それによって、モダン・アート全体の見方も変わると思います。渡辺も「闘うガーデニング」のイメージに魅了された読者の一人です。

森山朋絵さんは最後の第8章でアートと科学・技術の関係について深い洞察をされています。この議論自体は昔からあるものですが、最近の計算科学、AI技術の発展は以前の議論を超えた、新しい課題と未来をアートにもたらしています。この章によって、メディアアートの国内外における現在の状況を知ることができます。科学・技術に駆動された、あるいは依存した現代アートはどこに向かうのでしょう？

この本が編纂されるきっかけとなったのは、東京都立大学のオープンユニバーシティという生涯学習講座です。以前から何回かこの講座の講師を委嘱されていましたが、アートに関して複数の講師によるオムニバス形式の講座を企画してほしいと依頼されました。実は渡辺は美学に関する正規の教育を受けたことがありません。しかし、ずっと昔、小学生の頃は絵描きになるつもりでいましたし、今でも展覧会には足を運びます。大学で専攻したのは実験心理学ですが、その中でも動物の高次な認知能力を扱う比較認知科学が専門です。自分の研究テーマとして、ヒト以外の動物がヒトのために作られたアート作品を見分けたり、楽しんだりするかということにも取り組み、その過程で「ヒトはなぜアートを求めるのか」ということに興味をもつようになりました。この問いについてはさまざまな哲学的な議論があることはよく承知していますが、最近では経験科学的な研究も活発に行われています。

オープンユニバーシティの講座では、そのような観点から何人かの先端的研究者に講師をお願いしました。講座が終了してみると、そのままでは惜しい、これを拡大して本を編纂し、世に問うことはできないか、と考えるようになりました。そこで、東京都立大学の講座担当者である大崎睦さんに相談して、以前に『美の起源――アートの行動生物学』（共立スマートセレクション10）という本を出版したことのある共立出版に企画の可能性を打診し、その結果、この本が編まれました。

それでは皆さん、「なぜアートに魅了されるのか」の答えを探しに八人の騎士たちと出発しましょう。

渡辺　茂

なぜアートに魅了されるのか◎目　次

まえがき　iii

第1章　アートの進化的起源　渡辺 茂　001

1　動物の体の美しさ　002

1-1　美しさは適応の信号か／1-2　美の「突っ走り」仮説／1-3　「行き過ぎ」も何かの信号――ハンディキャップ仮説／1-4　「良い遺伝子」は存在するか／1-5　美の弁別は可能か／1-6　美の機能的自律性

2　動物が作るアート　011

2-1　構築する動物たち／2-2　求愛のための建築／2-3　動物はヒューマン・アートを作れるか／2-4　バイオ・アート

3 アートの起源 024
3-1 作品には何が必要か／3-2 アートと快感／3-3 動物もヒューマン・アートを楽しむか／3-4 進化の産物としてのアート／3-5 アニマル・アートとヒューマン・アートの違い／3-6 美の恣意性とデモクラシー
4 まとめ 037
コラム 小さな子どもたちのダンスが教えてくれること 山本絵里子 040
第2章 なぜ洞窟に壁画を描いたのか——ヨーロッパ旧石器時代人が残した具象像と幾何学形 五十嵐ジャンヌ 043
1 ヨーロッパ旧石器時代の洞窟壁画とは 046
1-1 なぜ洞窟に壁画が描かれたのか／1-2 壁画に表された動物／1-3 壁画に記された幾何学形
2 旧石器時代人が持ち運びしたアート——動産美術や装身具 057
2-1 後期旧石器時代の持ち運びできるアートに表された具象像と幾何学形／2-2 動産美術や装身具から見る素材の入手、形の伝播、人びとの移動、人びとのつながり
3 象徴的行動としてのアート 067
3-1 なぜ洞窟だったのか／3-2 象徴的行動
4 さいごに 071

第3章 記号としての描画　幕内 充　075

1 記号とは　076
1-1 記号とヒト／1-2 記号認知という省力モード／1-3 記号の統語論・意味論・語用論／1-4 語用論としてのアート／1-5 指示的記号・喚情的記号

2 記号としての描画　084
2-1 指示的記号としての描画／2-2 喚情的記号としての描画／2-3 描画の発達

3 写真と写実画のアイコニシティ　096
3-1 写真の情報提供能力／3-2 写実画の美／3-3 アルベルト・ジャコメッティの苦闘／3-4 円柱をどう描くか／3-5 アイコニシティ批判

4 デジタルアート・AI・NFTの登上　106
4-1 生成AIによるイラスト／4-2 NFT

5 まとめ――ヒトは指示的記号と喚情的記号の世界の均衡のためにアートを求める　111

コラム アートによる発達支援　近藤鮎子　114

コラム キャンバスとしての皮膚と着衣の起源　百々 徹　117

第4章　アートを実験する——実験美学の視点　星 聖子　121

1　アートの諸相　123
2　アートを見る——美術鑑賞と眼の動き　125
3　アートを読む——美術鑑賞と脳の働き　129
4　アートを考える——美術鑑賞と文字情報　136

第5章　なぜ悲しい芸術を求めるのか？　石津智大　149

1　芸術と美学から　151
2　実験心理学から　157
3　認知脳科学から　161
4　悲しい美の脳活動　165
5　ユーダイモニア　168
6　ネガティブケイパビリティ　170

コラム　彫刻——視点の散歩　植松琢磨　176

第6章

アートの治外法権性——アール・ブリュットの場をめぐって

内海 健

179

1 はじめに 180
2 アール・ブリュットについて 181
3 アール・ブリュットのエッセンス 183
4 作者とは誰のことか 186
5 「作者の死」 190
6 ヘンリー・ダーガーの場合 191
7 プロセス 195
8 サイモン・ロディアの場合 198
9 作者と作品のあいだ 202
10 視覚とプロセス 204
11 アール・ブリュットとしてのセザンヌ 207
12 おわりに 211

コラム アール・ブリュットの現在——英国、パリ、滋賀の事例より 保坂健二朗 215

コラム そこにあるアート——アートの非実在性 清原舞子／伊集院清一 219

第7章 モダン・アートにおける闘いの場
――ガーデニングとイメージの作用力
後藤文子 223
1 芸術制作とガーデニング 224
1-1 印象主義からダダイズムまで、モネからヘーヒまで／1-2 「不在のイメージ」という問題／1-3 制作論からガーデニングを見ること
2 光と色彩のイメージ 231
2-1 機能形態学への関心／2-2 光、大気への関心／2-3 カンディンスキーにおける光のイメージ
3 闘いの場としてのガーデニング 243
3-1 「下からの革命」とガーデニング／3-2 近代芸術の小さな苗に水を遣る
4 結び 250
コラム アートは普遍的か？
G・カプチック（宮坂敬造 訳） 255
第8章 次なる知覚へ
――アート&テクノロジー／サイエンスの視点から
森山朋絵 261
1 「アート&テクノロジー／サイエンス」のカテゴリー 264

2 「アート&テクノロジー／サイエンス」の日本における源流と文化施設、国内外の動向 267
2-1 日本における源流と文化施設／2-2 国内外の主な動向／2-3 「アート&テクノロジー／サイエンス」のサイクルとそのプラットフォーム

3 「アート&テクノロジー／サイエンス」の拡がりと事例 273
3-1 アナモルフォーズ＝錯視と視覚トリック／マジック・シャドウズ＝プロジェクション／3-2 アニメイテッド・イマジネーション＝動きを与えられた視覚メディア／3-3 3D＝奥行知覚、人工現実感や重畳表示、パノラミックなイマーシブ領域／3-4 視覚の拡大と縮小＝サテライトアート、スペースアートからナノスペース・量子領域まで／3-5 時と空間の記憶、高精細画像・写真、ドキュメンテーション

4 ポストコロナ時代の試み 287
4-1 AI、人工生命、バイオアート／4-2 NFT、ウェルビーイング、ソーシャルエンゲージドアート

5 おわりに——次なるクリエイティビティへ 296

あとがき 307

第1章

アートの進化的起源

渡辺　茂

1　動物の体の美しさ

ヒトは昔から動物の美しさに惹かれてきました。動物は絵画のテーマの一つだし、テレビの動物番組はいつも人気番組の一つです。たしかにヒョウやトラは美しく、ゴクラクチョウも綺麗、リュウグウノツカイといった魚も豪華です。チョウに取り憑かれて、大人になっても補虫網を手放せない人たちもいます。私たちは動物の毛皮や角を装飾品にしますし、女性のアイメイクなどを見るとネコ科動物の真似のように見えます（図1－1）。ヒトが動物の美しさに魅せられていることは、観賞用に動物を人為的に作ったことでもわかります。遺伝子改変によって光るウサギなども登場しています。

マンハッタンにあるプラット研究所のキャサリン・イングラムは、動物の体とヒトの建築の類似性を指摘しています。どちらも出入り口（動物では口と肛門ですね）があります。どちらも内部と外部があります。そして、どちらも重力に拮抗する必要があります。こう考えると、ヒトが作る建築と自然が作る動物の体に、同じような美を発見してもおかしくありません。

鳥や魚と比較すると、哺乳類の見かけは実に地味です。霊長類ではマンドリルやワタボウシタマリンなどのように装飾的な顔の種がいますが、哺乳類は一般的にはパッとしません。ヒトも地味ですね。昔のオリンピックは全裸で行われましたし、人体の美は絵画のテーマでありますが、鳥や魚の装飾過剰とも思われる姿から見れば相当見劣りします。体毛は貧弱で飾りにならないし（むしろ肌の誇示のために体毛をなくしたという説もあります）、せっかく色覚があるのに肌の色は黄色か白黒です。もっとも、それ

図 1–1　ヒトは動物の美しさを真似る

こそがヒトが体の外に美を作ろうとした理由かもしれません。

動物の美しさの一部は、何かの機能美かもしれません。美の実用的な解釈ですね。でも、何の役に立つのか首をひねるものもあります。クジャクの尾羽もそうです。これは、ダーウィンの悪夢として知られています。チャールズ・ダーウィンは、生存に有利だとは思えない尾羽の進化を、自然選択では説明できなかったからです。この難問に対するダーウィンの答えは、配偶者による性選択でした。メスがある種の「美のセンス」をもっており、美しい尾羽をもったオスを配偶者として選べば、そのような尾羽が進化しても不思議はありません。ダーウィンは、メスがオスの美を認知（心理学的には「弁別」といいます）できるだけでなく、それによって快感を得る（心理学的には「強化」といいます）と考えていました。ダーウィンはヒトと動物の連続性を主張しますから、動物にもヒトに似た審美眼があっても不思議ではないのです。彼は「美は難問を解決する」と著書に書き込んだくらいですが、この考えはあまりに擬人的だという批判を浴びました。性選択は非科学的だと厳しく批判され、二〇世紀後半になって復活を遂げるという数奇な歴史をもつ理論です。

1-1　美しさは適応の信号か

適応、つまり個体の生存を介した遺伝子の伝搬こそが生物の本領です。メスはオスの体の美しさで相手の適応力を評価しているのでしょうか？　健康だったり、病気に耐性があったり、餌を探したり、捕食者を撃退したり、縄張りを守ったりするオスは、遺伝子を分け合う配偶者としてふさわしいでしょう。しかし、メスはオスの身体検査をしたり、知能検査をするわけにはいきません。それらを示す目印（正直な信号）があれば便利です。この信号さえわかれば、面倒な検査をしなくても結果的に適応的な選択になるというわけです。外部寄生虫がたかっていれば羽は汚くなるでしょうし、免疫系が弱ければやはり冴えない羽になるでしょう。美しい尾羽を選ぶことは、結果として健康な配偶者を選ぶことになります。キンカチョウのオスはクチバシが赤いほどメスに好まれますが、このクチバシの赤さと免疫力は相関があります。赤いクチバシを選ぶだけで、強い免疫のオスを選ぶことになるのです。ダーウィンと並んで進化論の創設者であるアルフレッド・ラッセル・ウォーレスはダーウィンの性選択に反対しましたが、動物の見かけが健康状態や生存力の正直な信号だということに気がついていました。これらの正直な信号の一部は、種を超えて共通だと思われます。ヒトもある種の動物が美しいと感じます。あるいは私たちは適応の信号を美と感じるというべきかもしれません。

1-2 美の「突っ走り」仮説

それにしても、動物たちを見渡すと、動物はしばしば「美」を超えて奇妙ともいえる形を進化させてもいます。クジャクの尾羽もそうですが、極端な「行き過ぎ」のようなものが見られます。しかも、その「行き過ぎ」こそが配偶者選択で好まれるのです。テンニンチョウのオスは長い尾羽をもっています。そこで、人工的に尾羽を接着して尾羽をさらに長くするとメスに選ばれることが多くなり、逆に尾羽を切り詰めると、がぜんメスに選ばれなくなってしまいます（ただし、最近ではこのような研究の一部は再現性に疑問がもたれています）。この長い羽は何の信号なのでしょうか。

極端な信号を生み出す仕組みとしてロナルド・フィッシャーは、「突っ走り（ランナウェイ）」仮説を考え出しました。たとえば、個体変異の中でほんのちょっと尾羽が長いオスがメスに選ばれるとしましょう。生まれた子どものオスは、少し尾羽が長くなります。大人になった時に、このオスはメスに選ばれやすくなります。これが何世代も続けば、尾羽が極端に長いオスが出現するというわけです。この過程はラッセル・ランドとマーク・カークパトリックが数学的に明らかにしました。「突っ走り」仮説は極端な形態の出現を説明できますが、難点は出発点の「尾羽がちょっと長いのが好き」ということが説明できない点にあります。昔、オランダで黒いチューリップが投機的に流行り、その球根はものすごく高価で取引されるようになりました。「突っ走り」仮説はそのようなものだとも考えられます。出発点の好みは全く偶然で恣意的なものなのかもしれません。突っ走りは「正のフィードバック」というものです。ごく普通に考えると行き過ぎは美しくありませんが、ヒトも動物の「行き過ぎ」に美を感じることがあるようです。観賞用に育種された動物の中には、素人には気持ちが悪いと思えるものがあります。筆者には金魚のランチュウやブルドックが美しいとか可愛いとはとても思えません。

動物たちも誇張された刺激を好むことがあります。「超正常刺激」といわれるもので、チドリは大きな卵を好み、自種の卵よりはるかに大きな卵を抱卵しようとします。絵画には写真のような細密画もありますが、一般的には絵画は実物より単純化されています。動物でも同じような現象があります。「鍵刺激」あるいは「リリーサー」と呼ばれるもので、セグロカモメのヒナは親鳥のクチバシをつついて餌をねだりますが、赤い点のある棒でも同じようにつついて餌をねだります。超正常刺激や鍵刺激はおそらく情報処理の単純化が関係していると思います。このことは第3節でも議論します。

1‐3 「行き過ぎ」も何かの信号――ハンディキャップ仮説

「行き過ぎ」た信号は生存に不利だと思えますが、実は一種の正直な信号だという見方もあります。イスラエルのアモツ・ザハディは「ハンディキャップの原理」というものを提唱しました。長い尾羽は生存に不利、それでも生存できていることは、そのオスが不利を克服するだけの「良い遺伝子」をもっているからだというわけです。かなり擬人的な解釈ですが、人気のある考え方です。ハンディキャップはオスにとっては生存上のコストになりますが、メスに選ばれるためのオスの競争ですから、ちょっと無理をしてコストをかけたオスが選ばれるということがありえます。そこで、簡単にはできないほどコストを高くすれば、より信頼できる信号になります。しかし、行き過ぎると今度は生存を危うくします。コトドリは求愛のために羽で音を出しますが、そのために尺骨が変形しています。バビルサ（イノシシの仲間）の鼻を突き抜ける大きな牙や、サーベルタイガー（剣歯虎）の口からはみ出す巨大な犬歯も、性選択の結果とも考えられています。性選択の選択圧は、自然選択の選択圧ギリギリまでオスを追い詰めるのかもしれません。ダーウィンも性選択が自然選択に反するものであることに気づいていました。つまり、美は対価を必要とし、その対価は種を絶滅に追いやるかもしれないのです。なかなか含蓄のある見方ですね。

1-4 「良い遺伝子」は存在するか

「良い遺伝子」はスイス銀行の口座のようなものだといわれます。つまり、誰も見たことのない財産なのです。突っ走り仮説では、メスが悪い遺伝子のオスを選んでも、その伝搬が起きます。オスの信号にバラツキがあり、メスに何らかの好みがあれば、突っ走りが生じます。メスはオスのＤＮＡ鑑定ができるわけではありません。どのように「良い遺伝子」を判定するのでしょう。そもそも良い遺伝子とは、生存に有利な遺伝子（群）でしょう。英語表記では good gene と単数になっている場合と good genes と複数になっている場合がありますが、いずれにしてもその実体が明らかになっているわけではありません。良い遺伝子の信号を選ぶといわれるとなんとなく説明されたような気がしますが、本当の証拠はないように思います。

ダーウィンは性選択にはメスの審美眼が必要だとしましたが、これはつまり弁別能力の問題です。オスの性的修飾物の進化とメスの弁別能力は、共進化したと考えられます。

自分の研究で恐縮ですが、鳥に絵画の弁別を訓練した実験があります。ハトをオペラント箱と呼ばれる実験装置に入れます。装置にはテレビモニターの画面がついていて、そこに絵画が映し出されます。モネの絵が映し出されている時にハトが画面をつつくと餌が与えられますが、ピカソの絵の時にはつついても餌が出ません。この訓練を続けるとハトはモネの絵はつつき、ピカソの絵はつつかないようになります。つまり、弁別ができるようになるわけです。別のハトには逆にピカソの絵をつつき、モネの絵をつつかないように訓練をしますが、この弁別もできるようになります。その後、訓練に使わなかったモネの絵、ピカソの絵、さらに、ルノアール、ブラックの絵も見せるテストを行います。ハトは初見であってもモネとピカソの区別ができました。さらに、モネに反応するように訓練されたハトはルノアールにも、ピカソに反応するように訓練されたハトはブラックにも反応しました（図1-2）。つまり、印象派の絵、キュービストの絵という区別ができたのです。別の実験ではゴッホとシャガールの絵の弁別をさせました。また別の実験ではハトではなくブンチョウに西洋画と日本画の弁別をさせましたが、やはり弁別ができました。

これらの実験は絵画の区別であって、「美」の認知ではありません。児童画を使って、ハトに上手な

ハトはスクリーンを
つついて餌をもらう

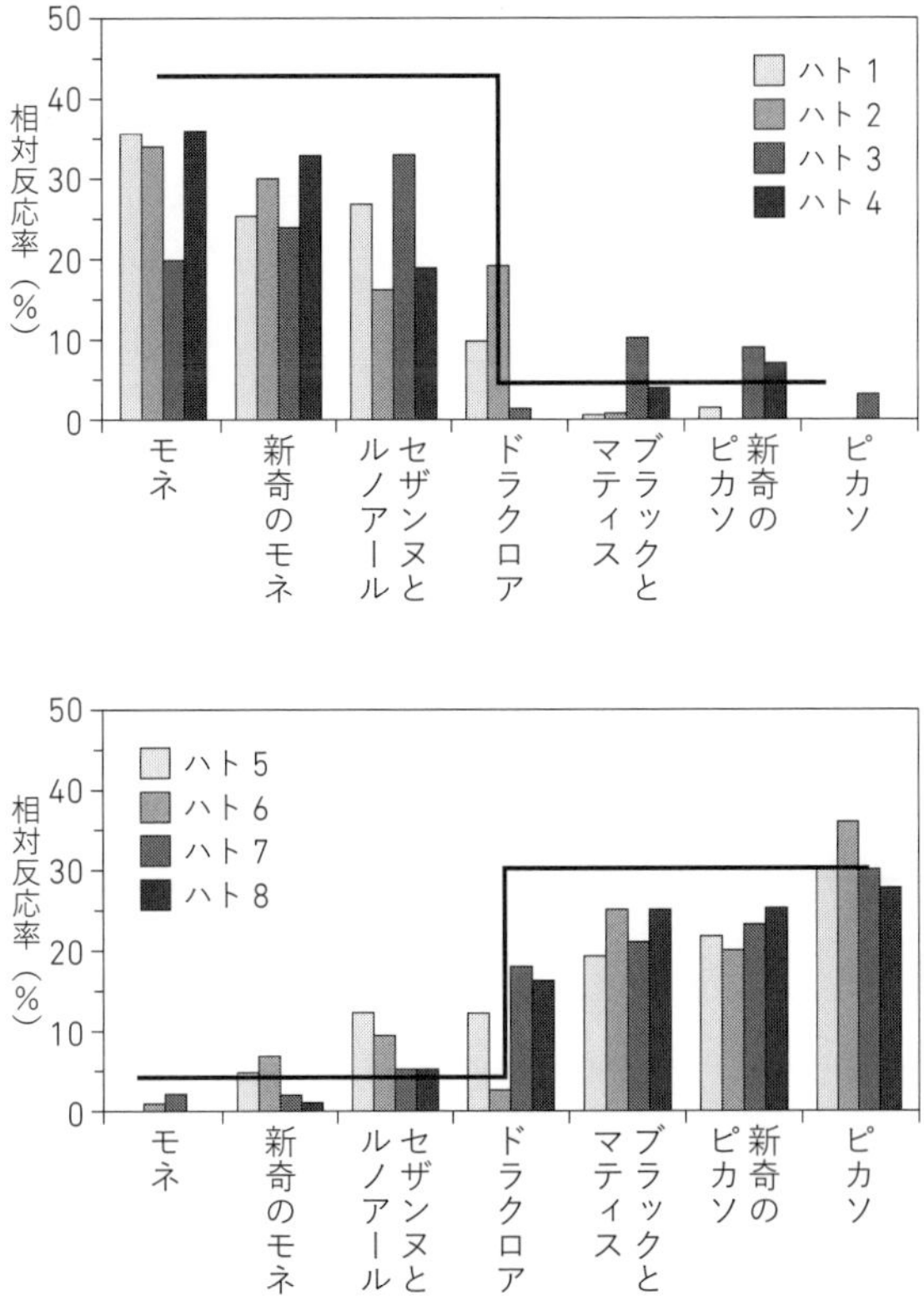

図1–2　モネの絵をつつくよう訓練されたハト4羽（上)、ピカソの絵をつつくよう訓練されたハト4羽（下）の絵画弁別テスト結果

絵と下手な絵（つまり図画の成績の良かった絵とそうでなかった絵）の弁別を訓練すると、ハトはこの弁別を学習しました。訓練の時に使わなかった絵でテストすると、初めて見る絵でも上手下手の弁別ができました。この実験はハトが芸術的な意味での「美」を理解していることを示すものではありませんが、児童画のようなごく素朴なレベルでの上手な絵に共通する特徴、下手な絵に共通する特徴は、ハトにも検出できることを示しています。

1-6　美の機能的自律性

どんな好みでも突っ走りによって進化する可能性があることは先に述べた通りです。実はこれには大きな問題があります。そこに美の恣意性があるかもしれないからです。かつて経済学者たちは人間というものは「合理的」な判断をするに違いないと考えてさまざまな数理モデルを作りましたが、生物学者たちはどうしても適応、つまり繁殖の成功によってすべてを説明しようとします。一時期の行動生態学の研究は、結局その行動が適応度を高める、という結論が決まっているような研究ばかりでした。これは「適応主義の罠」といわれます。ヒトも動物も、いつも適応的な行動をしているわけではありません。美しい形態も適応的だったから進化したと決めつけることはできません。おそらく、恣意的な起源の「美」とそれがもつメッセージ性の両方が動物の美を形成していったのだと思いますが、正直なところまだ謎の多い問題です。美の自律性の出現については第3節でも再度取り上げます。

2 動物が作るアート

前節では動物の体の美しさを述べましたが、ヒトのアートの多くは、自分の体の外に作り出したものです。動物たちも体の外に構築物を作ります。クモの巣や鳥の巣などは見とれるほどの美しさです。動物の構築物で最大のものはオーストラリアのグレート・バリア・リーフで二三〇〇キロメートルに達しますが、長さという点では万里の長城の二万一一九六キロメートルに及びません。ヒトの作った最も高い構築物は、ドバイのブルジュ・ハリファ（ホテル）で八〇〇メートルを越します。動物のほうはシロアリの巣ですが、体長との関係で比較すると、シロアリのほうがヒトより八倍高いものを作っています。動物の構築は本能によるもので融通がきかないと考えられがちですが、クモの巣ですら遺伝的に固定された行動ではなく必要に応じて可塑性があり、巣が壊れれば補修も行います。

2-1 構築する動物たち

動物の構築物は、シェルターとしての巣、捕食のための罠、配偶者に見せるための誇示（ディスプレイ）などに分けられます。罠は捕食の方法として優れているように思いますが、罠を作る動物は多くありません。構築のコストと見合うだけの成功を収めるのが難しいのではないかと思われますが、なぜヒトとクモで罠構築の収斂が見られるのかは謎です。

哺乳類ではヒト以外に大した建築家がいません。わずかにビーバーが建築家としての栄誉を担います。オランウータンやチンパンジーの巣などはごく原始的なもので、霊長類の中でヒトは高度な建築をする例外的な種です。しかし、哺乳類はもともとが地下生活だったので、地下の構築物になると立派なものがあります。南アフリカのカローネズミの巣は五〇〇個もの入り口をもち、ハダカデバネズミ（なんとも気の毒な名前ですが）の巣は一キロメートルに及びます。英国のアナグマが八七九の地下道、五〇部屋からなる地下建築を作っており、これは築後数百年経つとされてます。当然、子孫への継承と補修があります。

脊椎動物の中では鳥類が群を抜いた建築家で、多くの種が巣を作ります。鳥の巣の目的はそもそも繁殖、つまり卵をかえすことと育雛（育児）です。一番単純な巣は地上に作るものです。ダチョウなど飛べない鳥は地上に巣を作るしかありませんが、チドリの仲間も小石を集めて、卵が転がるのを防ぐ簡単な皿型の巣を作ります。地上の巣の難点は、天敵が容易に近づけるということです。そこで、樹の上に巣を作ることが考えられます。樹上の巣でも素朴なものは皿型ですが、樹の上では地上と違って工作をするための空間的な自由があり、多彩な巣が作られます。ズキンコウライウグイスの巣は苔が垂れ下がり装飾性がありますし、マダラカササギヒタキは枝からつり下げるブランコ型の巣を作ります。

鳥の巣作り技術の一つに、素材の「縫い付け」があります。サイホウチョウはクチバシで葉に穴を開け、クモの糸で葉を縫って袋状の巣を作ります。裁縫は近縁ではない二種類の鳥、ハシナガクモカリドリとオナガサイホウチョウで知られており、独立に進化したものと考えられています。裁縫の次は機織りです。戯曲『夕鶴』ではツルが恩返しに機織りをしますが、もちろんツルは機織りをしません。機織

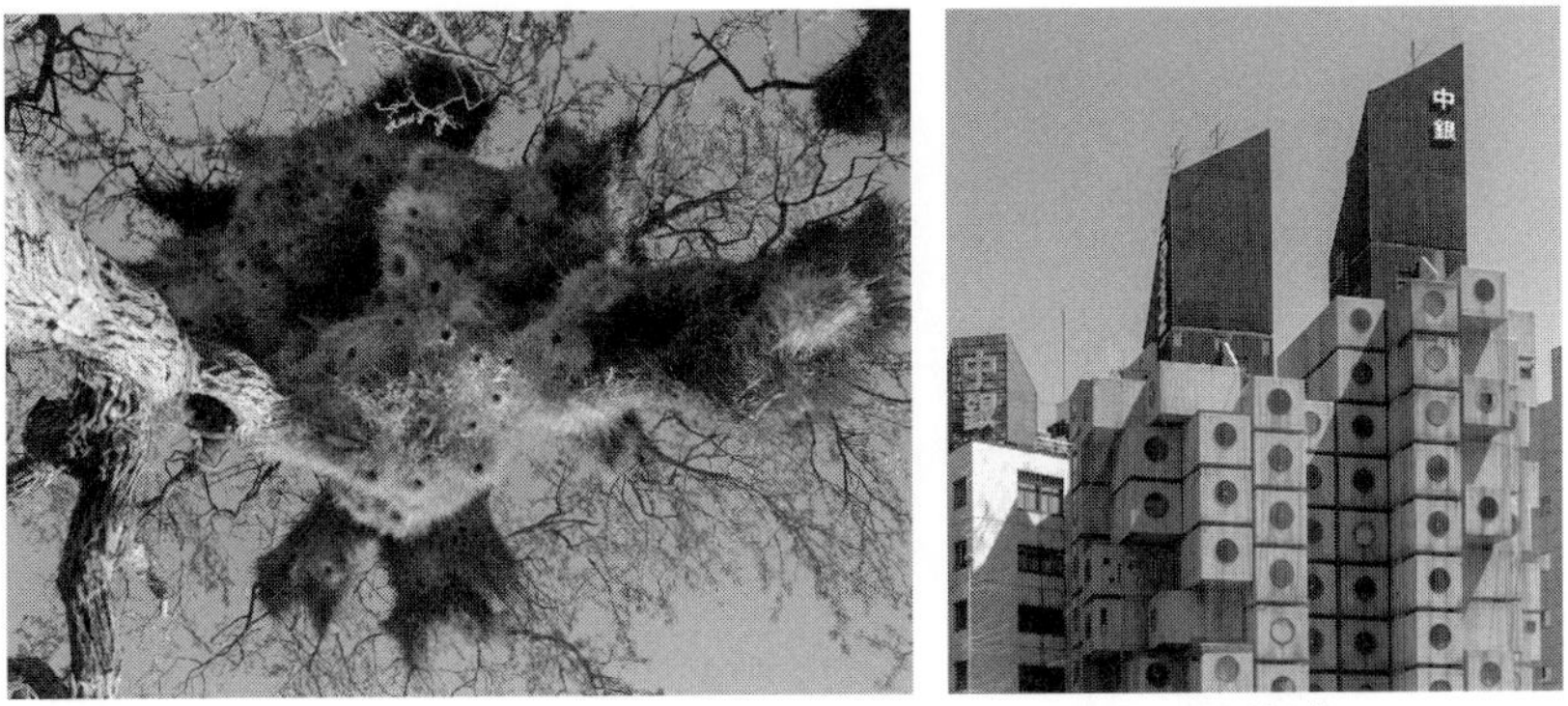

シャカイハタオリドリ　　黒川紀章

図1–3　シャカイハタオリドリとヒトの集合住宅

りをする鳥は二種類で、一つは南米コスタリカのオオツリスドリで文字通り枝からつり下がった巣を編みます。もう一つはアフリカとアジアのハタオリドリですが、いずれも機織りをするのはオスで、メスは巣を検分して回ります（メスは新鮮な、つまり緑の巣が好みのようです）。後に紹介するニワシドリの巣は完全に求愛のためですが、ハタオリドリの巣は繁殖のための機能とメスを引きつける機能を兼ねています。

ハタオリドリの仲間でさらに面白いのは複合住宅で、シャカイハタオリドリでおよそ一〇〇室からなる集合住宅を構築します。これは築後一〇〇年を超えるものもあります（図1–3）。

集合住宅というアイデアは懸架式のものばかりでなく、オキナインコの巣やアメリカトキコウの皿型の巣でも見られます。これらの巣を人工的に壊すと鳥たちは柔軟に保守、修正を行います。精緻な巣の作成は、遺伝的に決まっている定型的行動だけでは無理です。

爬虫類、両生類、魚類はほとんど巣を作りません。脊椎動物のご先祖様のホヤの仲間では、ワカレオタマボヤが巣を作

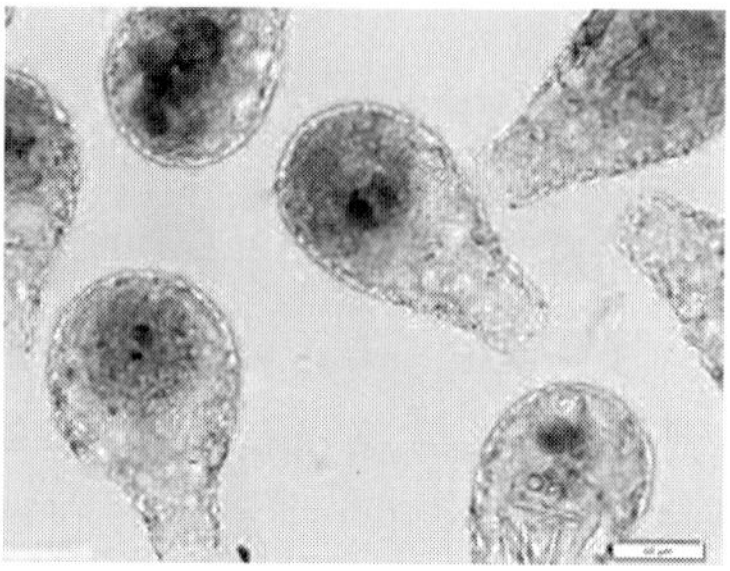

図1-4　単細胞生物ツボカムリの構築物
（山形大学 野村真未さん提供）

ります。一方、無脊椎動物には優れた建築家が多くいます。ミツバチは六角形の構造で優れた強度をもつ巣を作ります。蟻塚はその大きさといい複雑さといい、アリの体の大きさから考えれば超大型建築です。『昆虫記』で有名なアンリ・ファーブルは、トックリバチの巣に魅了されました。ファーブルは、トックリバチの巣が機能がはっきりしない手のかかる入り口の構造をもち、また、わざわざ石英やカタツムリの殻を使って作られることなどから、ハチがある種の「建築美学」をもっているのではないかと書いています。

特筆すべきは無脊椎動物が「罠」を作ることです。脊椎動物で罠を作るのはヒト一種のみです。面白いことに、ヒトの罠と無脊椎動物の罠には構造の類似性があります。もっとも目的が同じですから、形が似てくるのは当然ともいえます。クモの巣は霞網そっくりですし、トアミグモの投網は文字通りヒトの投網によく似ています。

ヒトと鳥における建築の収斂は、建築にヒト型脳が必要でないことを示しますし、ヒトと無脊椎動物における罠の作成の収斂は、脊椎動物の中枢神経系が罠作成に必要でないことを示します。さらに単細胞アメーバのツボカムリ（*Difflugia coronata*）は、一五〇ミクロンの超小型の巣を作ります（図1-4）。ツボカムリはこの中に入ってヤドカリのように補足を出して移動します。ツボカムリの巣は砂粒や珪藻類の破片などを使ったものですが、人工的にガラスのビーズを与えるとこれを使って美しい構築物を作ります。こうなると巣の構築には多細胞はいらないということになります。

2-2 求愛のための建築

求愛のための建築は、体のディスプレイの代替とも見られます。実際、美しい建築をする動物の見かけは地味な場合が多いのです。ここでは研究者を魅了して止まないニワシドリの建築を見てみましょう。

(1) ニワシドリの東屋

鳥の求愛行動は多彩ですが、動物行動学者クラウス・インメルマンはその多くが巣作り行動からきていると述べています。たとえば、枝をくわえて樹で上下にジャンプするような求愛行動は巣作り行動の一部です。究極の求愛のための巣作りは、ニュージーランド、オーストラリアに棲むニワシドリのものです。二〇種のニワシドリのうち一七種で東屋を作ることが知られています。ニワシドリの体の大きさは七五グラムくらいから二五〇グラムくらいまでで、主として果実を食べています。オスは非常に複雑な巣（東屋）を作り、それにさまざまな装飾を施します。まさにアートです。東屋（四阿）とは柱と屋根だけで壁のない建物で、庭園でちょっと休むためのものです。多くの研究者の興味を引くのは、この巣がメスに見せびらかすためだけのもので、そこに住んだり、抱卵するためのものではないことです。抱卵、育雛のための巣はオスではなくメスが樹上に作り、構造はオスの東屋とは全く違います。

ニワシドリ科のオスの見かけは地味ですが、近縁のフウチョウ科には豪華絢爛たる羽で知られるゴクラクチョウがいます。おそらく共通の祖先から、メスを見かけで惹きつける鳥と建築物で惹きつける鳥

並木道型（Goodfellow, 2011）

メイポール型（鈴木、2001）

図1–5　ニワシドリの東屋

が分かれたのだと思われます。もっとも例外はいて、オウゴンフウチョウモドキはニワシドリ科ですが、それなりに派手な姿です。フウチョウ科にも例外がいて、キンミノフウチョウのオスはネコドリ（ニワシドリ科）のものに似た踊り場を作り、一本の柱を立てます。

(2) 東屋の進化

東屋の起源についてはいくつかの意見がありますが、求愛ダンスのための踊り場から進化したと考えられます。ニワシドリ科のネコドリの踊り場は地面に葉を集めただけの簡単なものですが、葉はすべて裏返しにされています。進化した東屋の構造は並木道型とメイポール型に分けられます（図1-5）。それらはそれぞれ独立に進化したもののようです。

並木道型の典型例はサテンバードの東屋です。まず、枝を地面に垂直に立てますが、垂直な柱の構造は繁殖用の巣では見られません。そして二つの並木ないし壁を作っていきます。壁は果汁や唾液を混ぜたもので塗装します。クチバシにくわえた樹皮のブラシを使うものもいます。次いで装飾品の陳列になりますが、これはデタラメに物を並べるのではなく、同じ色や同じ素材のものをまとめて陳列します。つまりゾーニングですね。素材には自由度があり、自然素材以外にメガネや車のキーなども使われ、遠くから運んできたものもあります。さらに、他個体の巣からの盗品もあります。ニワシドリのオスは装飾品を奪い合うわけです。劣位の個体は取り合いに負けますから、装飾品の多さは作者の社会的地位を表すことになります。たとえば、赤いベリーはメスを惹きつけますが、同時により優位なオスの攻撃も誘います。ちょっと意地悪な実験ですが、研究者が東屋にベリーを足してより豪華にしてしまうと、その東屋の主人はなんとそのベリーを自ら取り除いてしまいます。より優位なオスの攻撃を避けるための悲しい自主規制です。過度の装飾は身の程知らずというわけでしょう。メイポール型はオウゴンニワシドリなどで見られますが、これにはかなりのバリエーションがあります。生息環境には孤立した山や谷があり、それぞれの地域にそれぞれの東屋があり、大きいものでは高さ二・五メートル、重さ三キログラムにもなります。

(3) 東屋は何の信号か

東屋の装飾がメスに対する求愛効果をもつことは、実験的に装飾を取り除くと交尾の機会が減ってしまうことから明らかです。では東屋は何の信号になっているのでしょうか。いくつかの説があります。一つは健康説で、美しい東屋は作り手が寄生虫などに集られていない健康なオスであることを示すと考えられます。二つ目は認知・運動技能を示すというものです。複雑な構築物は、複雑な運動技能を反映します。それればかりではなく、目の錯覚を利用して奥が広く見えるように作るという、かなりのハイテク技術もあります。この錯覚利用のデザインがたまたまではなく意図的であることは、実験者が装飾の配置を乱しておくとやはり元通りに修復することからもわかります。さらに東屋の複雑さと脳の大きさ

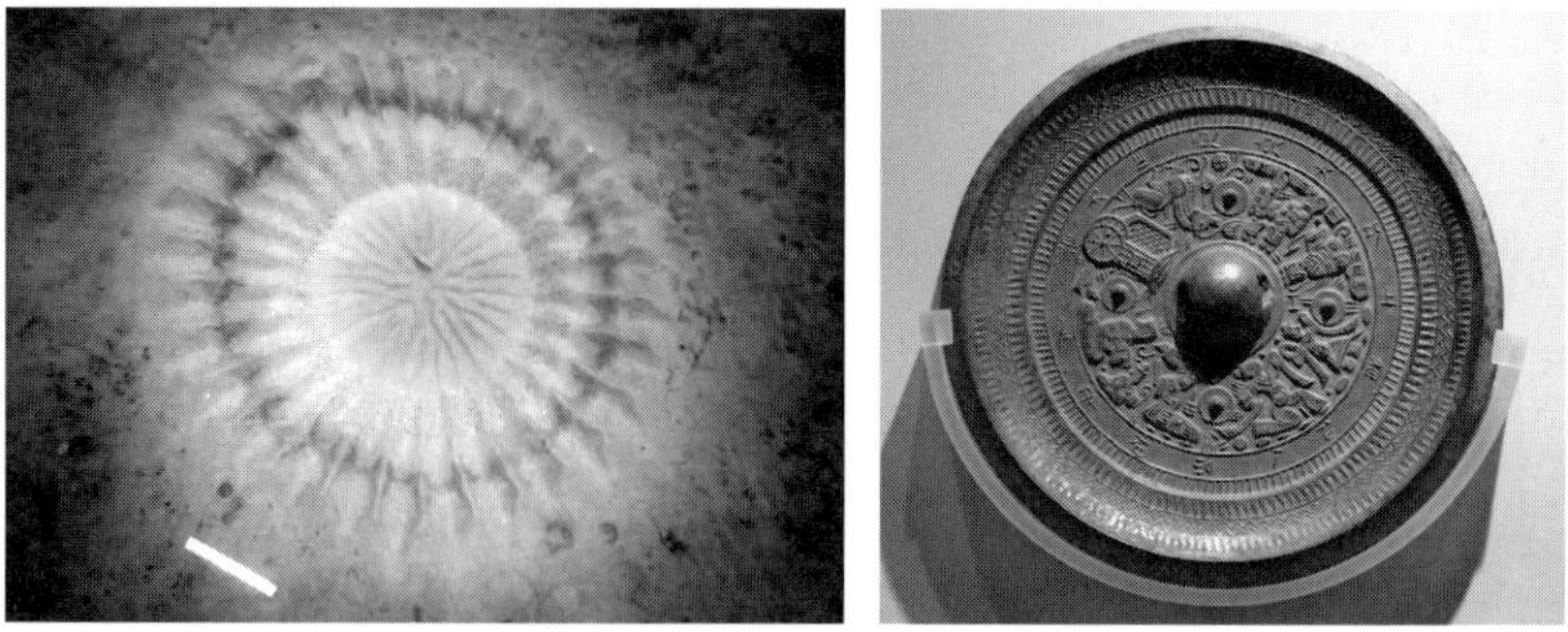

アマミホシゾラフグの巣
（Kawase *et al.*, 2017; CC BY 4.0）

銅鏡の装飾

図 1-6　ホシゾラフグの巣と銅鏡

にも相関がありますし、装飾品の多さが社会的地位の指標になることは先に述べた通りです。ニワシドリのオスの求愛は東屋だけではありません。踊って歌うという技も併用します。この踊りはかなり乱暴で、東屋の作りはメスが安心して踊りを観るためのものだという説もあります。源氏物語の隙見のようなものでしょうか。

　東屋の究極の目的は配偶者の獲得ですが、素材を集めたり、それらを組み立てたり、装飾品を並べたりすることには長い時間が必要になります。最終的に配偶者を得るまでにも時間がかかります。実験心理学的に考えると、反応から強化（報酬）までの時間が長すぎます。長時間の東屋制作は、作ること自体に強化効果があって、それで維持されているのかもしれません。つまり、東屋作りには、芸術活動の要件の一つである機能的自律性が認められるかもしれません。ニワシドリがしばしば東屋の修復を行うので、ある種の目的とすべき完成図があり、それが弁別刺激になって行動しているようにも思えます。東屋作りには遺伝的要因がありますが、経験も大きくものをいいます。年齢が増すにつれて、東屋はより豪華になります。おそらく他の巣を見て学ぶ観察学習を行っていると思われます。実際、若鳥が主人のいないと時にしばしば東屋を見学に来ることも知られています。少々擬人的な説ですが、マイク・ハンセルは「芸術学校仮説」を主張しました。オスは美を追求し、メスはその評価をします。オスの東屋構築技術は練習によって進歩し、メスの評価力も経験によって向上します。その相互作用によって、東屋は洗練されたものになっていくわけです。ヒトのアートでは鑑賞する側の観る能力も重要な要素ですが、鳥もそうなのかもしれません。

なお、このような建築は陸上の鳥だけではありません。水の中にも素晴らしい美術家がいます。アマミホシゾラフグです。この魚は二〇一四年に発見された新種ですが、何よりその華麗な巣作りで研究者を驚かせました。大きさは手のひらサイズですが、巣は直径二メートル近くになります。巣は円形で、銅鏡の模様のように見えます（図1-6）。基本は砂のお城ですが、サンゴや貝殻を使った装飾も施します。オスは巣の中心でメスを待ち、巣が気に入ったメスは中心にやってきます。その後、オスは孵化まで卵を守って中心にい続けます。

2-3　動物はヒューマン・アートを作れるか

動物に絵を描かせる試みは数多くなされていますし、インターネットで多くの動物画伯に接することもできます。筆者は個人的には『ネコはなぜ絵を描くか――キャットアートの理論』（ブッシュ他著、タッシェン出版、一九九五）という画集が好きです。チンパンジーの描画は一九二八年に報告があります。

図1-7　ゾウの描画（筆者所蔵）

チンパンジーは単なる殴り書きだけではなく、一定の様式や規則性をもった絵を描けるようになります。特徴的なのは扇型の描画で、ゴリラやオマキザルも扇形の絵を描いています。チンパンジー描画研究のすべてでチンパンジーが「自発的」に描くと報告されています。ただ、これらの実験もその後に続く実験も、ほとんどが動物と実験者との対面場面で行われているので、「社会性強化」（実験者が褒めたり、励ましたりすること）の可能性は排除できません。動物学者のデズモンド・モリスはコンゴという名のチンパンジーが頭の中に「完成図」をもっており、完成すると鉛筆や紙を実験者に返し、その後も描画を続けさせるのが困難だったとしています。ただ、チンパンジーのアート行動とヒトのアート行動との大きな違いは、完成した作品そのものに執着しないということです。ヒトの場合、日曜画家は商品価値のない自分の作品を大切にとっておきますし、他人に見せようとしたりしますが、チンパンジーはこのような行動をしません。チンパンジーの絵画はある対象を描いた具象画ではないので、ヒトの抽象絵画と間違えられます。二〇〇五年の英国のオークションではチンパンジーの絵画に一万二〇〇〇ポンドの値がついたといいます。

霊長類以外では、ゾウの描画がよく知られています。ゾウは枝や石を鼻でつかみ極めて細かい操作ができ、自発的に床に描画をすることがあるらしいのです（これは拘束飼育下の病的な行動だという見方もあります）。ゾウの絵画については具象画（？）が有名で、実は筆者もインターネット・オークションに参加し、一枚の見事な花の絵を競り落としたことがあります（図1-7）。しかし、これはゾウとゾウ使いのコラボレーションというべきものです。ゾウが絵筆をつける時には、ゾウ使いがゾウの耳を引っ張り、縦の線を描かせる時には耳をつまんで上下させ、横の線なら耳を横に引く、といった具合です。ただ、ゾウの描画も餌などで直接強化されているわけでなく、長い時間描き続けますし、またすべてのゾウが絵を描くわけではなく、絵描きゾウはごく一部だといいます。

2-4　バイオ・アート

(1)　アートの素材としての動物

アートの材料として生き物を使うことは古くから行われてきました。日本の生け花はそうですし、造園もまた植物を使ったアートといえます。葛飾北斎が、赤い絵の具を足につけたニワトリを滝の絵の上で歩かせて紅葉にしたことも知られています。

生物を素材としたアートはバイオ・アートと呼ばれています。粘菌は単細胞生物ですがさまざまに形を変えるので、それ自体アートといえばアートのように見えます。アンドリュー・アダマツキーやヘザー・バーネットといったバイオ・アーティストは、粘菌を使ったさまざまなアート作品に取り組んでいます。ヒトは、遺伝子工学、発生工学の手法によって自然には存在しない動物をアートとして作り出しました。これにはバイオテクノロジーが身近なものなったことが貢献しています。バイオ・アートは大学や研究所だけではなく、DIYバイオ（Do It Yourself：いわゆる日曜大工ですね）とかガレージ生物学と呼ばれる、専門家でない人が使えるものにもなっています。そのための施設（たとえばBioClub）なども作られています。遺伝子改変による発光するウサギが評判になったことがありますが、現代では脳の模型の上に発光する苔を育てたものや、シアノバクテリアを使ったものなど、さまざまな生物が利用されています。筆者は鳥の脳の研究をしていましたが、染色した神経細胞を顕微鏡で見ると息を呑む美しさで、研究室に写真を飾っていたこともあります。個人がバイオテクノロジーを使う場合、バイオハザードの問題、動物倫理の問題などを考えなくてはなりません。今後バイオ・アートの普及に従って、そのような制度の整備も必要になってくると思います。

(2) 動物とのコラボレーション

ドイツの現代芸術家ヨーゼフ・ボイスは、「人類学的アート」という主張をしました。「人類学的アート」とはヒトとヒト以外の生物・無生物との統合アートですが、背景にはヒトだけでなく周囲の生物を一つの圏として考える「多種文化人類学（マルチスピーシーズ人類学）」や、医療におけるヒトと動物の疾病を統合して考える「ワンヘルス」という考え方があります。先のゾウの絵なども共同作業です。現代アーティストのイノマタ・アキさんは、ヤドカリに人工の殻を使ってもらいアート作品にしました。筆者が子どもの頃には庭の木によくミノムシがいました。ミノガの幼虫ですが、それを蓑から出して千代紙を切った小さな箱に入れておくと、千代紙で美しい蓑を作りました。主に女の子の遊びだったと思いますが、これも動物とのコラボレーションかもしれません。イノマタさんはビーバーに材木をかじってもらって、ある種の木彫作品を作ったことでも知られていますが、コラボレーションする動物のことをよく調べてアート作品にしています。田舎の旅館などでよくスズメバチの大きな巣が飾ってあったりします。富永朝和さんは、キイロスズメバチを使って自在な造形をさせています。たとえば長野オリンピックの時に作った「蜂の聖火ランナー」などは、ハチが見事に人型の巣を作っています。もちろんハチにこのような形の巣を作らせるためには、ハチの習性を熟知して行動を誘導する必要があります。動物とのコラボレーションをするアーティストは、実によくその動物の研究をしています。

これらの話を聞くと、「しかし、動物は一緒に何かを作るという意図があるのか？」という疑問が生じると思います。「ない」と思います。コラボレーションとはいうものの、これらはヒト側の一方的な利用です。しかし、音楽のコラボレーションになると微妙です。古典的な例ではモーツァルトとペットのホシムクドリ「シュタール」の関係が有名ですし、鳥と合奏するための楽譜やバード・フラジョレットという楽器が作られたこともありました。「種間ミュージシャン」ジム・ノルマンはさまざまな動物との共演をしていますが、音楽以外の強化がないように注意しています。最もうまくいったのはシャチとの共演です。シャチは、はっきり違う二つの発声様式を使用します。周波数を変化させること（つまりメロディー）と一連のパルスクリック音（リズム）です。このシャチは、即興でコンサートに加わり、和音を奏でました。楽器でソロ演奏するジャズプレーヤーのように、シャチはすべてのコード進行を非常に正確に実演しました。ノルマンは、このデュオを人間と動物のコミュニケーションにおける歴史的な出来事であると考えました。筆者自身はこの音楽を実際に聴いていないのですが、それを「共演」というかどうかは別として、社会的で聴覚コミュニケーションの発達した動物とはある種の「鳴き交わし」のようなことが可能であると思います。ヒトの音楽は他の動物に対して強化効果をもつ場合があるので、より強化効果のある聴覚刺激を一緒に作り出す可能性はあるかもしれません。

3 アートの起源

これまで人間以外の動物のことを話してきましたが、いよいよヒトのアートの話に入りましょう。アートというとどうしても文化的進化に目がいきますが、ここでは生物学的進化を考えましょう。何が美と感じるかには個人差があります。しかし、たくさんの人が展覧会に足を運び、お金持ちはオークションで大枚をはたいて絵を競り落とします。多くの人が同じものを美しいと感じるからこそ、このようなことが起きます。文化による差もあるでしょうが、異なる文化的背景の美が他の文化圏の人にも好まれることは珍しくありません。西洋古典音楽は日本人にも受け入れられましたし、ビートルズはインド音楽にのめり込みました。時代による差もあるでしょう。しかし、洞窟絵画の美しさは長い年月を超えて私たちに訴えかけますし、岡本太郎は縄文土器に強く惹かれました。アートを作り、アートを楽しむことは、人類に共通しているように見えます。アートは空間・時間を超えて、ホモ・サピエンスが種としてもっている特性だと考えられます。

ヒトという動物のアートに関連する他の特徴も考えてみましょう。前にも述べましたが、脊椎動物の中で哺乳類は体の形態が地味で、その中でも特にヒトは地味なほうです。哺乳類は鳥や魚に比べてダンスが苦手ですが、ヒトは例外的な踊る哺乳類です。哺乳類の中ではザトウクジラが例外的に歌いますが、鳴禽に比べれば見劣りします。ヒトは珍しく歌う哺乳類なのです。そしてヒトは、オスもメスを選ぶという例外的な配偶者選択をします（多くの動物ではメスが選択します）。歌ったり、踊ったりという精緻な進化を遂げた鳥や魚の求愛行動と比較すると、哺乳類の配偶者選択はもっぱらオスの腕っ節で決着をつける野蛮なものが多いのですが、ヒトは金と力のない色男がモテたりします（これは人類史上では比較的最近のことだと思いますが）。変わった動物ですが好感がもてます。

3-1　作品には何が必要か

私たちも他の動物も、視覚でも聴覚でもある種の感覚刺激を好むことが知られています。心理学的には「感性強化」といいます。「強化」とは、それを得るために何らかの行動をするようなもののことです。動物の訓練ではよく餌を強化として用いますが、単純な光や音といった感覚刺激を使ってもこのような効果が得られる場合あります。心理学的にはアート作品はこのような感性強化の一種ということになります。

お腹が空いている動物にとって餌が強化になることはわかりますが、アート作品が強化になることの実利的・功利的な説明は難しそうです。もちろん、これは絵が高く売れる、といった話ではありません。アート作品は、「特異性」や「新奇性」、つまり他のものとは違う、ということが求められます。これは美の人類学を追求しているエレン・ディサナヤクが主張したことです。新奇性には文脈も関係します。マルセル・デュシャンの便器は展覧会にあるからアートなのであって、公衆トイレにあればアートではありません。希少性も特異性です。ヒトのアートの初期のものに手斧（ハンドアックス）という石器があります。これは実用的な斧というよりはアート作品なのですが（実際使われた形跡がないものも多くあります）、中には珍しい化石が埋め込まれたものがあります。希少価値ですね。手斧の作成もそうですが、精緻な技能も特別なものです。ただ、美術史的にはアートに特異性や新奇性が求められるようになったのは近代以降であることも忘れてはなりません。

さらに、古代のアートから現代アートに至るまで、「誇張」と「単純化」が見られます。ヒトは巨大なものに魅せられます。大仏や巨大なイエス像はその例ですが、漫画に登場する女の子の大きな目や長い足は明らかに異常です。第1節で述べたように、動物でも誇張された刺激（超正常刺激）が好まれたり、「鍵刺激」とか「リリーサー」と呼ばれる単純化した刺激が好まれる現象があります。

3-2　アートと快感

私たちは工業デザインや商業デザインといったアートに囲まれて生活しています。また、アート作品を作る行動はアーティストだけのものではありません。服装や髪型、配膳、机の片付けまで、アート行動の範囲は広がります。ヒトは誰でもアート行動をしているのです。多くの国で図工や音楽が義務教育の中に入っています。もちろん、専門のアーティストという職業はありますが、私たちはほぼすべてアマチュアのアーティストだといえましょう。

ヒトはアート行動の結果である作品のためにアート行動を行うのでしょうか？　ナヴァホ族は絵を描きますが、描き終わると作品は捨ててしまいます。同じことはチンパンジーの描画、ヒトの子どもの描画でも見られます。これらのことは作品ではなく、行動そのものに強化効果があることを示しています。では、何が楽しいのでしょう。多くのアート作品は完成するまで時間がかかり、多くの行動の連鎖が必要です。この行動を維持するのがアート行動の「自己強化機能」です。絵を描くこと自体に快感があるのです。第6章で取り上げられるアール・ブリュット（専門家でないアーティスト）も、他者に見せることを前提としていないアートです。

私たちはさまざまなもので快感を得ます。美味しいものを食べても、人に褒められても、もちろんセックスでも快感を得ます。アートもまた快感を起こします。麻薬や覚醒剤も快感を起こします。これら、薬物、宗教、アート、セックスで得られるさまざまな快感はつまりは、同じものでしょうか？　脳の中に電極を入れて刺激すると快感が起きる場所もあります。進化心理学者のジェフリー・ミラーは、さまざまな個別の快感を統合する「統合快感システム」によって性選択を説明しました。少なくとも共通する部分はあるように思います。これについては第5章を参照してください。

アートと薬物には深い関係があります。アマゾン先住民族の一部のアートは幻覚薬の効果を反映していますし、現代アートでも同じことが見られます。さらに、ある種の行動によって起きる快感もあります。ジョギングがランナーズハイといわれる恍惚状態を起こすことはよく知られています。似たような多幸感は、集団のダンスや集団儀式でも得られます。宗教体験もある種の快感（エクスタシー）を起こします。それは単に楽しいという経験から、何かを知る（たとえば神）経験、さらに世界との一体感までであります。一遍上人の踊り念仏では、人々はひたすら念仏を唱えて寝食を忘れて踊り続けます。《一遍聖絵》を見ると、たしかに恍惚として踊っている人々が描かれています。欧州で流行った「踊り病」に似ています。これは一五一八年にストラスブールである婦人が突如踊り出し、しかも次々と踊る人が増えていったもので、「踊るペスト」ともいわれました。エレン・ディサナヤクは、集団儀式による恍惚がアートによって起こされる快感の起源だと主張しています。ただ、音楽など聴覚アートの場合はそうかもしれませんが、絵画のような視覚アートにまでこの主張で辿れるかは疑問があります。また、多くの場合、現代人のアート快感は集団的な経験というより、個人的な経験だろうと思います。

3-3　動物もヒューマン・アートを楽しむか

では動物もアートを楽しむでしょうか？　筆者の研究室ではブンチョウを使って「ギャラリー実験」というものを行いました。ブンチョウを細長い鳥籠に入れます。これがギャラリーの廊下です。三カ所にコンピュータのスクリーンがあって、七秒ごとに異なる絵が映ります。絵画のジャンルは日本画（具象画）、西洋画（具象画）、および西洋の抽象絵画で、鳥がどのような絵の前に長くいたかを調べました。

	ヒト	ラット	ハト	文鳥	キンギョ	コイ	サメ	チンプ	デグー
弁別	○	○	○	○	○	○	?	?	?
強化	○	×	×	○	×	?	?	●	●

● 民族音楽

図1–8　音楽の弁別と強化

かなり個体差がありましたが、一定の好みを示す個体もいました。ある個体は一貫して現代画を日本画や西洋画より好み、日本画と西洋画の間に選好はありませんでした。別の個体は日本画を現代画より好み、西洋画より現代画を好み、そして日本画と西洋画の間で選好の差は見られませんでした。

音楽の強化効果のほうがはっきりしています。鳥籠に止まり木を三つ設置し、一方の止まり木にブンチョウが止まるとバッハのフランス組曲が流れます。反対の止まり木に止まると、シェーンベルクのピアノ組曲が流れます。中央の止まり木では何の音楽も聴こえません。多くの鳥は、バッハが流れる止まり木に長くいて、シェーンベルクの止まり木にはあまりいません。ヴィヴァルディとカーターにすると、ヴィヴァルディが流れるほうに長くいました。つまり、古典派の音楽は強化効果がある、すなわち快感を起こすと解釈できます。この実験はある種の聴覚刺激（音楽）は種を超えて快感を起こすことを示します。

動物に音楽を聴かせる研究はたくさんありますが、実はこのブンチョウの結果は例外的な成功例なのです。筆者の研究室で行ったハト、ラット、キンギョの実験でも音楽の好みを示した種はいません。しかし、これらの種は弁別訓練をすると立派に弁別ができます（図1–8）。そのため、ヒトと鳴禽だけが音楽を好むと考えられたこともありました。ただ、動物が音楽のリズムに同期した体の動きをすることはオウムで報告されているばかりでなく（インターネットでSnowballというオウムの名前を検索すれば楽しいビデオを観ることができます）、モーツァルトの音楽で頭を動かすラットの実験もありますので、調べ方を工夫すればより多くの動物で音楽の強化効果が見つかるかもしれません。

実は、これまで述べてきた音楽の実験にはあるバイアスがありました。筆者の研究を含めて、使われている音楽がいずれも西洋音楽であったことです。南米のデグーはネズミの仲間で、複雑な聴覚コミュニケーションをもっています。ブンチョウと同じような実験してみると、バッハとストラヴィンスキーの間で選好は認められませんでした。しかし、デグーの故郷であるチリの民族音楽を聴かせてみると、チリ民族音楽への選好が見られました。チンパンジーはアフリカ音楽とインド音楽が聴こえる時には音源の近くにいることも報告されています。

民族音楽は、その音楽が生まれた土地の環境音や音響特性に影響を受けています。物理的な音響特性ばかりでなく、虫の音、せせらぎの音、鳥の鳴き声、そこに棲む動物たちが動く時に出す音、なども環境音を構成し、これらを複合した音環境を「ビオフォニー」といいます。民族学者はビオフォニーが民族音楽に影響を与えていることを報告しています。同じビオフォニーに棲むヒト（民族）と動物は何かしら類似した影響を受けているのかもしれません。

3-4　進化の産物としてのアート

アートの起源を進化に求める立場は、進化美学とかダーウィン美学といわれます。この考え方からアートを見てみましょう。

(1)　自然選択

風景画は洋の東西を問わず好まれる絵画のテーマです。好まれる風景画は民族を超えて共通の特徴をもっているでしょうか？　一〇カ国に及ぶ調査が行われ、好まれるのは、緑と水のある絵や、人や動物のいる絵画だったのです。このようなヒトの好む原風景はヒト発祥の地であるアフリカのサヴァンナの特徴に似ていることから、学者のデニス・ダットンは「サヴァンナ仮説」を主張しました（ただし、ヒトがサヴァンナで生まれたという説には異論もあります）。サヴァンナの特徴は多くの公園（たとえばニューヨークのセントラルパーク）やゴルフコースにも見られます。さらにヒトの好む風景には、見通しと避難という要素もあります。丘の上の建物、城などは遠くまでの展望を与えるし、木陰、崖などはそこに隠れることができます。風景画の好みに対捕食者行動が反映されているようです。もちろん文明化されたヒトは食べ物をスーパーマーケットや食料品店で求めますし、犯罪者でもない限り身を隠さなくてはならないこともありますまい。いわゆる環境設計において、風景選好は重要な要素になります。ただ、自然を取り入れた庭園は一八世紀の造園家のランスロット・ブラウンが考えついたもので、彼は幾何学的なフランス式庭園に替えて英国式の風景的庭園を作りました。したがって、造園がサヴァンナに似ているというのはごく最近のことかもしれません（造園については第7章も参照してください）。自然への愛好は、自然美学とかエコロジー的自然美学と呼ばれることもあります。風景選好や植物選好（一般に自然に対する選好はビオフィリアといわれます）は今なお適応的だとも考えられます。病室に植物を置くと入院期間が短くなり、鎮痛剤の投与が減る、という報告もあります。もちろん、適応が風景の好みのすべてを説明するわけではありません。私たちはまず食べ物がなさそうな万年雪に覆われたアルプスの山に崇高さを感じ、美しいと感じます。ただ、山岳美は生物学的進化というより文化進化が生み出した比較的近世のヒト独自の美的感性だろうと思います。

進化心理学者のスティーヴン・ピンカーは、絵画で感じるような美が過去の適応の副産物であるという「チーズケーキ」の仮説を提唱しています。食物が手に入りにくかった時には、脂肪や糖に富んだ食物を積極的に摂取することは適応的だったはずです。今やチーズケーキは好きなだけ食べることができますが、チーズケーキの大量摂取はもちろん適応的ではなく、健康上の問題を起こします。ピンカーは美もまた同じようなものだと考えます。

進化の過程では、本来の目的と異なる機能を獲得することが起きます。「転用」です。鳥は羽を使って飛びますが、羽の起源は保温だったと考えられます。鳥の中には羽を使って水面に影を作り、そこに魚を誘い込んで捕食する者もいます。つまり、飛ぶための道具だった羽を、他の目的に転用しているのです。羽は性的なディスプレイとしても使われることはいうまでもありません。アートもそのようなものだという考えがあります。転用という考え方は「アートのためのアート」が生じたことをよく説明できます。

(2) 性選択

ヒトの芸術活動は性選択の結果だという考え方も広く支持されています。第1節で「良い遺伝子」の「正直な信号」の話をしました。アートは良い遺伝子の信号でしょうか？ たしかにアートには想像力、技能、知能などが必要でしょう。しかし、アートが良い遺伝子一般の信号というには少し無理があるように思います。「ハンディキャップの原理」を思い出してみましょう。女性への求愛のプレゼントとしてどのようなものに訴求力があるでしょうか？ 木綿のハンカチーフが好きな女の子もいるでしょうが、やはり一〇〇万本のバラのほうが好きでしょうし、居酒屋で口説くより三ツ星レストランでの食事のほうがうまくことが運びそうです。そしてダイヤモンド？ これらは生存に必要なものではありません。経済学や社会学で「誇示的消費」と呼ばれるもので、つまり見せびらかすための無駄遣いです。余裕があるという信号なのです。アートもそのような信号の一つかもしれません。

ただ、アートの性信号説を文字通りに受けとると、アーティストは多くの女性にモテて、その結果、多くの子どもをもつはずです。ロックスターのジミー・ヘンドリクスは非常に多くの女性ファンと性的関係をもったことが知られていますが、子どもの数は多くありません。二〇七人の欧州の音楽家の子どもの数を調べると、欧州男性の平均よりも少なかったという調査もあります。アートの性信号説はアートの起源の説明であって、現在のアートの機能ではありません。

ヘンリー・キッシンンジャーは女性関係（ハリウッド女優との不倫？）の質問を受けた時に「権力は最

大の媚薬だ」と言ってのけました。身も蓋もない言い方ですが、社会的地位の高さは、文化非依存的に女性に好まれます。世界中のＤＮＡのサンプリングをした結果、遺伝子の拡散という指標では、かのチンギス・ハンが人類最高の成功者であることがわかっています。ただし彼は人類最高の権力者であったでしょうが、「モテる」というのとはちょっと違っているかもしれません。しかし、現代の西欧諸国では、収入が多いほどその配偶者は美しくなり数も増えますが、子どもの数は逆に少なくなります。現代のヒトでは、性的成功と繁殖成功は乖離しているのです。これはヒトの繁殖・性行動の特徴ですが、繁殖による次世代への遺伝子の伝達よりも、一世代だけの個人の快楽を重視する奇妙な動物であるともいえます。

3-5　アニマル・アートとヒューマン・アートの違い

アニマル・アートとヒューマン・アートの大きな違いの一つは、ヒトでは分業がなされているということです。ニワシドリは東屋作りが得意な別の鳥に建築を頼むことはできませんが、ヒトにはアートを専門とする職業があります。このことは、ヒトのアート作品がもはや正直な信号ではないことを意味します。作ったのは別の人かもしれないからです。分業の結果、一部のヒトはもっぱらアートの鑑賞を行うことになります。作家・作品・鑑賞者という区分は、ヒューマン・アートの特徴といえます。もっとも、ニワシドリでは、オス（作家）・東屋（作品）・メス（鑑賞者）と見なせなくもありません。ニワシドリの「芸術学校仮説」はそのようなことを主張しています。ヒトでも鑑賞するためには美的センスや知識が必要となりますが、これまた、一つの信号として機能しうるのです。難解な小説を読んだり、不協和音の多い現代音楽と親しんだりするのは、つまりそういった能力がある、あるいはそのようなことをする余裕があるという信号になります。筆者が思春期を過ごした時代にはある種の知的背伸びの競争をよく見かけましたが、最近の若い人にはあまりないように感じます。ヒトにおける職業としてのアートの誕生は、アートの市場（マーケット）を生み出します。市場は市場の経済的合理性によって（つまり売れるということですね）アートを作り出そうとします。現代アートはマーケティング抜きには考えられません。これは動物にはないものです。

もう一つの大きな違いは、メッセージの多様性です。アニマル・アートはメッセージ・アートですが、メッセージはただ一つ、求愛です。現代のメッセージ・アートを見ると、メッセージの内容は社会問題や政治問題だったりします。ヨーゼフ・ボイスは「社会彫刻」という言葉でアートによる社会の変革を訴えました。しかし，解説されない限りわかりにくいメッセージもあります。ニューヨークで活動している中国生まれのアーティスト、蔡國強の《帰去来》という作品を観たことがあります。大きな部屋で沢山の狼（剥製に見えましたが石膏に羊の皮を被せたものです）が宙を舞い、透明な壁にぶつかって下に落ちています。実はこの壁がベルリンの壁を示しているということですが、言われるまで全くわかりませんでした。ヒューマン・アートにおけるメッセージの多様性は、小鳥の歌（メッセージはほぼ求愛）とヒトの言語（メッセージは事実上無限）の関係にちょっと似ています。

最後に、ヒトと動物の大きな違いは、アートという「概念」にあります。ニワシドリは美しい東屋を弁別し、ハトは児童画の上手下手を見分けますが、それらをまとめるアートという概念はもっていないと思います。その意味では、動物の「美学」というものは存在しません。アートの操作的定義（しかじかの手続きを踏んで作られたものがアートだという定義）は難しいでしょう。権威による定義は実際に行われていると思いますが、その権威そのものは疑いうるものです。最後に残るのは次に述べるデモクラシーかもしれません。

3-6 美の恣意性とデモクラシー

第1節で述べましたが、美の起源は恣意的に生まれたという考え方がありましたね。ダーウィンもそうでしたね。動物の形態を調べると首をかしげるような、たまたまそれがメスの気に入ってしまったと思われるようなものもあります。その進化のメカニズムは「突っ走り」で説明されました。最初に一定数のメスがその形質を気に入って配偶者として選ぶ、その子どもはその性質を受け継ぐ。次世代のメスにはその形質を好む傾向が遺伝する。これが繰り返されるとその形質はより顕著なものとなります。しかし、なぜ最初に好まれたかということはわかりません。恣意的な好みがあったのかもしれません。現代アートも似たようなところがあります。シュールレアリストのマルセル・デュシャンは、既製品であっても一定の観客が美として認めれば美となるのだと主張しました。そこに理屈はなく、あるのは一種のデモクラシー、つまり多数決です。しかし、二一世紀を生きる私たちは、デモクラシーが結局は正しい答えを引き出すなどということをどうして信じることができるでしょう。そして、デモクラシーに付きものなのはデカダンス（退廃）です。筆者はデカダンスの中に美を認めることにやぶさかではありませんが、退廃は退廃です。まだ人がやっていないことをしたいという新奇性への強迫観念は、結局忘れ去られる多くのアート作品を生み出すでしょう。デモクラシーは累積的な進歩ではなく、その時々の流行り廃りを繰り返すのです。流行り廃りにはもちろん市場の論理も関与するでしょう。しかし一方において、時代を超えて美しいとされるアートがあるのも事実です。現代アートが消費財としてのアートだけではなく、普遍的な美として生き残るものを生み出すのかは筆者にはよくわかりません。美の終焉といったペシミスティックな考え方もあるようですが、現代アートのいくつかは後世の人たちによって普遍的な価値を認められるのかもしれません。

4 まとめ

美の起源を考える時、①快としての美、②メッセージとしての美、そして③美学としての美、に分けられるように思います。このうち①と②はヒト以外の動物にも認められます。ヒトではメッセージが性的信号から多様化していきました。③の美学としての美は、ヒト固有だと考えられます。ヒトの構築物も動物の構築物も同じ力学的制約を受け、その結果似たような造形を生み出します。しかし、動物には「力学」という知識はありません。同様に、ヒトも動物もアートを作り出しますが、そこに「美」というまとまりを認め、その中に整合的な理屈（美学）を考えるのはヒトだけです。

〔文献〕

奥本素子編『サイエンスコミュニケーションとアートを融合する』ひつじ書房、二〇二三

ジェフリー・F・ミラー『恋人選びの心』長谷川真理子訳、岩波書店、二〇〇二

四方幸子『エコゾフィック・アート――自然・精神・社会をつなぐアート論』フィルムアート社、二〇二三

鈴木まもる『世界の鳥の巣の本』岩崎書店、二〇〇一

デズモンド・モリス『美術の生物学』小野嘉明訳、法政大学出版局、一九七五

ドミニク・レステル『あなたと動物と機械と』渡辺茂・鷲見洋一監訳、ナカニシヤ出版、二〇二三

長谷川堯『生きものの建築学』講談社、一九九二

ヴィンフリート・メニングハウス『ダーウィン以降の美学』伊藤秀一訳、法政大学出版局、二〇二〇

マイク・ハンセン『建築する動物たち――ビーバーの水上邸宅からシロアリの超高層ビルまで』長野敬・赤松真紀訳、青土社、二〇〇九

ライアンダ・リン・ハウプト『モーツァルトのムクドリ』宇丹貴代実訳、青土社、二〇一八

渡辺茂『美の起源――アートの行動生物学』共立出版、二〇一六

Davies, S. *The Artful Species*. Oxford University Press, 2012

Dissanayake, E. *Homo Aestheticus*. University of Washington Press, 1992

Dutton, D. *The Art Instinct*. Bloomsbury, 2009

Goodfellow, P. *Avian Architecture: How Birds Design, Engineer and Build*. Princeton University Press, 2011

Gould, J. R., Gould, C. G. *Animal Architectures*. Basic Books, 1974

Gucwa, D., Ehman, J. *To Whom It May Concern*. Norton, 1985

Kawase, H., Mizuuchi, R., Shin, H., Kitajima, Y., Hosoda, K., Shimizu, M., Iwai, D., Kondo, S. Discovery of an earliest-stage "Mystery Circle" and development of the structure constructed by pufferfish, *Torquigener albomaculosus* (Pisces: Tetraodontidae). *Fishes*, 2(3): 14, 2017

Prum, R. O. *The Evolution of Beauty*. Doubleday, 2017

Rothenberg, D. *Survival of the Beautiful*. Bloomsbury, 2011

Ryan, M. J. *A Taste for the Beautiful*. Princeton University Press, 2018

Simamura, A. P., Palmer, S. E. *Aesthetic Science*. Oxford University Press, 2012

Voland, E., Grammer, K. *Evolutionary Aesthetics*. Springer, 2003

von Frisch, K. *Tiere als Baumeister*. Verlag Ullstein, 1974

Watanabe, S. Aesthetics and reinforcement: A behavioural approach to aesthetics. In: Hoquet,T. (Ed) *Current Perspectives on Sexual Selection What's Left after Darwin*. Springer: 289–307, 2015

小さな子どもたちのダンスが教えてくれること

山本絵里子

「ダンス（dance）」とは何かと考えたとき、多くの人は、人が音楽にのって身体を動かしている場面を思い浮かべるのではないでしょうか。ダンスと音楽は密接な関係性をもちながら発展してきましたので、ダンスを音楽から切り離すことは難しいといえます。しかし、その思い浮かんだ場面から音楽を消しても、私たちは身体の動きが奏でる心地よいリズムや、身体の運動が描く美しい空間をみることができます。つまり、ダンスは「非日常的な身体の運動によりリズムと空間を形成すること（邦、一九七三）」と定義づけることができます。

私たちの社会生活において、ダンスは多様な役割を担っています。私たちは、ダンスそのものを楽しみますし、他者と空間や時間を共有するためにダンスを踊ります。また、ダンスはことばやジェスチャーと同様に、自己や他者と対話する手段のひとつでもあります。ヒトは、ダンスを用いて、知覚、感情、そして思考などの自身の経験や内的状態を表現することで、自己の内的状態を理解すること、自身の経験や内的状態を他者に伝えることができます。そして、他者のダンスからその人の内的状態を推測することもできるのです。興味深いことに、舞踊学の領域では、こうした自身の経験や内的状態を表現することは、ダンスを観ている人に「美しい」という感情を喚起させると位置づけられています。

では、ヒトはいつごろからダンスをするのでしょうか。実は、ヒトのダンスの萌芽は発達初期にみられます（Condon & Sander, 1974; Schögler & Trevarthen, 2007）。たとえば、生後一年以内の子どもたちは、さまざまな状況下で、腕をふったり、手を開いたり、頭や腰をふるなど、リズミカルに身体を動かします。そして、姿勢や座位が安定してくると、小さな子どもたちは座った状態で上手に身体を弾ませたり、揺らしたり、身体をぐるぐる回したりします。また、歩行が始まると、ステップを踏みながら、腕を上下に大きく揺らします（図）。近年の

コラム

小さな子どもたちのダンスが教えてくれること

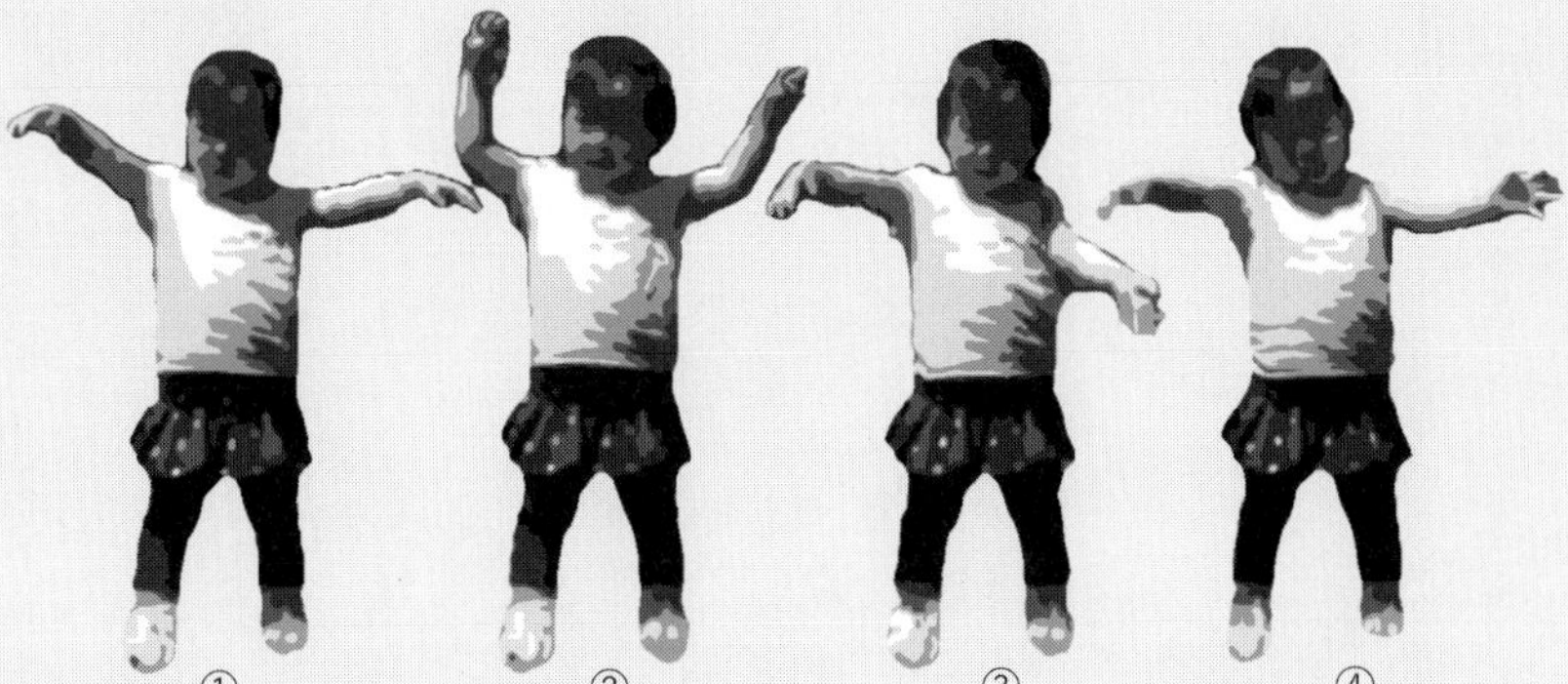

図　小さな子どものダンス（18 カ月の女児）。小さな子どものダンスから 4 つのポーズ（①、②、③、④）を抜粋。こうしたポーズが連続して出現することで「ダンス」をみることができる。

発達研究では、生後二年間を通して、こうしたリズミカルな身体の運動は安定することなく、質的に変化することが明らかになってきました（Kim & Schachner, 2023）。そして、大人たちは、このような身体の運動を「ダンス」として捉えているのです。

小さな子どもたちのダンスは大人たちの心を惹きつけます。小さな子どもたちは、大人たちにとってかわいい存在ですから、彼らの身体や身体の運動そのものにかわいらしさという魅力があります。しかし、彼らのダンスの魅力はそれだけではないと考えられます。描画の発達研究からの知見は、小さな子どもたちのダンスがなぜ大人にとって魅力的なのかについて重要な示唆を与えてくれます（カミロフ-スミス、一九九七）。一歳から二歳の子どもたちは、線を重ねて描く「なぐり書き」を頻繁に行います。こうした「なぐり書き」の絵は、一見するとどれも同じような絵として捉えられます。しかし、絵の中の線を分析してみると、子どもたちは、ネガティブな感情が結びついた物事や出来事を直線で、ポジティブな感情が結びついた物事や出来事を曲線で表現していました（Longobardi et al., 2015）。つまり、小さな子どもたちの「なぐり書き」の絵には、子どもたちが経験した出来事やそのときの感情などの認知状態が表現されているのです。小さな子どもたちが頻繁に行うダンスも、「なぐり書き」の絵と同様に、それらの違いに気づくことは難しいかもしれません。しかし、そうした小さな子どもたちのダンスにもまた、「なぐり書き」の絵と同様に、彼らが経験した出来事や感情が表現されている可能性があります。そして、小さな子どもたちの認知的世界が映し出された表現に、大人たちの心は惹きつけられているのかもしれません。

私は、小さな子どもたちの自然な身体の動きが創り出す不思議なリズムや、身体の運動が描く独創的な空間を分析することで、ヒトがダンスに求める「何か」を明らかにすることができると考えています。

〔文　献〕

カミロフ-スミス・A『人間発達の認知科学――精神のモジュール性を超えて』小島康次訳、ミネルヴァ書房、一九九七

邦正美『舞踊の美学』冨山房、一九七三

Condon, William S., Sander, Louis W. Neonate Movement is synchronized with adult speech: Interactional participation and language acquisition, *Science*, 183: 99–101, 1974

Kim, M., Schachner, A. The origins of dance: Characterizing the development of infants' earliest dance behavior. *Developmental psychology*, 59: 691–706, 2023

Longobardi, C., Quaglia, R., Iotti, N. O. Reconsidering the scribbling stage of drawing: A new perspective on toddlers' representational processes. *Frontiers in Psychology*, 6: 1227, 2015

Schögler, B., Trevarthen, C. To sing and dance together: From infants to jazz. In: Bråten, S. (Ed.), *On Being Moved: From Mirror Neurons to Empathy* (pp. 281–302). John Benjamins Publishing Company, 2007.

やまもと　えりこ（相模女子大学）

第2章

なぜ洞窟に壁画を描いたのか——ヨーロッパ旧石器時代人が残した具象像と幾何学形

五十嵐ジャンヌ

文明以前にヨーロッパでは、後期旧石器時代の狩猟採集民が洞窟に動物や幾何学形を描いていました。具象的な形は動物像に多く見られますが、混成動物像、人間らしき画像、半獣半人像、手形などもあります。現代の私たちにも容易に見分けることができる壁画は、動物です。

このような具象的な形を、私たち人類はいつから描くようになったのでしょうか。現在のところ、具象的な形をつくり始めたのは、おそらくホモ・サピエンスがヨーロッパにやってきた頃より前のことだったと考えられます。ホモ・サピエンスは、アフリカで三〇万年前には出現していました。そのうちのごく一部のホモ・サピエンスが西のヨーロッパに向かったのは、およそ五万年前です。その頃のヨーロッパでは、ネアンデルタール人が暮らしていました。

ホモ・サピエンスがヨーロッパにやってくる前に具象的な形をつくっていた証拠として、フランス中西部のラ・ロッシュ＝コタール遺跡（アンドル＝エ＝ロワール県）で出土した、トナカイの骨が差し込まれた石があります。人間の顔に見えるので、「マスク」と呼ばれています（Lorblanchet, 1995）。これはネアンデルタール人によってつくられた七万五六〇〇年前頃の遺物と考えられます。このように顔に見える人工遺物は三次元的な表現であり、二次元の表現ではありません。二次元的な具象像は、洞窟壁画が描かれるまで確認されていません。

一方、洞窟壁画の大きな特徴の一つは、動物と比べると目立ちませんが、幾何学形が多く記されていることです。世界中の初期人類の考古遺物にも、幾何学形が残されています。ヨーロッパでは、ネアンデルタール人によって記された幾何学形が発見されています。たとえば、イベリア半島のジブラルタルのゴーラム洞窟では、三万九〇〇〇年前頃に岩床に刻まれたハッシュタグのような図形（Rodriguez-Vidal *et al.*, 2014）が、ブルガリアのバッチョ・キロ洞窟では、四万七〇〇〇年前頃に石片に刻まれたジグザグ（Lorblanchet, 1995）が、ドイツ中北部のアインホルン洞窟（ニーダーザクセン州）では、五万一〇〇〇年前頃のトナカイの指骨に刻まれた山型文が一〇本（Leder *et al.*, 2021）発見されています。また、南アフリカのブロンボス洞窟では、七万五〇〇〇年前頃にホモ・サピエンスが赤い石片に格子図形を刻み（Henshilwood & Marean, 2003）、インドネシアでは、五〇万年前頃にホモ・エレクトスがムール貝にジグザグ（Joordens *et al.*, 2015）を刻んでいます。このように、幾何学形をつくった痕跡が散発的に発見されています。

洞窟壁画のもう一つの興味深い特徴として、具象像と幾何学形が同時に描かれていることが挙げられます。動物という具象像とともに表された幾何学形は、歴史時代の文字のようなものなのでしょうか。具象像に説明を付加するような印なのでしょうか。旧石器時代の幾何学形は、現在使われている文字のように整然と記されてはいません。ある場合は記号が動物像とともに表され、ある場合は幾何学形だけが集合した壁画面も見られます。

本章では、旧石器時代人がつくったアートとして、洞窟壁画だけではなく、持ち運びできる動産美術や装身具も取り上げます。これらにも具象像や幾何学形が表され、動物の一部が素材に使われていることがあります。狩猟採集民の衣食住に欠かすことができないものは、動物でした。動物は、ヒトが食べるためだけでなく、その毛皮を着たり、なめした革を風よけに使ったり、また、アートの材料やモチーフとしても用いられています。洞窟壁画に、山や草木などの自然物は表されず動物像が多く描かれているのは、旧石器時代人が狩猟採集民だったことが関係しているのではないでしょうか。

これらを踏まえて本章では、最古級のアートである旧石器時代の洞窟壁画、動産美術、装身具を手がかりに、なぜヒトはアートを求めるのかを考察していきます。そして、洞窟という場所の特殊性や、季節ごとに移動を繰り返していた旧石器時代人の生活を想像しながら、具象像や幾何学形といった壁画が洞窟に描かれた意味を探ってみようと思います。

1　ヨーロッパ旧石器時代の洞窟壁画とは

本章で扱う洞窟壁画とは、今からおよそ四万年前から一万四五〇〇年前に狩猟採集生活を送った人たちがヨーロッパに残したアートです。同時期の壁画は、インドネシアやオーストラリアなどヨーロッパ以外でも発見されていますが、本章では今よりも寒い氷期のヨーロッパという環境下で人類が残した洞窟壁画に焦点を絞りたいと思います。ヨーロッパの後期旧石器時代は、一つの石材から数多くの細長い剥片を取り出す石刃技法によって製作された石器、さらにその石器を使って加工された骨角器などが道具として使われていました。また現在では絶滅してしまいましたが、寒冷な気候に適したケナガマンモス、ホラアナライオン、ケサイ、オオツノジカなどが生息していました。フランスの先史学者カロル・フリッツによる統計では、ヨーロッパの洞窟壁画遺跡が三七五ヶ所確認されています（Fritz, 2017）。特にフランスやスペインといった西ヨーロッパに壁画が集中しています。また、壁画は洞窟だけではなく、まれに岩陰や野外にもあります。この場合、岩陰では主に浮き彫り、野外では線刻や点刻といった技法が用いられていました。色彩の痕跡はあまり残っていませんが、これは浮き彫りに塗られた色が、風化によってほとんど消えてしまったためと思われます。

まずは、なぜ洞窟に壁画が描かれたのかについての諸説、旧石器時代人が描いた具象像や幾何学形の種類や特徴を紹介します。

1-1 なぜ洞窟に壁画が描かれたのか

洞窟壁画の制作動機についての仮説は、諸説あります。遊戯説、狩猟呪術説、駆除のための呪術説、増殖のための呪術説、トーテミズム、シャーマニズムなどが挙げられます。

遊戯説は、主に二〇世紀初頭に唱えられたものです。後期旧石器時代の狩猟採集民には時間がたっぷりあったという前提で、手すさびに身の回りを装飾し、生活空間を飾るために洞窟壁画も描かれたと考えられました（Richard, 1993）。しかし壁画が描かれた洞窟内には、生活した痕跡が残されていないので、洞窟は生活の場所とは考えられません。

次に、狩猟呪術説では、アフリカのピグミーの民族誌などを手がかりに、狩猟の成功を祈って動物を描き、その上に「槍」や「傷口」を描き足したのだと考えられました（Bégouën, 1929）。ピグミー民族は明け方空き地に行き、地面にカモシカの絵を描き、呪文を唱え、矢を放つという儀式を、実際の狩猟に出かける前に行なっていました（リード、一九五七）。同じように、ヨーロッパ旧石器時代の狩猟採集民も、洞窟で狩猟の成功を祈る呪術を行なっていたのでしょうか。一方、駆除のための呪術説とは、食の対象ではないライオンなど、人間にとって危険な動物がいなくなってほしいという願望から、動物の壁画に「槍」や「傷口」に見える矢印などのV字形記号類と呼ばれる幾何学形が描き足されたのだという説です（D'Huy, 2010)。しかし、「傷ついた」動物ばかり描かれているわけではなく、動物像の一〇〜二〇パーセントにしかこれらの幾何学形が記されていません（Laming-Emperaire, 1962)。さらに、バイソン（野牛）像の二・五パーセントにしかV字型記号類が記されていないというデータもあります（Leroi-Gourhan, 1958)。

増殖のための呪術説は、狩猟対象である動物の数が増えることを願って、腹部が肥大化し妊娠したような動物や、オスがメスを追いかける場面をテーマにするなど、多くの動物を描いたのではないかという説です（Reinach, 1903; Bégouën, 1929)。トーテミズムは、祖先である動物を崇めるために動物を描いたのだという説です（Reinach, 1900, 1903)。しかし、これらの説では、傷つけられたような動物像が描かれた理由を説明できません。

シャーマニズムは、シャーマンが壁画を描いたという説です。二〇世紀初め、有孔棒という大きな丸い穴が開けられたトナカイの角は、シャーマンが持つ太鼓のバチだと解釈されていました。二〇世紀終わりには、南アフリカの岩面画周辺の民族誌に基づき、トランス状態に陥った意識変性状態のシャーマンが、見えた幻視を岩に描いたという仮説も立てられました（Lewis-Williams, 2002)。

諸説を紹介しましたが、一つの説で洞窟壁画のすべてを説明することはできません。フランス南西部のラスコー洞窟（ドルドーニュ県）のおよそ二万年前の壁画を例に挙げると、洞窟入口近くの「牡ウシの広間」と「軸状奥洞」という二つの空間では動物が色鮮やかに描かれています（図2-1)。一方、奥

図2-1　ラスコー洞窟（フランス、ドルドーニュ県）の「牡ウシの広間」、およそ2万年前、マドレーヌ文化（©N. Aujoulat/CNP/MC）　→口絵2

の方の「後陣」では、二〇〇〇もの動物の壁画が重ね描きされ、動物の輪郭線が石器で引かれています。この空間の壁画では、もともと黒い顔料が塗られていた痕跡もごくわずかですが、確認できます。これらの線刻画は幾重にも重なっているため、見づらいのが特徴的です。このように、一つの洞窟でも空間によって、見るために描いた壁画と、ある特定の場所に描くことのほうが主な目的だったと思われる壁画が併存しています。これらの壁画がすべて同じ目的で描かれたとは考えにくいでしょう。さらに、入口付近の生き生きとした壁画に対して、洞窟の奥では槍のような棒が刺さったように見えるバイソンやネコ科動物が描かれているなど、一つひとつの壁画が異なる目的で描かれたようにも思えます。

また壁画は、色を塗った彩色画と石器で線を引いた線刻画があります。彩色画を描くた

図2-2　ショーヴェ洞窟（フランス、アルデシュ県）のライオンの壁画、およそ3万6000年前、オーリニャック文化（©J. Clottes/MC）　→口絵3

めに使われた顔料は、ラスコー洞窟の中にもともと存在していません。赤い顔料の赤鉄鉱は、最も近くて洞窟から東に二〇キロメートルの場所にありました。一方、黒い顔料に使われた酸化マンガン鉱は、洞窟から北西に四〇キロメートル離れた場所でしか入手できません。さらに、「牡ウシの広間」の壁画は、高い所では三メートル五〇センチメートルの高さにあります。高い所に絵を描くには、枝がついたままの丸太などの「ハシゴ」を用意しなければなりません。木材は重たいので、それを洞窟内に運び込むのに複数の人びとが介在していたと考えられます。ラスコーの壁画を制作した人たちはあらかじめ十分に準備してから洞窟に入り、時間をかけて六〇〇点もの壁画を描きました。この洞窟に入った人たちは、私たちが想像する以上に協力し合いながら大がかりな作業を行なっていたようです。

さらに、ラスコーでは、ウマやウシ、シカが、複数の空間に表されています。その一方で、空間によって特定のテーマがあったようです。たとえば、ネコ科動物は、洞窟の奥の「ネコ科動物の奥洞」にしか表されず、《トリ人間》と呼ばれる人間らしき画像やケサイは、「井戸」と呼ばれる空間にしか描かれていません。

このように、一つの洞窟でも空間によって壁画のテーマを描き分けていた場合もあるようです。旧石器時代人は洞窟の空間を反響音や肌感覚など五感で感じ、洞窟の構造を把握していたと考えられます。それは他の洞窟でも確認できます。たとえば、全長六〇〇メートルもあるフランス南部のショーヴェ洞窟(アルデシュ県)は極端に天井が低く、幅が狭まる地点を境に、入口に近い空間と奥の空間に分けられます。入口側の空間には目のないクマなどの壁画が赤い色で描かれ、奥の空間には鋭い目つきのライオンなど黒い色で迫力のある動物が表されています(図2-2)。

1-2 壁画に表された動物

現在発見されている洞窟壁画のモチーフは、多い順にウマ、バイソン、マンモス、アイベックス(野生のヤギ)、オーロックス(原牛)、シカ、トナカイ、ホラアナライオンなどのネコ科動物、ケサイ、クマなどです。まれに、混成動物やヒト、動物的な特徴とヒトが混合した半獣半人像も描かれています。具象像は、見ただけで何の動物であるかがわかるという意味では、文字としてとらえることができます。ただ動物像といってもさまざまな表現があります。疾走している動物、ジャンプしている動物、目が描かれていない動物など、同じ動物でも表現によって、制作者の見方や感じ方が異なります。動物のどこを強調するのか、動物を表す際にそれぞれ重要なポイントがありました。これによって、壁画の制作者、あるいは制作者が属する集団によっても、動物へのまなざしが異なっていたことが推測できます。

洞窟によっては、当時の人が見た「風景」が描かれていたと思われる壁画群もあります。たとえば、ショーヴェ洞窟では、古いものは三万六〇〇〇年前の壁画が発見されていますが、ウマ、ライオン、マンモス、サイなど群れをなす動物たちは同じ向きに並ぶ一方で、クマやオオツノジカなど、単独で行動する動物たちはもっぱら単体で描かれています（Robert-Lambin, 2001）（図2-2）。ラスコー洞窟ではオーロックスとバイソンが同じ壁面に描かれていないことに注目したフランスの神話学者ジュリアン・デュイは、バイソンやライオンなど草原の動物たちからなる壁画面と、オーロックスやシカなど森の動物たちからなる壁画面は、当時の人たちが生態系に基づく「風景」を描き分けていたことを示すものだと分析しています（D'Huy, 2011）（図2-1）。一方、アイベックスは山岳に生息しているため、同種だけが集合した様子で表されています。最も多く描かれたウマは、草原、森林、山岳のどこにでも適応しているので、洞窟内のどの空間にも描かれています。

また、時代、地域、洞窟によっても動物の描き方に特徴があります。ラスコー洞窟に共通する描き方を例に挙げると、奇蹄類のウマの体は横向きで表されていますが、蹄は前もしくは下から見た視点で丸く描かれています（図2-3）。偶蹄類のウシの体も横向きであるのにもかかわらず、蹄は上から見た視点で二つに分かれています。またウシの角は、S字形とC字形からなる真横でも真正面でもないやや斜めからの視点で描かれています。シカの耳は、頸部に長い棒のように表されています。このように、動

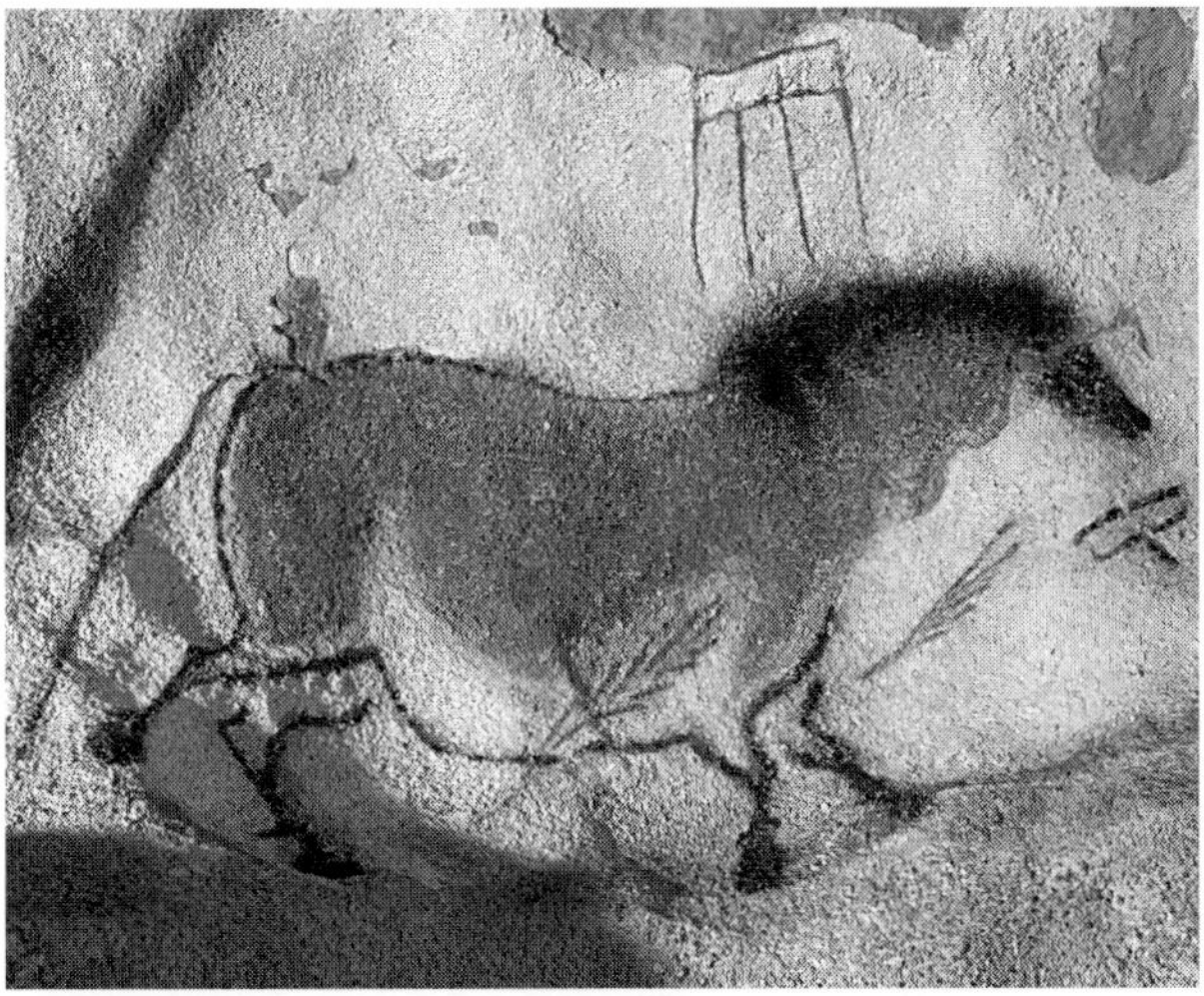

図2-3　ラスコー洞窟（フランス、ドルドーニュ県）のウマの壁画、およそ2万年前、マドレーヌ文化（©N. Aujoulat/CNP/MC）

物の部位ごとに異なった視点から描くことで動物の特徴をわかりやすく表現する描き方を、ラスコー様式と呼んでいます。

動物の描き方は、文化によって共通した様式もあります。後期旧石器時代の文化は、古い順におよそ四万年前から三万四〇〇〇年前のオーリニャック文化、およそ三万四〇〇〇年前から二万五〇〇〇年前のグラヴェット文化、およそ二万五〇〇〇年前から二万年前のソリュートレ文化、およそ二万年前から一万四五〇〇年前のマドレーヌ文化に分けられます。フランスの先史学者アンドレ・ルロワ＝グーランは、壁画を様式に分け、様式展開図式を示しています（Leroi-Gourhan, 1995）。

ウマの蹴爪まで表された足、細かく再現された体表の毛並みなど、細部まで繊細に表現するのはマドレーヌ文化の特徴です。一方、グラヴェット文化の動物像は横向きで、前脚と後脚が一本ずつしか描かれず、足先が表されず、背中はS字形の曲線が引かれ、目がなく、細部が乏しいといった特徴があります (Leroi-Gourhan, 1995)。

このように、時期、文化、洞窟あるいは制作者グループごとに、動物に対する見方に違いがあったことがわかります。

1-3　壁画に記された幾何学形

前述したように、点や線からなる幾何学形、やや複雑な構造の幾何学形が洞窟の壁面に記されていますが、洞窟壁画の幾何学形は一般に記号と呼ばれています。これらを描いた旧石器時代の人びとは、ある程度見ただけでその記号が何を示すのかを知っていたのではないかと考えられます。

記号は、具体的な形が抽象化された結果なのでしょうか。狩猟具の槍や落とし穴を抽象的に表したものなのでしょうか。それとも、何らかのメッセージを含んでいたり、自分たちのグループを示すマークだったりするのでしょうか。二〇世紀初めの研究者は、記号に意味を見出そうと試みていました。一方、二〇世紀半ばにルロワ＝グーランらは、洞窟や動物像との関係で記号を分析しました。

記号のタイプ分けは研究者によって異なります。ラスコーでは、紋章と呼ばれる正方形の四角い記号、テクティフォルムと呼ばれる屋根のある小屋のような五角形を基本とした「屋舎形」記号（図2-4）、クラヴィフォルムと呼ばれる垂直の棒の片側に半円形が付属する「こん棒」記号、アヴィフォルムと呼ばれる羽を広げて飛ぶ鳥のシルエットのような「鳥形」記号、V字形や逆V字形または矢印のようなV

図2-4　フォン＝ドゥ＝ゴーム洞窟（フランス、ドルドーニュ県）の「テクティフォルム」と呼ばれる赤い記号、およそ1万5000年前、マドレーヌ文化（photo: J. Igarashi）

字形記号類、一本線や線列または線の束からなる線状記号、一つの点や点列または円形に配列された点状記号などさまざまあります（図2-5）。

ヨーロッパの洞窟では、二万五〇〇〇年以上もの間、動物と記号がともに表されてきました。ラスコー洞窟や周辺の洞窟の記号だけでなく、描かれた動物主題を分析すると、興味深いことがわかります。たとえば、ヴェゼール渓谷（ドルドーニュ県）には、ラスコーのほか二五ヶ所以上の洞窟壁画遺跡がありますが、その中でもフォン＝ドゥ＝ゴーム、レ・コンバレル、ベルニファル、ルフィニャックの洞窟には、ラスコーでは表されていないマンモスが描かれています。一方、これら四つの洞窟には五角形のテクティフォルム（図2-4）が記されていますが、ラスコーにはそれがありません。一方、ラスコーには正方形の記号が五〇個も記されています

〈構成された記号〉

テクティフォルム		フランス南西ドルドーニュ県ヴェゼール渓谷 (模写はフォン＝ドゥ＝ゴーム洞窟)
クラヴィフォルム		スペイン北部アストゥリアス州からフランス南西部ピレネー地方 (模写はエル・ピンダル洞窟とニオー洞窟)
長方形		スペイン北部カンタブリア州 (模写はエル・カスティージョ洞窟)
正方形		フランス南西部ドルドーニュ県 (模写はラスコー洞窟)

〈単純な記号〉

点状記号	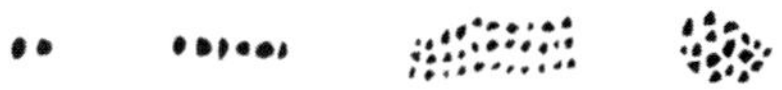 左から「1 対の点」「点列」「複数の点列」「点の集合体」
線状記号	 左から「短い線」や「棒状の線」からなる「1 本の線」「1 対の線」「線列」

図 2–5　主な記号タイプ（Vialou, 1998, p. 115 の図表「記号の型式学」をもとに作成）

が、ヴェゼール渓谷の他の洞窟にはありません。ただ、ラスコーから六〇キロメートルほど西にガビルーという洞窟がありますが、そこには正方形の記号があり、しかもラスコー様式の動物が描かれています。

このことは何を示しているのでしょうか。同じ種類の記号を記した人たちが同じグループに属していると仮説を立ててみます。記号の種類や描かれた動物の主題が共通するのは、同じグループが壁画を描いたことを示していると考えられないでしょうか。不動の洞窟に描かれた壁画によって、制作したグループの縄張りであることを示していたのかもしれません。この仮説では、幾何学形が民族グループのシンボルであり、それが示された洞窟は彼らのテリトリーであったと考えられます。

一方、フランスのピレネー地方からスペイン北部のカンタブリア地方、さらに西のアストゥリアス地方にかけて何千キロメートルにもわたる、多くの洞窟壁画遺跡では、クラヴィフォルムが記されています。いずれもマドレーヌ文化の中期の遺跡とされています。この事例も東西への人びとの移動を示唆し、互いに交流があったことがうかがえます。

2 旧石器時代人が持ち運びしたアート――動産美術や装身具

ここでは、不動産の洞窟に描かれた壁画とは対照的に、動産美術や装身具といった持ち運びできる小型の美術遺物を紹介します。動物やヒトの形を象った彫刻、具象像や幾何学形を線刻した板状の骨や石、骨や貝殻などの装身具も出土しており、それらにも具象像や幾何学形が刻まれています。

2-1 後期旧石器時代の持ち運びできるアートに表された具象像と幾何学形

後期旧石器時代の文化ごとに、代表的な動産美術に表された具象像と幾何学形の特徴的な事例をここで概観します。

(1) オーリニャック文化（およそ四万年前〜三万四〇〇〇年前）

ドイツ南西部のシュワーベン地方にあるフォーゲルヘルト洞窟（バーデン・ヴュルテンベルク州）では、オーリニャック文化に彫られた動物の形をしたマンモス牙製の一〇センチメートル未満の小像が四〇点ほど出土しています。これらの大きな特徴の一つは、動物像の体に点刻や線刻などからなる幾何学形が記されていることです。マンモスや、ホラアナライオンなどネコ科動物の小像には、刻まれたX字形の連続文やクロスハッチングと呼ばれる格子状の幾何学形があります（図2-6）。また、ウマの小像には、背中に沿ってX字形が一列に刻まれています。これらが頸部だけにあれば、X字形はたてがみを表していると解釈できますが、腰まで連続的に刻まれているので、たてがみではありません。一方、ネコ科動物の全身に刻まれた点は、斑点のような体の模様に見えます。またバイソンの背中には、小さい扇形記号が一つ記されています（Igarashi & Floss, 2019）。

このように洞窟壁画だけでなく、小型の動物彫刻の体にも幾何学形が記されることがあります。同じ

図2-6　フォーゲルフェルト洞窟（ドイツ、バーデン＝ヴュルテンベルク州）のネコ科動物の彫刻、マンモス牙、およそ4万〜3万4000年前、オーリニャック文化（Hilde Jensen Eberhard Karls Universität Tübingen, avec permission d'Harald Floss）

ような幾何学形は、同じオーリニャック文化の洞窟壁画にも記されています。たとえば、フランス南部のアルデーヌ洞窟（エロー県）や、ラ・ボーム＝ラトローム洞窟（ガール県）の壁画にも扇形記号が確認されています（Azéma *et al.*, 2012）。ショーヴェ洞窟では、黒で描かれたライオンの頭部に赤い点が記され、線刻されたアイベックスの背中に線が刻まれるなど、動物像に記号が残されています。また、シュワーベン地方とフランス南部の遺跡では、動物像の種類にも表現方法にも多くの共通点があります（Guy, 2012）。アルプス山脈の北側では、ドイツ南部のドナウ川からフランスのローヌ川の支流ソーヌ川にかけて、さらにローヌ川からアルデシュ渓谷へと川沿いに、比較的高低差がないルートで交流できたのかもしれません（図2-7）。これらの遺跡は何千キロメートルも離れていますが、川と川をつなぐと、当時の人びとの移動が想像できるでしょう。さらに東へと目を向けると、シュワーベン地方からドナウ川下流のダヌーブ川へと交流があった

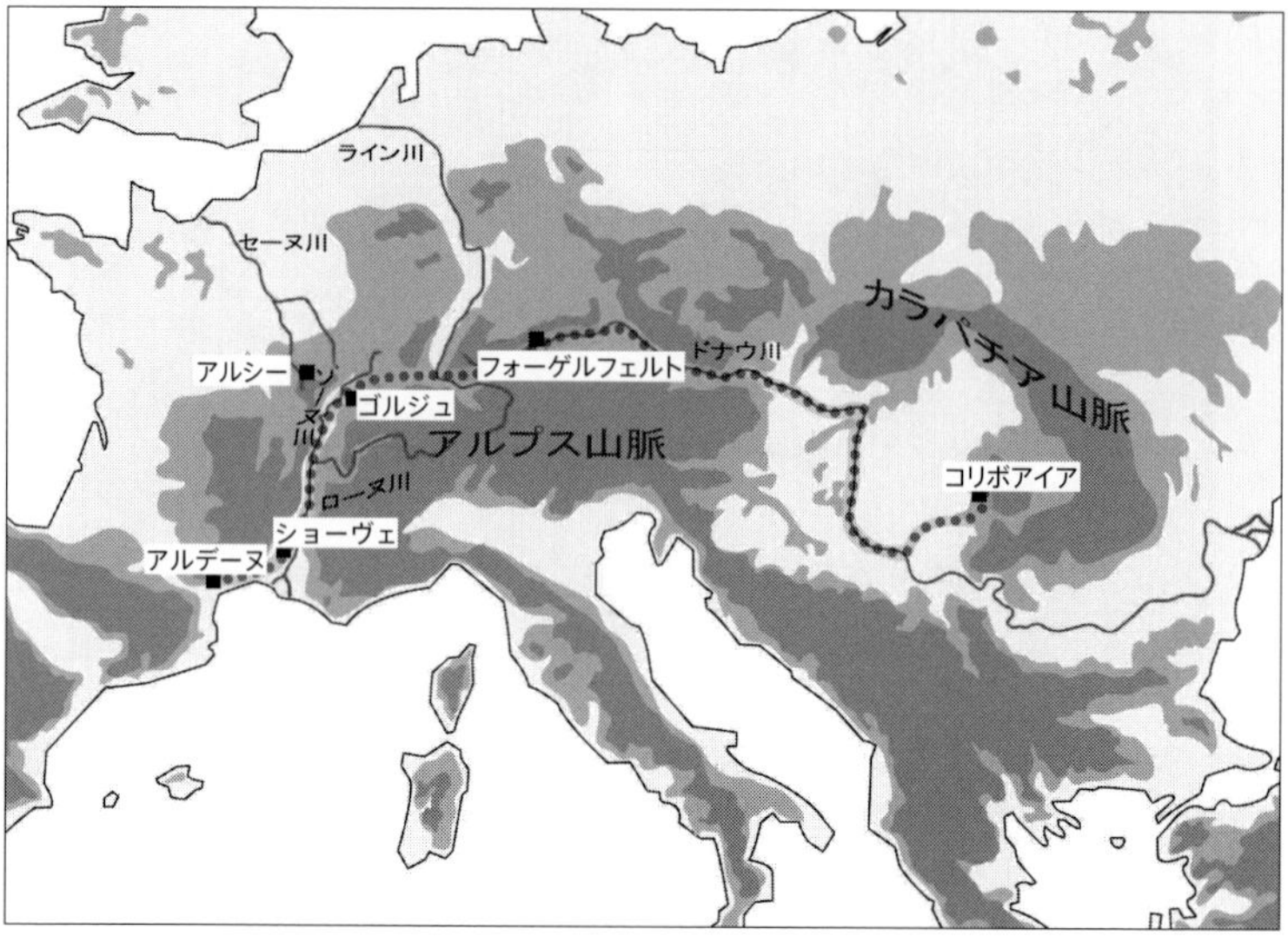

図 2–7 「オーリニャックの道」(Guy, 2012 の地図に加筆）と洞窟壁画や動産美術が発見された遺跡（Igarashi & Floss, 2019）

ことをうかがわせ、このルートは「オーリニャックの道」と呼ばれています（Guy, 2012）。

一方、フランス南西部のヴェゼール渓谷（ドルドーニュ県）のブランシャール岩陰、カスタネ岩陰、ラ・フェラシー岩陰、セリエ岩陰では、単純な点や線が刻まれた岩が発見されていますが、同じヴェゼール渓谷のラルテ岩陰では、動物の骨にも点刻や線刻が施された動産美術が出土しています。

ある限られた地域に見られる複雑に構成された幾何学形であれば、ある程度共通の意味があったかもしれません。しかし、広範囲に見られる単なる点や線すべてに共通の意味があるとは限らないので、慎重にならなければなりません。なぜなら、あまりにも単純すぎる幾何学形だからです。本章冒頭で紹介したように、後期旧石器時代以前の初期人類も、世界各地でこうした単純な幾何学形を刻んでいました。ですから、人類はかなり昔から、どの地域でも点や線といった幾何学形を生み出す能力を持っていました。

(2) グラヴェット文化（およそ三万四〇〇〇年前〜二万五〇〇〇年前）

寒冷化するグラヴェット文化後半には、オーストリアの「ヴィレンドルフのヴィーナス」と呼ばれる女性小像をはじめ、フランスからイタリア、チェコ、ロシアまで広範囲にわたって各地域で、正面観が強いふくよかな女性像が発見されています（図2-8）。頭部と足が小さく、体の中心部がふくらんだ、ひし形のプロポーションからなる女性像です。顔が表されることはほとんどなく、オーストリアのヴィレンドルフやフランス南西部のローセル、フランス北部のルナンクールなどの女性像のように、頭部には格子状の帽子のような模様が記されている事例もあります。ロシア西部のコスチョンキには、アクセサリーを身につけた女性像もあります。素材はマンモス牙、石灰岩などの石、焼成粘土などさまざまありますが、ヴィレンドルフと同じタイプの女性像です。チェコ東部のドルニ・ヴェストニッツェ遺跡出土の焼成粘土製の女性像には、頭頂部や背中に、点刻や線刻があります。

(3) ソリュートレ文化（およそ二万五〇〇〇年前〜二万年前）

二万五〇〇〇年から二万年前の最寒冷期には、フランスとスペインの限られた地域でしかソリュートレ文化の遺跡が発見されていません。この文化は、有肩尖頭器や葉っぱの形をした石器、骨針の出現などで知られています。押圧技法で製作された月桂樹葉形尖頭器や柳葉形尖頭器は左右対称形とその薄さ

図 2-9　ヴォルギュ遺跡（フランス、ソーヌ＝エ＝ロワール県）の大型の月桂樹葉形尖頭器、長さ 28 cm、厚さ 1 cm、およそ 2 万 5000 年前、ソリュートレ文化、フランス国立考古学博物館（photo: J. Igarashi）

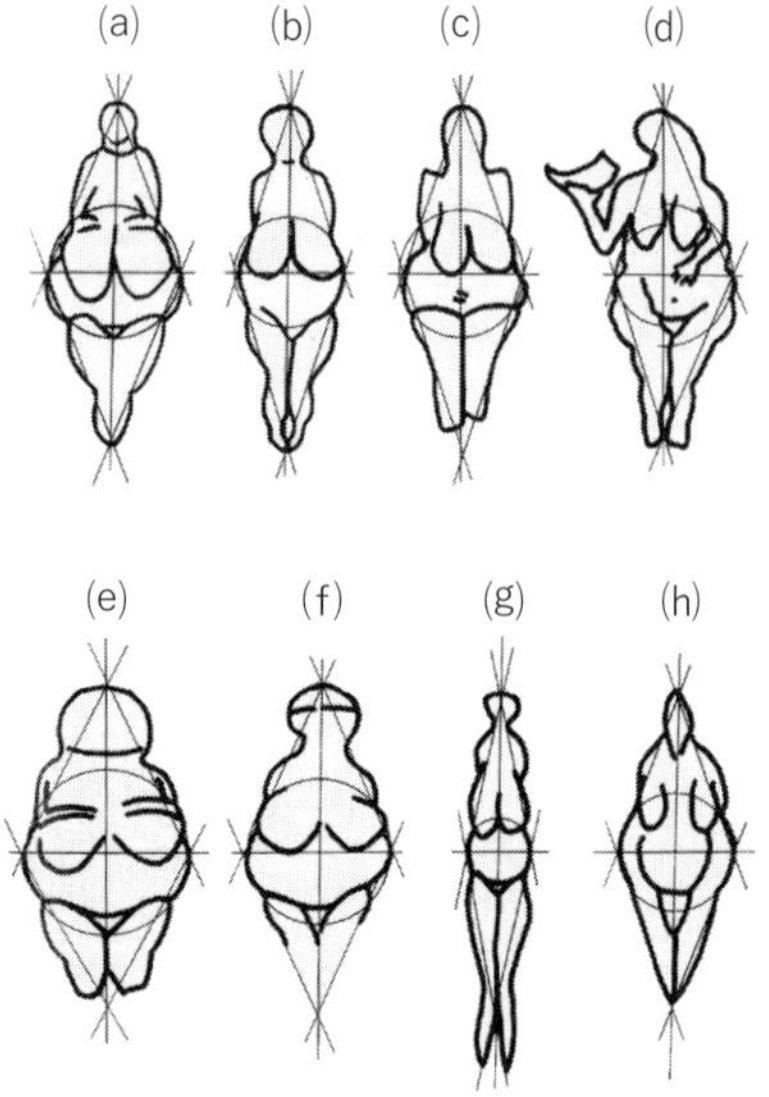

図 2-8　グラヴェット文化のひし形のプロポーションの女性表現（Leroi-Gouhan, 1968 より）。(a)フランスのレスピューグ、(b)ロシアのコスチョンキ、(c)チェコのドルニ・ヴェストニッツェ、(d)フランスのローセル、(e)オーストリアのヴィレンドルフ、(f)ロシアのガガリーノ、(g)ロシアのガガリーノ、(h)イタリアのグリマルディで発見されたヴィーナス像。

から、美しい見た目をしています。特に二五センチ以上の大型の石器は破損しやすいため、実用的な目的としてではなく、威信財と呼ばれる貴重なものとして製作されていたのではないかと考えられていいます（図2-9）。しかし、この時期は美術遺物があまり発見されていません。

(4) マドレーヌ文化（およそ二万年前〜一万四五〇〇年前）

最寒冷期後のヴェゼール渓谷やピレネー地方などフランス南西部からスペイン北部において、マドレーヌ文化に洞窟壁画が最も多く制作され、動産美術も数多く出土しています。動物の骨や角に丁寧に線刻された動物の表現が特徴的です。体の部位によって毛並みの表現が異なります。頭部の短い線列による頬の毛、柔らかそうな曲がった髭、腹部と背面を分ける毛の流れ、毛色の変わり目などを細かく表現しています。また、目や鼻、口、蹄などの細部も豊かに表現されています。

幾何学形は、動物の骨に刻まれた動物の体に記されています。たとえば、フランスのピレネー地方のイステュリッツ洞窟（ピレネー＝アトランティック県）出土の動物の骨の片面には、バイソンの脇腹に狩猟具のような複数の逆刺が付属した棒状の記号が記され、もう片面には、女性像の太ももに同じ記号が刻まれています（Tymula, 1996a）。バイソンと女性に同じタイプの記号が記されているのは興味深いです。動物を狩猟するという狩猟呪術目的ならば、この記号は女性に記される必要はありません。このように、記号の意味は簡単に解釈できません。

ビーズに記号や動物が刻まれていることもまれにあります。装身具のビーズは、貝殻や動物の歯、マンモスの牙といった素材がよく使われ、穴が開けられていたり、左右に水平に刻み目がつけられていたりします。フランスのサン＝ジェルマン＝ドゥ＝ラ＝リヴィエール岩陰（ドルドーニュ県）で出土したビーズには、X字形が刻まれた動物の歯もあります。また、装身具に刻まれた具象像としては、フランス南西部のデュリュティ洞窟（ランド県）で出土したクマの犬歯があります。紐を通すために穴が開けられ、アザラシやカワカマスが線刻されています（Tymula, 1996b）。またペンダントに刻まれた紡錘形という幾何学形は、魚とみなされることがあります。このように、壁画以外の動産美術や装身具というメディアにも、具象像と幾何学形が刻まれることがあります。

一方で、イタリア北西部のグリマルディ村（リグリア州）のカヴィリオーネ洞窟には、後期旧石器時代人の埋葬跡が発見されています。このような埋葬跡で出土する装身具から、当時は動物の皮革に直接ビーズが縫いつけられた帽子を被ったり、革製の服に多くのビーズが直接縫いつけられたりしていたことがわかります。頭蓋骨には二〇〇個以上のマキガイ、シカの犬歯二二個からなる頭飾り、左脛骨の上端部にマキガイ四一個からなる足飾りがつけられていました（Taborin, 2004）。

ロシアのスンギール遺跡の三人分の埋葬跡でも、マンモスの牙製のビーズが多数出土しています。具体的には、六十歳の男性には二九〇〇個以上のマンモス牙製ビーズ、キツネの歯六個、腕や手首に赤や黒に塗られたマンモス牙製ビーズ、首に赤で塗られた結晶片岩製ペンダントが、一三歳の少年には四九〇三個のマンモス牙製ビーズ、頭に二五〇個のキツネの歯、首にウマの形のマンモス牙製ペンダント、左肩の下にマンモス牙製の留め具が、七〜九歳の少女には五二七四個のマンモス牙製ビーズが付着していました（Guy, 2017）。

貝殻や動物の歯（図2–10）など、穴を開けるといった加工が比較的簡単な素材もあれば、マンモス牙のように一つのビーズをつくるのに時間がかかる素材もあります。身につけていたビーズはマンモス牙が使われており、ビーズ製作の再現実験によると、一つのビーズを完成させるのに一時間もかかりました（White, 1992）。単純に計算すると、三〇〇〇個のビーズを製作するのに、三〇〇〇時間もかかったことになります。東ヨーロッパなどマンモスが多く生息している場所に、動産美術の素材となるマンモス牙が多いので、この素材が使用されたのでしょう。多くのマンモス牙製ビーズを身につけた状態で埋葬された個体はその豊かさから、

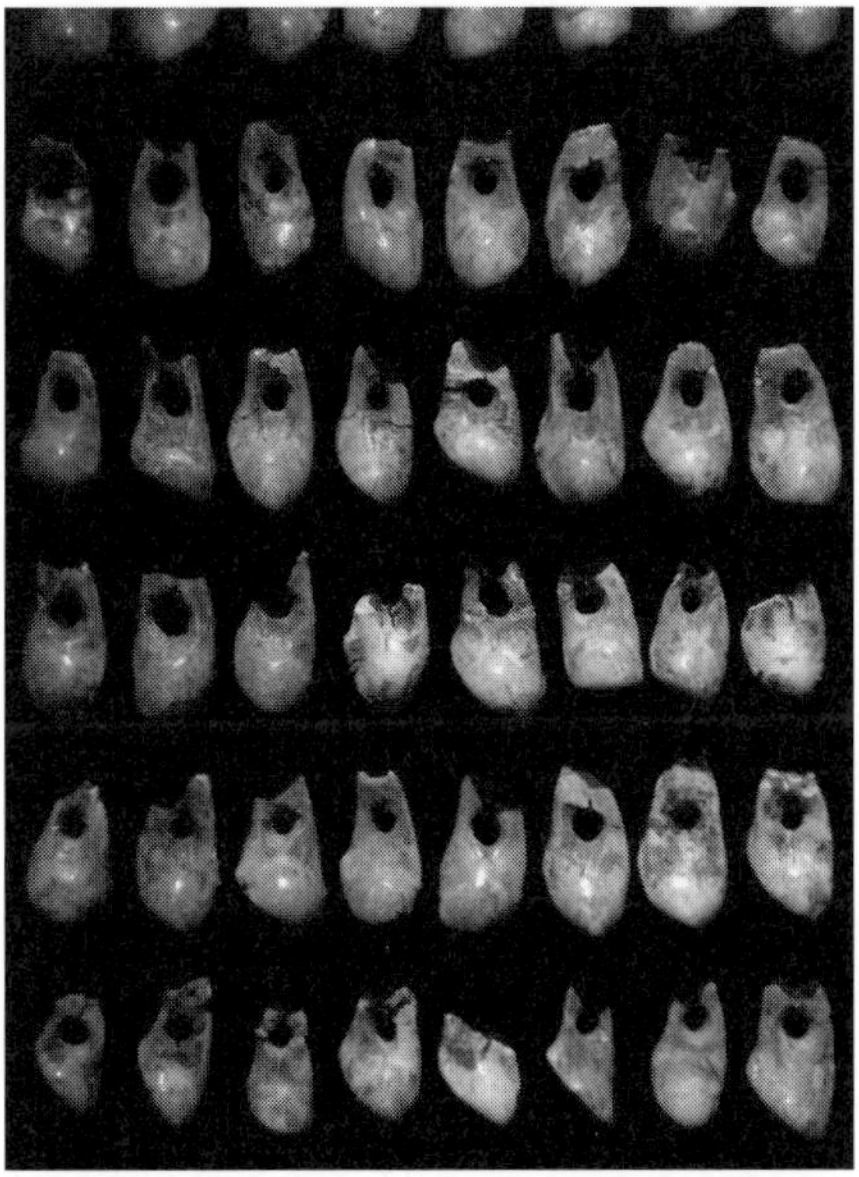

図2–10　サン＝ジェルマン＝ラ＝リヴィエール遺跡（フランス、ジロンド県）の女性の埋葬跡で発見されたシカの犬歯製ビーズ、およそ1万5500年前、マドレーヌ文化、フランス国立先史博物館（photo: J. Igarashi）

社会的地位を反映していると考えることができそうです。

また知らない人と出会う時に、装身具によってその人物像を推測することができます。たとえば、貝殻ばかりを身につけていれば、海に近い場所にいた人、オオカミの歯を身につけていれば、オオカミのグループに属する人など、どこから来たのか、どのような立場の人なのかなどを推測できるという意味で、装身具はとても便利なアイテムです。他者にメッセージを伝える装身具の役割は大きいと考えられます（Kuhn & Stiner, 2007）。多種多様な素材を用いていた装身具からも後期旧石器時代人の高い社会性がうかがえます。現在でも言葉を介さずとも、見た目でわかることがあります。たとえば、左薬指の指輪が婚姻状態を示し、ブランドもののバックやアクセサリーを身につけている人はお金持ちなどといった情報を他者に伝えます。ただ、ヒトはそれを逆手にとり、だまそうとする詐欺行為もできるのです。

装身具に使われた素材は、マンモスの牙、動物の骨や角や歯、石、貝殻、さまざまな素材があります。出土場所からは、二〇〇キロメートル以上離れた大西洋や、五〇〇キロメートル以上離れた地中海でしか入手できない種類の貝殻が含まれています（Taborin, 2004）。後期旧石器時代人が移動した結果、あるいはモノを交換した結果、あるいは、装身具を身につけたままの人が他のグループに迎え入れられるといった、人員を交換した結果であることが推測できます。

また、旧石器時代人が持ち運べるアートを通して、素材だけでなく美術表現も伝播したと考えられます。洞窟壁画の様式も人びとの移動だけでなく、こうしたメディアの介在によっても広く伝わったと考えられます。

前述したグラヴェット文化のヴィーナス像をはじめ、同じ形を共有することは、われわれ人類にも共通する習慣だと思います。たとえば、キャラクターグッズやアイドル、推しの写真を身につけていることで、仲間意識が生まれるといったことを想起させます。

3 象徴的行動としてのアート

ここまでにアートを通して、ヨーロッパ旧石器時代の人びとについてのイメージを、読者の皆さんとある程度共有できたと思います。では、本書の共通テーマである「なぜヒトはアートを求めるのか」に対して、洞窟壁画をもとに考察を進めてみましょう。まず、壁画を描いたのがなぜ洞窟だったのか、次に、ヒトの象徴的行動の一つとしてのアートの重要性を考えます。

3-1 なぜ洞窟だったのか

なぜ洞窟に壁画を描いたかについての諸説はすでに紹介しましたが、壁画を描いたのがなぜ洞窟だったのかについての議論はあまり深掘りされていません。洞窟は、雨や風をしのぐことができますが、真っ暗で、湿度が高く、生活に適している場所ではありません。ですが、洞窟は季節的に移動する狩猟採集民にとって、特別な場所だったといえます。

前述したように、洞窟だけにアートが残っていたわけではなく、人びとの身の回りには動産美術や装身具といったアートもありました。私たち近現代人の想像以上に、旧石器時代人はアートに囲まれていました。これらのアートからは、素材の移動や表現の伝播、さらには人びとの移動、社会性を推測できます。動産美術は移動しますが、当然のことながら洞窟壁画は移動しません。狩猟採集民が移動した後も、その場所にとどまります。これは当時の狩猟採集民にとって、とても重要な意味を持っていました。壁画は奇跡的に残ったのではなく、彼らが、壁画がその場所に残り続けることを理解したうえで、あえて洞窟に壁画を描いたと考えられないでしょうか。季節がめぐり、その場所に戻ってきた時に、必ずあるのが洞窟壁画です。こうした壁画の存在は、狩猟採集民たちに一種のテリトリーがあったことを示しているのではないでしょうか。

特に西ヨーロッパにマドレーヌ文化の壁画が多いのは、他の地域に比べ人口が集中していたことと関係していると思われます。洞窟があるからといって、必ずしも壁画があるとは限りません。西ヨーロッパという地域では特に、洞窟に壁画を描く必要性があったのではないでしょうか。季節的に移動する狩猟採集民は、同じ場所に戻ることがあります。ある地域に人びとが集まると縄張りができます。洞窟に描かれた壁画はそこに残るため、特に壁画遺跡の密度が高い地域では、各グループが切磋琢磨して壁画を描いたと考えてみたらどうでしょうか。

壁画のある洞窟は、現在まで残った特殊な遺跡だけでありません。季節移動民である狩猟採集民にとって、洞窟空間に彼らの痕跡を残すことには意味があったのではないかと思えます。壁画は真っ暗な洞窟にあるので、洞窟にそれを描く行為の意図は、他者に鑑賞してもらいたいという動機よりも、そこに残すことの意義のほうが強かったのではないでしょうか。そうすると、各グループが自らのテリトリーにメッセージを残し、他グループへのアピールに使うといった意味もあったと考えることができると思います。

3-2 象徴的行動

私たちホモ・サピエンスが初期人類と大きく異なる点として、積極的な象徴的行動をとることが挙げられます。現代の私たちが、二万年前の壁画を見て、何の動物なのかがわかることは本質的なことだと思います。アートの起源をたどると、アートをつくった人とそれを見る人が、互いにそれが何であるかといった認識が共有されているという前提があります。

歴史時代を概観しますと、具象的な絵に幾何学形を大胆に書き込む例はあまり見られませんが、具象像とそうでないものが同時に記されている例があります。たとえば、東洋の山水画、花鳥画、人物画では、風景や動植物、人物と一緒に文字が書かれたり落款印が押されたりすることがあります。また、ヨーロッパ中世の写本には、豪華な挿絵に絵と文字が並列されています。たとえば、ケルト組紐文様のように、動物や人物と、装飾文が一体化されることがあります。現代においても、文字と絵が同時に表されているものとして、マンガや本の挿絵などがあります。

二〇世紀のシュールレアリスムの画家ルネ・マグリットの描いた《イメージの裏切り》(一九二九)という作品があります。その作品にはパイプの絵が描かれ、その下に「これはパイプではない」とアルファベット文字でフランス語の文章が書かれています。パイプの絵を見た者は、これがタバコを吸うための道具であることを知っている者であれば、すぐにパイプだと思います。そのため、下にある文章を読むと、観者は混乱します。ですが、よく考えると、作品自体は実際に吸うことができるパイプではなく、パイプの形や色を表現しているだけの単なる絵にすぎません。私たちは絵を見ると、形に還元された象徴を察して、表されたものをすぐに想起します。私たちの習慣を逆手にとって、イメージを裏切るのがこの作品の一つの見方です。イメージがあふれる近現代の人びとにとって、事物とイメージと言葉が当たり前のように結びついていることを、この作品では露わにしています。人類が事物を形で表すようになってから、常にこのような暗黙の了解がありました。

この作品からわかるように、私たちホモ・サピエンスは、何万年もの間、絵を通して象徴を供給し、受けとってきた長い歴史があります。形を描いたら、それが相手に伝わるということを前提として、意識的に形を描いていたといえます。

このように、アートは大昔から人類にとって、コミュニケーションをとるうえで重要な要素だったと考えられます。幾何学形は具象的ではないため、何らかの意味を読みとろうとするという、解読者の思考が強く反映されてしまうという問題があります。逆にいうと、読みとろうとする行為こそが、私たち人類の特徴だといえます。

4 さいごに

本章では、旧石器時代につくられた洞窟壁画、動産美術、装身具などを取り上げました。それらによって、形や色を通してメッセージが伝えられ、コミュニケーションが図られ、それが示す内容や象徴を互いに理解し合えるシステムが構築されてきました。

ヨーロッパ後期旧石器時代の多様なアートは、現代人によって一つの解釈ですべて理解することはできないでしょう。この時代のアートには同時代の他者に伝えるという意味があるだけでなく、他者に伝えることができるという、ある種の喜びもともなっていたと思います。動物や記号といった具象像や幾何学形には、そういった要素も含まれていたのではないでしょうか。

具象像や幾何学形などのアートを制作する背景には他者との形を通したコミュニケーションを必要としており、それを実現するための想像力や創造性を人類が備えておりアートを創出していたことが、洞窟壁画から伝わってきます。そして、それは現代にも受け継がれていると思います。

〔文　献〕

ハーバート・リード『イコンとイデア――人類史における芸術の発展』宇佐美英治訳、みすず書房、一九五七〔Read, H. *Icon and Idea: The Function of Art in the Development of Human Consciousness.* Faber & Faber, 1955〕

Azéma, M., Gély,B., Bourrillon,R., Galant, P. L'art paléolithique de la Baume-Latrone (France, Gard): nouveaux éléments de datation. *International Newsletter on Rock Art*, 64: 6–12, 2012

Bégouën, H. The Magic Origin of Prehistoric Art. *Antiquity*, III: 5–19, 1929

D'Huy, J. La distribution des animaux à Lascaux reflèterait leur distribution naturelle. *Bulletin de la Société historique et archéologique du Périgord*, 138: 493–502, 2011

D'Huy, J., Le Quellec, J. L. Les animaux "fléchés" à Lascaux: nouvelle proposition d'interprétation. *Bulletin Préhistoire du Sud-Ouest*, 18(2): 161–170, 2010

Fritz, C. *L'art de la préhistoire*. Citadelles & Mazenod, 2017

Guy, E. Le Style Chauvet: Une Beauté Fatale? Paleoesthethique.com: 1–13, http://www.paleoesthetique.com/wp-content/uploads/2011/12/E. GUY-Chauvet02e12.pdf, 2012

Guy, E. Ce que l'art préhistorique dit de nos origines. Editions Flammarion, 2017

Henshilwood, C. S., Marean, C. W. The origin of modern human behavior. *Current Anthropology*, 44: 627–651, 2003

Igarashi, J., Floss, H. Signs associated with figurative representations. Aurignacian examples from Grotte Chauvet and the Swabian Jura. *Quaternary International*, 503: 200–209, 2019

Joordens, J. C., D'Errico, F., Wesselingh, F. P., Munro, S., de Vos, J., Wallinga, J., Ankjærgaard, C., Reimann, T., Wijbrans, J. R., Kuiper, K. F., Mücher, H. J., Coqueugniot, H., Prié, V., Joosten, I., van Os, B., Schulp, A. S., Panuel, M., van der Haas, V., Lustenhouwer, W., Reijmer, J. J. G., Roebroeks, W. Homo erectus at Trinil on Java used shells for tool production and engraving. *Nature*, 518: 228–231, 2015

Kuhn, S. L., Steiner, M. C. Paleolithic ornaments: Implications for cognition, demography and identity. *Diogenes*, 54: 40–48, 2007

Laming-Emperaire, A. *La signification de l'art rupestre paléolithique*. Editions A. & J. Picard, 1962

Leder, D., Hermann, R., Hüls,M ., Russo,G., Hoelzmann, P., Nielbock, R., Böhner, U., Lehmann, J., Meier, M., Schwalb, A., Tröller-Reimer, A., Koddenberg, T., Terberger. T. A 51,000-year-old engraved bone reveals Neanderthals' capacity for symbolic behaviour. *Nature Ecology & Evolution*, 5: 1273–1282, 2021

Leroi-Gourhan, A. Le symbolisme des grands signes. *Bulletin de la Société Préhistorique Française*, 55: 384–398, 1958

Leroi-Gourhan, A. *The Art of Prehistoric Man in Western Europe*. Thames & Hudson, 1968

Leroi-Gourhan, A. *Préhistoire de l'art occidental*. Editions Citadelles & Mazenod, 1995

Lewis-Williams, D. *The Mind in the Cave*. Thames & Hudson, 2002〔レヴィ＝ウィリアムズ『洞窟のなかの心』港千尋訳、講談社、二〇一二〕

Lorblanchet, M. *Les grottes ornées de la Préhistoire. Nouveaux regards*. Editions Errance, 1995

Reinach, S. Phénomènes généraux du totémisme animal. *Revue scientifique*, 14: 449–457, 1900

Reinach, S. L'art et la magie. A propos des peintures et des gravures de l'Age du Renne. *L'Anthropologie*, 14: 257–266, 1903

Richard, N. De l'art ludique à l'art magique; Interprétations de l'art pariétal au XIXe siècle. *Bulletin de la Sociéte Préhistorique Française*, 90: 60–68, 1993

Robert-Lambin, J. Un regard anthropologique. In: *La Grotte Chauvet. L'art des origines* (ed. Clottes, J.): 200–208, Editions du Seuil, 2001

Rodriguez-Vidal, J., D'Errico, F., Pacheco, F. G., Blasco, R., Rosell, J., Jennings, R. P., Queffele, A., Finlayson, G., Fa, D. A., Gutiérrez López, H. M., Carrión, J. S., Negro, J. J., Finlayson, S., Cáceres, L. M., Bernal, M. A., Fernández Jiménez, S., Finlayson, C. A rock engraving made by Neanderthals in Gibraltar. *Proceedings of the National Academy of Sciences*, 111: 13301–13306, 2014

Taborin, Y. *Langage sans parole, La parure aux temps préhistoriques*. La maison des roches, 2004

Tymula, S. Os gravé de type lissoir. In: *L'art préhistorique des Pyrénées* (ed. Thiault, M. H.): 232–233, Editions de la Réunion des musées nationaux, 1996a

Tymula, S. Dents perforées et gravées. In: *L'art préhistorique des Pyrénées* (ed. Thiault, M. H.): 180–182, Editions de la Réunion des musées nationaux, 1996b

Vialou, D. *L'art des grottes*. Editions du Seuil, 1998

White, R. Technological and social dimensions of 'Aurignacian-Age' body ornaments across Europe. In: *Before Lascaux: The Complex Record of the Early Upper Palaeolithic* (eds. Knecht, H., Pike-Tay, A. White, R.): 227–299, CRC Press, 1992

第3章

記号としての描画

幕内 充

本章では、言語・数学・描画・音楽・ダンスといったヒト固有の文化的行動を包含する〈記号〉という上位概念を導入してアートを考察します。まず記号とはどういうものか、どういう性質を持つのか、指示的記号と喚情的記号の区別などについて論じた後、アートの位置づけ、発達、写実、アイコニシティ批判、生成ＡＩによる描画、ＮＦＴ（非代替性トークン）といったトピックを、記号という観点から整理します。そして最後に「なぜヒトはアートを求めるのか」という問いに対して試案を述べることとします。

1　記号とは

1-1　記号とヒト

この章では、記号とは「ヒトが作った、イマココにはない何かを表すもの」とします。記号の代表は言語で、音声や手の形、あるいは文字が、特定の事物《モノ》や事態《コト》をヒトに想起させます。言語以外にも絵画・音楽・ダンス・数学など、およそ表現するものは記号です。言語とは何かという問いに対する完全な回答はありませんが、言語もアートも含む記号という上位カテゴリでの考察を通して、アートについて考えていきたいと思います。

ヒトは、記号の世界に生きています。実際の世界を見ているようで、ほとんど見ていません。たとえば朝、目が覚めて天井や寝室をじっくりと観察することはほとんどありません。天井に目を向けてはいても、今日の予定や直近の悩み事などを心に思い浮かべているのであって、視野に存在する対象を詳しく分析したりせず、ただぼーっと見ているだけです。そしておもむろに枕元にあるスマートフォンを手にとり、EメールやSNS、ニュースサイトのテキストや写真などの記号の摂取を始めます。自然界に生きる野生動物であればいつ捕食者に見つかるかわからぬゆえ、周囲に対し不断に警戒をしなければなりませんが、ヒトという生き物は実に油断しており、一日の大半の時間を、イマココにないモノやコトについての記号、主に言語を弄んでいます。しかし、記号の世界から逃れるのは不可能です。言葉による思考を遮断することは至難の業です。イマココに意識を集中し、世界をまるで初めて見るように眺められたら何と素晴らしいでしょう。

記号の発明によって、ヒトは高度な文明社会を築くことができましたが、同時に記号認識による呪縛に苦しめられてもきたのです。記号は記号を呼びます。思考も対話も記号の応酬・連鎖であり、のべつまくなしにヒトは記号を取り込み、吐き出しています。あるヒトがどのようなヒトであるのかを知りたいのなら、履歴書でもDNAでもなく、そのヒトの発言の総体を分析するのが一番良いのではないでしょうか。ヒトという存在の本質とは、記号が無限に続く過程なのですから（Peirce, 1960）。

1-2　記号認知という省力モード

われわれが対象の視覚認知に要する時間は、極めて短いものです。絵に描こうとした時に初めて対象をじっくり見ますが、それまでは見ているようで大して見ていないのです。スマートフォンを周囲にかざしてカメラが捉えた対象物に名前をつけてくれる機能があるとしたら、われわれの視覚認知はまさにそれに近いでしょう。名前をつけたらそれ以上見る必要はありません。物品を同定して名前＝記号に変換し、世界を記号で再構成します。生物にとってイマココに現れたモノが危険であるかを素早く同定することは生存のために必要であり、視覚はその目的に適うようになっています。大きくて黒いモフモフしたものが「熊」であることが確定したら、できる限り早く逃げなければなりません。この対象への素早い視覚認知（「熊だ！」）においては、対象を構成する部分への分析は必要ありません。視覚情報以外に、熊が棲んでいそうな環境や熊の活動する時間帯に関する知識、特有の獣臭さ、イマココの状況などをもとに、とにかく素早く同定することが求められます。

このような対象の同定を目指す高速視覚認知の通常モードに抗して、細部に注意を払いじっくり観察するのは、生存のための視覚認知とは大きく異なります。じっくり観察した時に初めて全体を部分へと分解し、熊が頭と胴と手足から成り、ごわごわした黒い毛がびっしり生えていて、鋭い鉤爪を備えていることを知るのです。全体の部分への分解あるいは分節化〈segmentation〉は、実は熊を木や岩などの背景から切り出す時にも行われていたはずですが、世界を認知するということは、世界を分節化して、何から成り立っているのかを同定することなのです。

ここまで動物一般を対象に考えてきましたが、ヒトに限定して考えると、分節化によって得られるのは記号です。まず環境から〈熊〉というパーツが切り取られ、次いで熊から〈頭〉〈手〉〈胴〉〈足〉というパーツが切り出されます。この非通常モードの分析的観察は、対象を線画として構成する時の前提条件になります。先天盲開眼術を受けたばかりの患者は、周囲に壁・天井・人・机を見るのではなく、色がべったりと塗りたくられた平面を見るだけだということです（鳥居・望月、二〇〇〇）。網膜で感じ取った光の分布を分析して初めて世界が見えてくるのであって、見るという受動的だと思われている行為は、実はさまざまな分析結果を統合する能動的な構築過程なのです。ヒトの網膜は眼球の内側に貼られた凹面であり、われわれが見ているのは面へ投影された世界の像です。しかし、われわれの視覚は世界を平面として表象しません。平面上の像から元の立体的世界を復元できるかと言えば、それはどうしたってできるものではありませんから、そこにはさまざまな仕掛けによる不完全な復元があり、錯視として報告される不合理な見え方は、この能動的構築によって見えてしまうバグなのです。

分節化は、世界の中で成り立っている事態を文として記述しようとする時にも同様に必要となる過程です。すなわち事態を構成しているパーツ＝語を切り出し、その語を正しく並べて文とするのです。世界を認識し、さらにそれを言葉で記述したり、線で描き表そうとする時、われわれは世界全体を部分＝記号へと分割し、文であれば記号＝語の時間的配置、絵であれば記号＝パーツの空間的配置として構成し、表出しているのです。

絵画や写真といった記号を見る時、われわれの脳裏には言葉という記号が呼び出されます。記号の解釈とは、新たな記号列を産出することなのです（Peirce, 1960）。絵を理解するためには、他の人がその絵を見てどのように感じたか、どのような記号＝言葉を紡ぎ出したのかが参考になります。それはその絵画作品を、記号空間内に定位することにつながります。事象は言語化しないと記憶されず、正確な美術批評がなければ、絵画を記号＝テキストの網に編み込めません。

1－3　記号の統語論・意味論・語用論

わざわざ記号という概念を持ち出すのは、言語・数学・アート・音楽・ダンス等を含む、ヒト特有の文化的行為を可能にした認知能力を包括的に捉え、より高い位置から、言語やアート等の文化、ひいてはヒトの知性について考察するためです。哲学者チャールズ・サンダース・パース（Charles Sanders Peirce, 一八三九－一九一四）の記号に関する考察を整理して、チャールズ・W・モリス（Charles W. Morris, 一九〇三－一九七九）は独立した記号過程である統語論・意味論・語用論の三つの下位区分を提案しました（永井、一九七一／モリス、一九八八／永井・和田、一九八九）。記号と記号の関係を統語論、記号と記号が指し示す対象（あるいは概念）との関係を意味論、記号と解釈者の関係を語用論と呼びます（図3－1）。

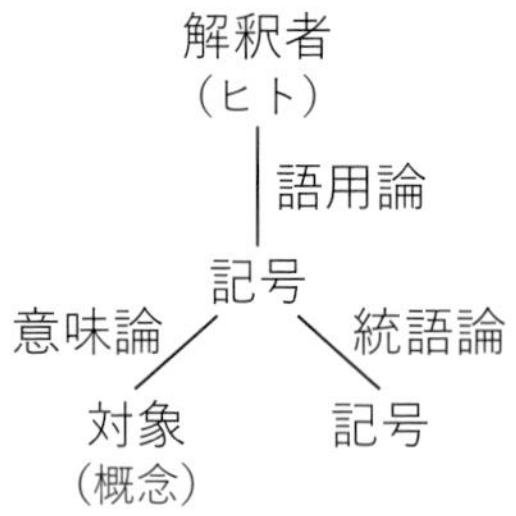

図3-1　記号の統語論・意味論・語用論。『自閉スペクトラム症と言語』（幕内編、2023、p. 57）から引用。永井成男による記号過程の3つの側面を表したダイアグラム（永井、1971）を筆者が改変。

記号と記号の関係である統語論は、実際の使用を観察すれば明らかにできます。現在(二〇二四年六月)、大規模言語モデル(large language model; LLM)は、大量の文章を取り込み、語の並び方を学習させることで、機械が質問に自然な文章で答えたり、異言語間で翻訳を行ったりできるようになりました。機械が学習しているのはある語の次にどんな語がくるかという確率だけですから、まさにモリスの定義による統語論を統計的に学習しているということになります。

意味に立ち入らない、記号間の形式的関係という点では同じですが、大量のデータから機械が学習する知識と、言語学者が発見する統語論知識とはかけ離れています。意味論とは、記号と指示対象の関係です。指示対象は概念です。統語論と意味論は、記号と記号、あるいは記号と指示対象の関係であって、ヒトの与らない記号とモノの世界です。

語用論とは、記号がヒトに及ぼす効果です。語用論に至って初めて記号がヒトに作用します。そもそも記号にヒトへの効果ないし影響、すなわち語用論がなければ、その記号を作ったり使ったりする理由がありません。この意味では、語用論がヒトにとっての本質的な意味と言えます。また、語用論は記号とヒトとの関係のことであるため、定義からして機械には存在しません。統語論はもしかしたら実態を持たぬ統計的幻想、意味論はそもそも不可能な企図かもしれませんが、われわれが記号を発し受け止めている実情から、語用論は確実に存在します。哲学者ルートヴィヒ・ウィトゲンシュタイン(Ludwig Wittgenstein, 一八八九-一九五一)の言う言語ゲームは、語用論のみを所与とする言語観であると言うことができます(ウィトゲンシュタイン、一九八八)。

1-4　語用論としてのアート

美術や音楽などの芸術は何を指示するのか、その意味論は全く不明であったり、非常に曖昧であったりします。たとえば絵に描かれた人物や建築物の指示対象が確定できたとしても、それ自体は芸術の目的ではなく、その作品が鑑賞者に与える影響（語用論）が目的です。

音楽においては、指示対象が何であるかは特別な定義を準備しない限り特定できない（意味論はない）と言ってよいでしょう。ある和音が「喜び」あるいは「悲しみ」を指示していると作曲家が考えたとしても受け手がそのように解釈している保証はないし、その意味論がわからなくても音楽を享受することはできます。もしかしたら芸術家や批評家は作品の意味論的意味を理解しているのかもしれませんが、芸術作品の鑑賞者である一般人にはほとんどわからない、あるいは個人間で一致しないでしょう。

結局、意味＝指示対象がわからなくても心に受ける印象（＝語用論）、つまり美しいとか良いとかの印象が生じればそれでよいのです。宮沢賢治（一八九六－一九三三）の詩『春と修羅』（一九二四）が正確に何を意味しているのかわからなくても、読み手は感動を得るのです。その詩の作られた時分の賢治の生活から詩に詠われた題材を推測することで意味論的解明は進むかもしれませんが、詩の本質的価値とはあまり関係のない、興味本位の話題のようなものかもしれません。

1-5 指示的記号・喚情的記号

言語学・哲学・文学などで幅広く活躍したチャールズ・ケイ・オグデン（Charles Kay Ogden, 一八八九－一九五七）とアイヴァー・アームストロング・リチャーズ（Ivor Armstrong Richards, 一八九三－一九七九）が一九二三年に出版した古典的名作『意味の意味』では指示的言語と喚情的言語を区別することの重要性が強調されています（Ogden & Richards, 1923; オグデン・リチャーズ、二〇〇八）。現実世界の事態と比較することで真偽が決定できる文を指示的言語〈referential language〉と呼び、そのような手続きで真偽が決定できない文を喚情的言語〈emotive language〉と呼びます。指示的言語は事態の説明、事実の報告、そしてとりわけ科学的な記述のための言語です。一方、喚情的言語は、痛みの表現から美を謳う詩などの文学、善について語る倫理などに使用される言語です。

言うまでもなく、現代文明の繁栄の礎には科学の進歩があり、科学的真理を確実に発見する生産的方法が要請される中でこの二つの言語が峻別されました。オグデンとリチャーズは喚情的言語の重要性も十分訴えてはいますが、その後の言語の科学は指示的言語の研究に傾いています。本章ではこの概念を言語からその他の記号領域に拡大し、〈指示的記号〉と〈喚情的記号〉として論じます。描画に対しても指示的記号・喚情的記号という概念を導入し科学と対比することで、芸術の意義を検討します。

2 記号としての描画

2-1 指示的記号としての描画

図3-2　常盤光長（生没年不詳）《伴大納言繪巻》3巻上巻（12世紀）、国立国会図書館デジタルコレクション、https://dl.ndl.go.jp/pid/2574902

《紫式部日記絵巻》《一遍聖絵》《伴大納言絵巻》（図3-2）。我が国の歴史に思いをめぐらせる時、当時の様子を描いた絵画資料が全く欠けていたら相当違った印象を持つことでしょう。絵画には、肖像や街並みなどの似姿を美化しつつも後世に伝えるという任務があります。写真はこの任務の要請の延長線上に位置づけられる発明だと言えるでしょう。

　事故現場の証拠写真は、重要な社会的意義を持つ指示的記号の例です。また、現実のある側面は数量で記述することが本質的です。たとえばコメの出来は、黄金色に輝く稲穂の写真や絵も雄弁ではありますが、収量の数値こそ本質的情報であり、統計的記述が記録として最も大事なものです。この数値はグラフによって図像化することで、より効率的に情報を伝達できるようになります。

「百聞は一見に如かず」とは、言語による事態の記述は正確さと効率の点で事態の視覚認知の足元にも及ばないという、図像に対する言語の劣等意識の表明です。たとえば家の間取りや部屋の中の家具の配置の説明など、言葉による記述は見取り図や写真に比べ、まどろっこしくて不正確ですらあります。見ることの明晰性は、記述しようとする対象がそもそも視空間的情報であることに由来します。また、視覚像は常に個物の像ですが、「語」という抽象的でほとんどのディテールが削ぎ落されてしまっている概念で組み立てられる文では、個物の指示が困難な課題であることにも関係します。もちろん、視空間的でない情報についてはこのような優越は認められませんし、空間的像であっても幾何学的概念や数式で定義された場合も除外されます。

地図は、数メートルの解像度を持つ地面の視覚像であり、地表の絵です。空間内の事物の配置を計測し、作図したものが地図であると定義するならば、風景画や肖像画も、山・川・建築物の配置、あるいは眼・鼻・口・耳の配置を示す、スケールが異なる地図であると言うこともできるでしょう。空間をなるべく忠実に二次元に写像〈map〉する写真とは、地図の一種ではないでしょうか。

2-2 喚情的記号としての描画

喚情的記号としての描画は、たとえば戦争報道における写真や動画という指示的記号の直接的証拠性が持つ権威に対抗する、感情喚起力を持つ絵画として現れます。藤田嗣二（一八八六－一九六八）の《アッツ島玉砕》（一九四三）等に見られる通り、太平洋戦争中に戦意高揚のため、旧日本軍はアートの喚情能力を利用しました。

若いうちから中国・欧州・エジプト・インド等を外遊した日本画家小早川秋聲（一八八五－一九七四）は、昭和六年の満州事変の後から従軍芸術家として、中国やアジアの過酷な戦場に赴いて制作をした画家です。秋聲が六十歳の時に陸軍省の依頼を受けて制作した《國之楯》（一九四四、一九六八）（図3-3）は、一人の兵の遺体を描いた作品です。軍服に長靴と手套、腰には日本刀を下げたまま両手を組んで横たわる死体の顔には、寄せ書きされた日本国旗が被せられています。戦場における死は全く珍しくないはずですが、目の前にある一人の死を凝視することで、戦時の興奮に紛れることのない、厳然たる戦争の無残さを伝えています。華々しく勇猛な戦闘シーンではなく、悲しく静謐な死を日本画特有の美化を施して描いた本作を目にした将校たちは思わず敬礼したそうですが、結局陸軍省に受け取りを拒否されました。積極的に軍に協力していたと考えられる秋聲ですが、実際の戦闘に接して戦争の悲惨さも知悉していたのでしょう。

秋聲が軍に優遇され高い立場から戦争を見たのに対し、浜田知明（一九一七－二〇一八）は一六歳で

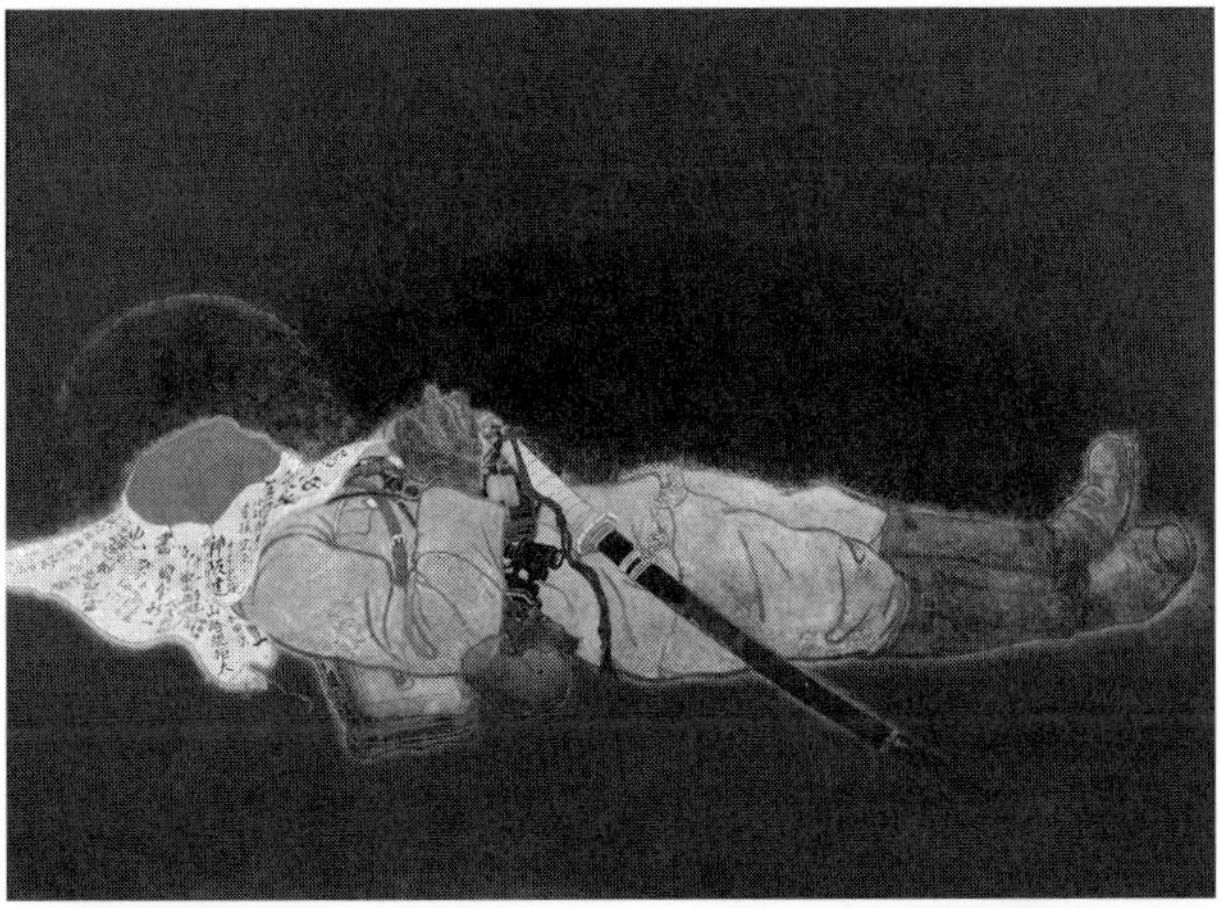

図3-3　小早川秋聲《國之楯》(1944、1968)、京都霊山護国神社蔵(日南町美術館寄託)
→口絵4

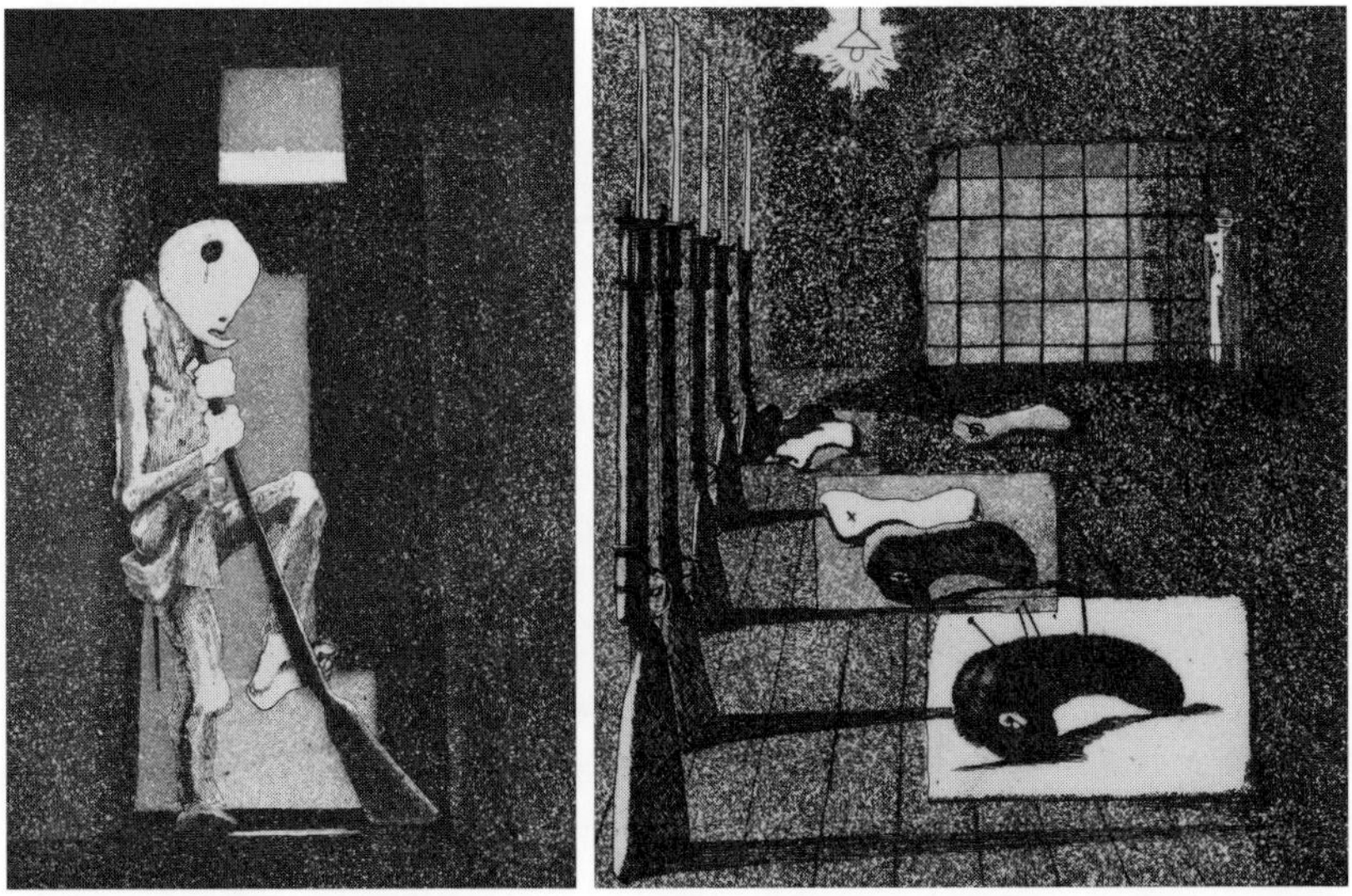

図3-4　浜田知明《初年兵哀歌》(1954、1951)、《歩哨》(1954) 町田市立国際版画美術館蔵(左)、《銃架のかげ》(1951) 町田市立国際版画美術館蔵(右)

東京美術学校（現・東京藝術大学）油画科に入学したエリートであったものの、一兵卒として中国大陸で従軍しました。彼は戦後、五年間味わった最底辺の兵士の苦しみと悲しみを《初年兵哀歌》シリーズ（図3－4）で表現し、高い国際的評価を受けました。知明の銅板作品は、軍隊内部における初年兵への酷い扱いや中国人の虐殺等、軍隊の非人間性を告発する意図が明確な戦争画です。

美術の政治利用は洋の東西を問いません。ドイツのナチス政権は一九三七年からミュンヘンで「大ドイツ美術展」と「退廃芸術展」を意図的に並行開催し、ナチスの国家観に沿う、若く美しく健康的で力強い肉体を持つ金髪碧眼の青年を称揚する一方で、モダニズムや前衛芸術を退廃芸術と呼んであからさまに蔑視・弾圧しました。ニュルンベルク党大会等に代表される政治的ショーなど、ナチスはイメージによる政治宣伝技術を洗練させ、喚情的記号を利用した大衆操作を目的とする政治工学《プロパガンダ》を実行しました。バウハウス（第7章註6参照）は潰され、現代美術史上重要な作品が多く散逸するなど、美術を荒廃させた影響はドイツのみにとどまりません。

プロパガンダに動員される戦争画という記号は、それがヒトの心を動かすという喚情性に本質がありますが、戦意高揚をもたらすかどうかという効果の不確実性、あるいは作家の自由という余白があります。《アッツ島玉砕》や《國之楯》は聖戦プロパガンダに沿ってはいるものの、戦意高揚に確実につながるかどうかは見解が定まらないでしょう。《初年兵哀歌》では、デフォルメされたヒトらしきモノによって残酷で非人間的な環境に置かれた精神の絶望がはっきりと表現されていますが、それらを弱さとして笑い飛ばす精神の可能性を否定できません。何が描かれているか明らかな絵画であっても、それがどのような感情を呼び起こすのかは、鑑賞者の知識や来歴や作品が置かれる文脈等によって、玉虫色に

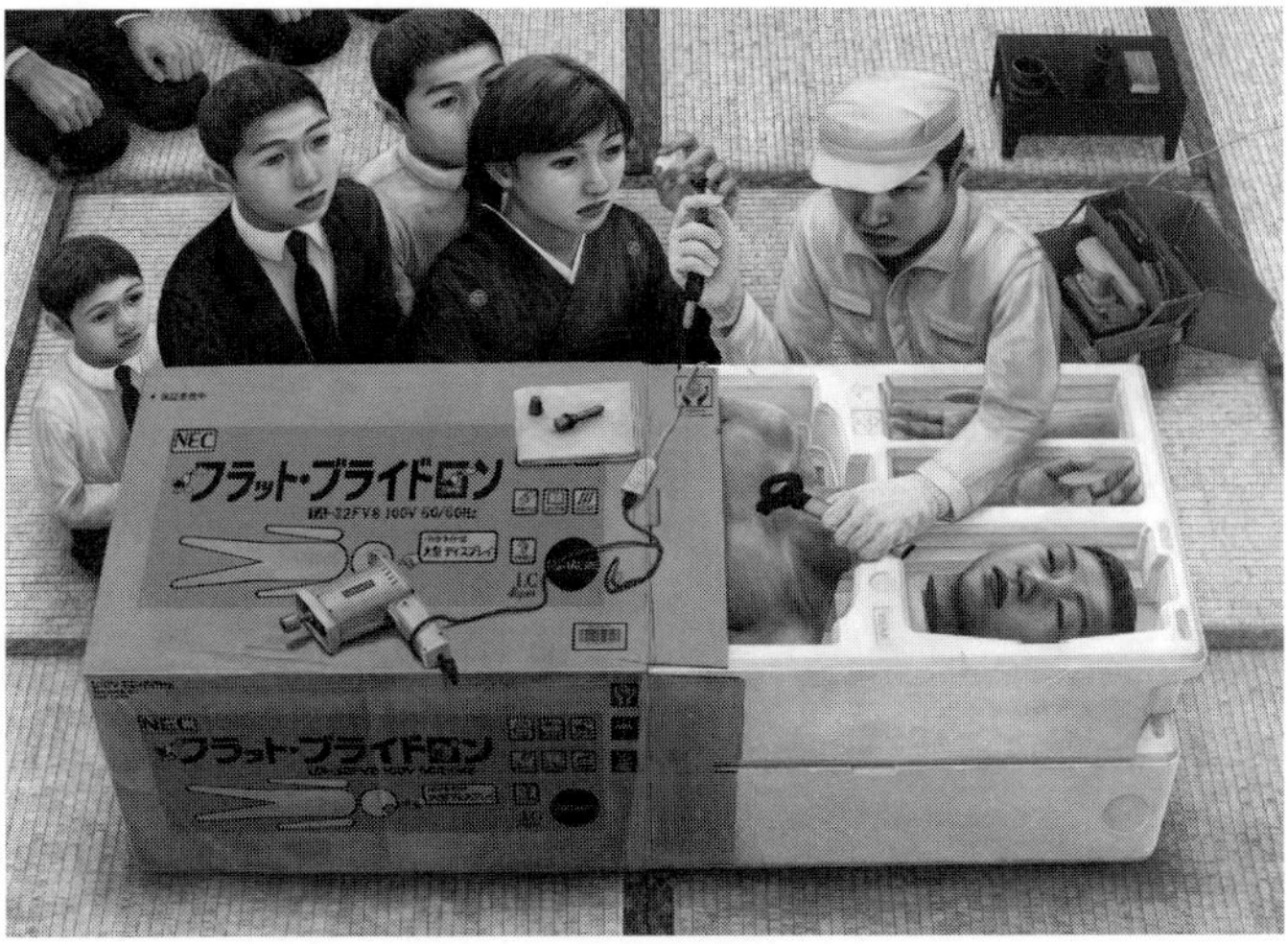

図3–5　石田徹也《回収》(1998)

異なりうるのです。

意欲的な作家ではあったものの若くして亡くなった石田徹也（一九七三－二〇〇五）の作品では、いつも同じ男性が、虚ろな表情をしながら不条理な状況に苛まれています。彼の絵を見て感じるのは言語化されない痛切な訴えや思いであって、描かれた悲しみや孤独がいかに強烈なものであるのかひしひしと伝わってきます。まさしく強い情動を引き起こす喚情的記号です。《回収》（図3－5）は葬儀のシーンですが、亡くなった人は棺桶の代わりとなる発泡スチロールの箱に、パーツに分解されて安置されています。修理工のような人が作業しているのを、なぜか皆同じ顔をした妻と子らが、表情もなく静かに見守っています。

絵画という記号では、何を指示しているのかを決定する意味論ではなく、ヒトがそれをどのように感じるのかを問題にする語用論に本領があります。ヒトは、彼の絵を見て何を感じたのか感想を語り出すでしょう。彼の作った記号が、鑑賞者の脳裏で終わりのない記号列に変換されてゆくのです。

2-3　描画の発達

近所のスーパーマーケットでは、五月の母の日と六月の父の日に、子どもたちが描いた親の似顔絵をレジ奥のガラス張りの壁に貼り出します。私はそれを毎年楽しみにしています。二歳くらいの子どもの描いたお父さんは、数個のいびつな丸から構成され、顔という形が徹底的に解体されてしまっています。これが「お父さん」だと子どもが言い張っている様子は、自分の子どもたちもそうだったので確信をもって想像できます。その子どもの態度の迷いのなさと仕上がった絵の対比は微笑ましく、また興味深いものです。

まだ何も教え込まれていない子どもが描く絵は、歴史的にヒトが初めて絵を描いた時と似たようなものなのではないか、稚拙さに隠れて見えにくいが、子どもの絵画にはヒトの描画能力の重要な性質が見えるのではないか、などと期待されます。子どもは誰に命じられるでもなく絵を描き始めます。子どもの描画は自発的な創造活動であり、室内における一人遊びです。絵を描く目的はその行為自体がもたらす喜びであって、何かの目的のために描くのではありません。

子どもの描画は初めから記号産出であり、学校教育の開始によって、自発的描画の欲求が損なわれてしまうのです（ケロッグ、一九七一）。子どもは学校で写実的絵画に出会って絶望し、描画の幼年時代が終わるのです。

二歳くらいから子どもが鉛筆やクレヨンで紙に線を描くようになると、ごく初期に殴り描き〈スクリブル〉(scribble)と呼ばれる乱雑に描かれた多重円を描くようになります(図3-6)(ケロッグ、一九七一)。子どもは筆記運動のコントロール(graphomotor control)が未発達なため、初めはまっすぐな線や滑らかな曲線は描けませんが、成長するにつれてスクリブルを描けるようになります。

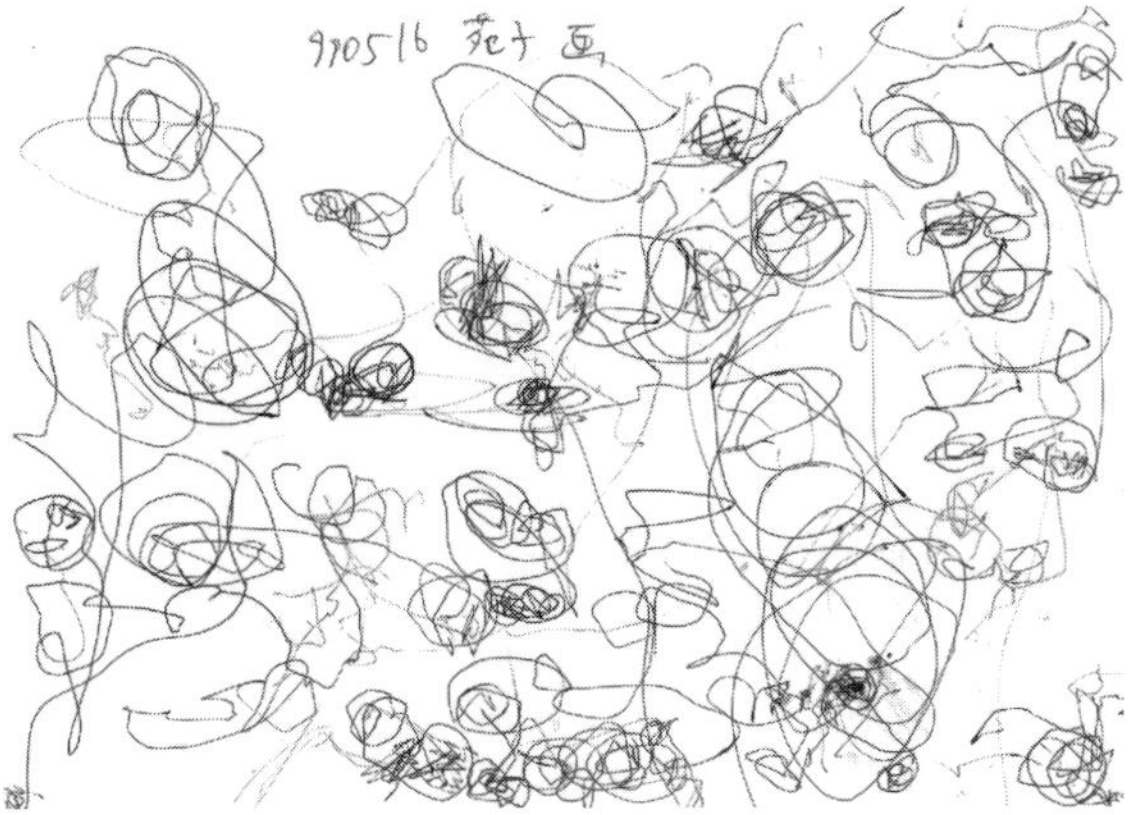

図3-6　苑子2歳〈スクリブル〉

何を描いたのかさっぱりわからない殴り描きでも、子どもは自信をもって、これは猫であるなどと主張します(リュケ、一九七九)。長女が私の膝の上に座って、殴り描きの乱雑な線をカードに描いたものを指さして「あぱん、あぱん」とアンパンマンであると宣言しながら平然というよりむしろ得意げな様子でもあったのを、不思議に、そして興味深く思った記憶があります。大人からすると彼らの命名は恣意的であり、描線のどこをどう見立てるとそういう解釈が出てくるのか全く理解できません。しかし彼らが描いた殴り描きとそれが何を表しているかの説明の乖離は、子どもの幼稚な厚かましさを示しているのではありません。絵を描いた当の子どもさえ、彼らの描いた乱雑な線が最適な形を構成しているとはおそらく思ってはいません。

大人と比べて描画技術は拙劣であり、上手に描けないという適切な自覚はあるようです。子どもが描いた通りの、顔から手と足が突き出したママを見たら怖くて泣きだすに違いありません。自分の描いた絵への自信に満ちた命名は、記号とその指示対象の外見が全く似ていなくても構わないという記号の形と指示対象の形との関係の恣意性の原則を、子どもが知っていることを示しているのでしょう。だからその絵の解釈が猫からママに変わったとしても、それは子どもが気まぐれで一貫性がないということではなく、記号の恣意性に基づいた正当な記号行為を実践しているのだと考えることができるのです。

つまり、子どもの絵はまさに記号なのです。子どもは記号というものが存在することを理解し、それを自分も使えることを誇り、自分も記号の世界に仲間入りしたのだと、記号で遊んで見せているのです。スクリブルは記号であるがゆえに、それが人の顔であったり犬であったりしてよいのです。それは顔や犬を象徴している記号なのですから。漢字の「顔」やフランス語の"visage"という語の字面が実際のヒトの顔の形と似ても似つかないように、視覚記号として全く同様の権利をもってスクリブルが「顔」を指していると主張し、了承するよう要請しているのだと思われます。なぜなら彼らは生まれて間もなく対象の形態と一切関連のない、名前という音声を記号として押しつけられていますから。それは一切の説明もなく与えられるのにもかかわらず、子どもはその記号というシステムを了承し、乗りこなすことができるようになります。

四歳二カ月のシモーヌ・Lの描いた〈猫〉は、横長の長方形の左端に二本の触覚のような線と内部に目らしい短い二本の線、右端には毛のような複数の線が付属した形態をしており、猫の姿形としては極度に独創的です（三八頁、図一〇、リュケ、一九七九）。その猫とほぼ同じ形――リュケは同型異義図と呼ぶ――で描かれているのは、〈鐘〉だそうです（三八頁、図一一、リュケ、一九七九）。これは、子どもの描画が写実を是とする規範を採用していない記号の産出行為であることの一例です。もちろん子どもの描画技術は拙劣です。写実的に本物そっくりに描くことはできるのに、あえてあのような猫に似ても似つかない形を選んでいるわけではありません。「猫」という観念を抱いて描いた形だから「猫」と命名されます。私たちが新規な文字を作って「これは猫という字だ」と定義しても構わないのと同じです。つまり、子どもの殴り描きに対する名づけは、定義であると考えてもいいのかもしれません。

子どもは世界が記号で溢れていることを生まれた時より承知しているから、視覚記号が対象と似ていなくても――「猫」という聴覚記号がそこに寝そべっている動物に全く似ていないように――全く構わないのです。絵は対象と似ていなければならないという無意識の規範に縛られているのは、むしろ大人なのです。記号と指示対象の関係は全く恣意的でよい、という原則は、どうやら大人には理解しづらいようです。オノマトペは事象の音や様態をそっくりに表しているからダイレクトに伝わる、とわれわれが根深く信じていることも同根です。ちょっとうまい程度の人が描いた絵が対象に似ているといっても写真と比べれば段違いに似ていないし、その絵が写真と子どものスクリブルのどちらに近いかと問えば後者であるとすべきでしょう。指示対象と記号――今は絵ですが――は本質的に似ようがないし、似ている必要もないのです。

われわれの記号運用があまりにも滑らかであるために、作文や描画を行っている時に記号を産出していると感じることはなく、心に浮かんだことや目の前にあるモノをただそのまま表現しているのだと感じます。これは、使い慣れた道具があたかも身体の延長であると感じられるように、記号という道具を

図3–7　昇7歳〈象〉

あまりにも自然に使いこなしているために記号が見えなくなっているだけだと思われます。

　リュケは大人の絵の写実性を視覚的写実性と呼び、子どものそれを知的写実性として区別します（リュケ、一九七九）。ヘルガ・エング（Helga Eng, 一八七五－一九六六）はこれを視覚的写実と観念的写実と呼んでいます（エング、一九九九）。知的あるいは観念的写実性とは、見えなくとも、対象の本質を表す要素をできるだけ多く描き込む方法を指します。

　たとえばオランダの七歳児が描いたジャガイモ畑の絵には、葉や茎の代わりに土中の芋がびっしりと描き込まれています（リュケ、一九七九）（一八一頁、図八八）。

　また、私の息子が七歳の時に描いた〈象〉（図3–7、猫ではない！）を見ると象には頭と胴があり、頭には目と耳と眉があり、特徴的な長い鼻があります。胴には足が四本と尾が生えています。こういった象の身体の構造に関する解剖学的知識に基づいて絵が構成されています。足は実際の配置を無視して胴に直結し、関節も欠けています。おそらく、象の主要な身体部位に対応する語彙概念を呼び出して、それらのパーツを適切に配置するという方法で描いたのでしょう。象に眉はないですが、ヒトの顔の解剖学的構造の知識が流用されたのでしょう。

足元の花は、構成する最小のパーツを揃えて「花」という概念を表示した記号であり、画面上部に描かれた雲も、上のほうにあって不定形であるという要件を備えた「雲」という概念を表す記号であり、アイコンないしは文字に近いものです。個体としての象ではなく、種としての象、概念としての象が、概念としての雲と花を従えている観念的な絵画であり、絵画が記号であることを例証しています。

重要な構成要素の表現は、実際の見え方よりも全体が見えるように描くことが優先されます。自動車に乗っているヒトは車から透けて見えるし、遠足のリュックの中の弁当や水筒も見えるように描きます。子どもの写実はたまたま今どのように見えるのかを問題にするのではなく、対象の本質的構造を、存在そのものを、知識に基づいて描くのです。

八、九歳で知的写実性から視覚的写実性に移行します。展開図や透視図など、もう子どもらしい絵を描かなくなります。子どもの絵画技法は大人に教えられたものではなく自分で発見したものであり、世界各地の子どもが似たような技法を使用することから、普遍的な認知の発達を反映するものであると考えられます。

われわれの視覚系は対象が何であるかを素早く記号として同定するシステムであり、世界を描こうとした時、世界が実際どのように見えるかをわれわれはほとんど知らないのです。だから見えるように描けないし、見える見えないに構わず知識に基づいて、対象を構成する記号を組み合わせて全体を作り上げていくのです。

3 写真と写実画のアイコニシティ

3-1 写真の情報提供能力

ピーテル・ブリューゲル（Pieter Bruegel, 一五二五?-一五六九）の《子供の遊戯》（一五六〇）は、フランドルの街の広場でたくさんの子どもたちがさまざまな遊びをしている様子を細密に描き込んだ作品です（図3-8）。当時の街の様子や服装や遊びの種類、子どもに対する捉え方まで、実に豊かな情報を引き出すことのできるカタログ的作品です。細部が表現されているとはいえ、同様の構図で写真を撮ったとしたら子どもの年齢の違いや、服の汚れ方の違い、目の色といった情報は圧倒的に増えるでしょう。

写真では、伝える必要や意図がなくても省略することはできず、情報の取捨選択を行うことができません。これが写真の「嘘をつけない」という証拠性の源です。絵画では伝えたくない情報は描き込まなくてもよいし、ひょっとすると絵描きの意識にすら上らずに捨て置かれている対象も結構あるかもしれません。しかし写真が世界をありのままに写していると考えると、自分が目で見て美しいと思うモノを写真に撮っても美しさが全く写っていなかったり、逆にプロの写真家が撮った写真のほうが実物より美しかったりすることの説明がつきません。山に登っても、山岳写真で見るほど美しい眺めを私は見たことがありません。

図3-8　ピーテル・ブリューゲル《子供の遊戯》（1560）

写真は世界を美化します。あるいは嘘をつくことができます。写真に現れたこの裏切りの芽は、ＡＩ（人工知能）によるフェイク画像生成により爆発的に成長しました。注意を全く払っていないにもかかわらずすべての細部を克明に写してくれる写真は、現実の忠実な像であると一般に信じられているところですが、修正が可能なこともまた多くの人が知っています。どうやら写真がヒトを騙すということに気づいていながらも、本質的には誠実なメディアであると考えてしまう傾向がわれわれにはあるようです。だから明らかな虚構の写真を見ると一旦は本当のものであると受け取って、不思議な気がするのです。

動画になるとわれわれの信じやすさはさらに脇が甘くなるようです。そもそもテレビやインターネットで視聴する動画は、ほとんどが長時間録画した動画からの切り抜きの再構成です。どんなに心揺さぶる素材であっても、素人がだらだら撮影したホームビデオのような動画を見せられてもその迫力は伝わりません。動画を見る際に編集というプロフェッショナルの技が関与していることをわれわれは忘れがちです。畢竟、われわれは自らの知覚を疑うようには作られていないのでしょう。知覚＝真なのです。それに抗することができるのは理性の持つ疑う力です。

3-2　写実画の美

写実画は気忙しい日日の生活においてはたまさか顕れては逃げ去る、あの美という存在を、逃げられぬようにピンで固定してじっくりと好きなだけ眺める時間を与えてくれます。対象を「写真のように」正確に再現し、限りなく本物に近く描き上げる写実的絵画は、恵まれた才能と技術を持ち、十分な訓練をした専門家にしか描くことはできません。鑑賞者がまるで本物のようだと感心しても、近くに寄って見ればたしかに筆で描いたことがよくわかりますし、細密ではあるけれども写真と違って細部は忠実な像となっておらず、少し離れたちょうど良い距離で見るとまるで写真のように見えるような、特別な技法で描かれていることがわかります。

千葉市にあるホキ美術館は、現代日本人写実作家六十余名の作品を収蔵する小ぶりながら存在感のある美術館です。暖かいけれども風の強い二〇二三年二月一九日、久しぶりに当館を訪れた際に、私は中西優多朗の作品《次の音》（二〇一九）にひときわ心惹かれました。「写真のようだ」というお馴染みの驚きがまず心に拡がりますが、縦横一・五メートルくらいありそうな大型作品であり、細部がよく見え

図3-9　島村信之《紗》(2003)、ホキ美術館蔵　→口絵5

るためにやはり絵であることもすぐに了解され、写真とは違うルートで現実に肉薄する写実絵画に、手品じみた不思議さを覚えることになります。そして次の瞬間には気の遠くなるような根気と時間をかけて、すべての細部を徹底的に妥協なく一人の人が描いたことが理解されて、その労の途方もなさになぎ倒されます。

島村信之《紗》（二〇〇三）は、薄絹をまとわせて横たわる裸婦というモチーフを持つ一連の作品群の一つです（図3-9）。崇高な美しさを持ったヌードですが、近くで見ると白い肌の下の青い静脈は言うに及ばず、顔にはシミやそばかすさえうっすらと描かれているのに、現実離れした理想的な美しさがあります。写真を画像編集ソフトにより加工してシミや皺を除くと全体にのっぺりとしたフェイク感が加わってしまうのと対照的に、写実画は細部を忠実に描き込んでいるにもかかわらず、逆説的に全体が美化されているのです。

何世紀もの長い時間をかけて研究された構図・絵具・塗り方のさまざまな技法なしには写実画は描けません。それは科学者や技術者が、今ある知識や技術に少しずつ発見を加えることで、知のフロンティアを少しずつ前進させるのと同じでしょう。見たままを絵としてキャンバスに定着する、というのは見果てぬ夢、辿り着けぬゴールです。モノ自体を完全に知ることはわれわれにはできませんが、モノを指示する記号は自由に制作できます。しかし記号は記号にすぎず、世界には届かないのです。

3-3 アルベルト・ジャコメッティの苦闘

図3-10 Alberto Giacometti《Isaku Yanaihara》(1961), Fondation Beyeler, Riehen/Basel, Beyeler Collection. (photo: Robert Bayer)

絵画が表現しようとする真のリアリティへ至る道は一つではありません。一次元の評価で何パーセントのリアリティを達成と決めることなどできません。世界を見えるがままに写し取るということの絶望的難しさ。世界は三次元であり絵具やピクセルで成り立っているわけではなく、それを紙やディスプレイ上に移すということは近似であり、原理的には無理という他ありません。絵が世界に似ていると感じるのは、視覚系の仕組みを利用する絵画技法の心理的なトリックに騙されているのです。あるいは、記号を見たら記号自体ではなく、それが指し示すものへ思いを致す習慣が、似ていると信じさせているのかもしれません。

アルベルト・ジャコメッティ（Alberto Giacometti, 一九〇一－一九六六）は、具象絵画を通してリアルな世界を表現することを追求して苦闘していました。彼のモデルとして長い時間をともにした矢内原伊作（図3－10）の回想は、ジャコメッティの苦闘をよく伝えてくれます。

生活と芸術の双方を貫く根本の原理、一口に言えば、それは現実が無限に豊かだということであり、その実感は充実した無限の自由の意識です。ジャコメッティの生活と思想、その仕事のすべてがこの心理の驚くべき啓示だったのです（矢内原、一九九六、五六頁）。

現実が汲み尽くしがたいほどゆたかであるというそのことが、それに少しでも近づきたいという願望をかきたてるのです。絵具をもって描くのも、言葉を持って書くのもまったく同じことなのです。ジャコメッティは僕の顔をみえるがままに、つまりその一切を描こうとして、「描くにはあまりに美しすぎる」と嘆いたが、この嘆きはまた、いまのぼくのものです。「描くことは不可能だ、merde!」絶望しながら彼は仕事を続けた。現実が素晴らしいものとして見えてくればくるほど、それを正しく描くことはいよいよ困難になり、同時に、それを正しく描こうという情熱はいよいよ激しくなります（矢内原、一九九六、五七頁）。

3-4　円柱をどう描くか

写真は現実の忠実な写像であると考えられていますが、ある一瞬、ある角度から見た固定した像であることが、われわれの視覚像と大きく異なります。われわれの視覚は途切れなく続くので、ある一瞬で世界を切り取って玩味することはできません。どんなに不動を心がけても体はわずかに動揺するし、瞬きはしょっちゅう起こるし、世界のほうも動いたり光の差し方が変わったりします。何もない海原や砂漠ですら、太陽の位置で光の当たり方が刻一刻と変化します。不動の像があるとすれば、それは記憶の中の像で、細部がぼんやりとはっきりしない、概念そのもののような像ではないでしょうか。

少し絵心がある大人であれば、円柱を描く場合には遠近法を考慮して楕円に歪ませた上面の円と側面が同時に見える角度から描きます（図3-11左）。これは他の立体構造から弁別するうえで有意義な、円柱という概念を代表的に表象するアングルであるという点から合理的な選択です。しかし円柱は上から見れば円だし、横から見れば長方形です（図3-11右）。ある時期の子どもはこのように円柱を描くことが知られていていますが、円柱を描こうとして、子どものように正円と長方形を分離して描いて何が悪いのでしょう？　ただ見えるままに写した像であるから虚偽ではありません。むしろ円柱感を出そうと典型的な見え方の角度を無意識に選択して描いたのならば、果たしてそれが完全に「真実」を「写して」いるのか反省すべきではないでしょうか？　そもそも誰が一つの角度から見た形だけ描かねばならぬと決めたのでしょうか？　人間はカメラではありません。円だけ、長方形だけ描いても円柱の描写として正しい、あるいは少なくとも偽であると言うことはできません。一遍にそのように見える角度はあり得ないのだけれども、その両方を同時に描くというのも合理的な描き方と言えないでしょうか。子どもらはピカソの《アヴィニヨンの娘たち》（一九〇七）に出会う前に、独力でキュビズムを発見するのです。

そもそも見えた通りに描かなければいけないという規範は、いったいいつから当然のような顔をして居座っていたのでしょう？　世界の視覚像は見る角度を変えると変わってしまうのに、たまたま今見えている角度で描くことに固執する妥当性はあるのでしょうか。ある角度からの見え方に特権的地位を与えることが正しいのでしょうか。対象の本質を描くことを描画の目標とすべきではないでしょうか。

たとえば東京を描く時、東京の任意の地点でのスナップショットではなく、スカイツリーや渋谷のスクランブル交差点を盛り込みたくなるのではないでしょうか。実際、ある一つの視点からの眺めにすぎないスナップショットでは〈the 東京〉を表せません。いろいろな特徴をたくさん盛り込んだ、実際にはあり得ない像こそ〈the 東京〉の写真となります。しかしそれは説明的な、意図的に構成した構図です。一方、渋谷のスクランブル交差点のアスファルトを地上一〇センチメートルの高さから接写して「これは渋谷です」と言い張っても嘘ではありませんが、無意味な写真であると受け取られる

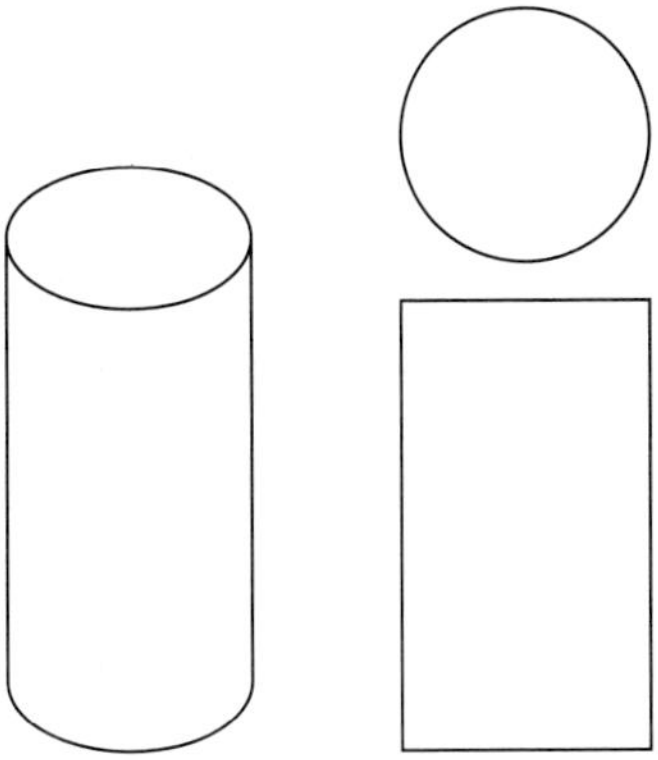

図 3–11　大人の描いた円柱（左）と子どもの描いた円柱（右）

でしょう。ですが同じことを火星で行うと、地平を広く捉えた画像だけでなく、地表のクローズアップも火星に関する情報を含むものとして不適切とは思えません。

結局写真や動画においても既存の知識や典型的な見え方に訴えない限りわかりやすいものとはならず、われわれの概念との整合性が図られた構図で画像化せざるを得ないのでしょう。これは、自分の思考のためだけの記号であるならアスファルトの写真を東京としてもよいが、他者とのコミュニケーションのための記号としては不適切ということでもあります。

3-5 アイコニシティ批判

「山」「海」などほとんどの語彙は、語音とその指示対象の形態や性質の間に何ら関係がない、完全に恣意的な関係であるのに対し、「ころころ」「ドキドキ」などオノマトペと呼ばれる語彙は、聴覚刺激が生理的感覚を直接的に惹起する特殊な効果〈アイコニシティ〉(iconicity, 類像性)があるように信じられています。しかし日本語を知らないヒトは「ころころ」という音声を聞いても小さい物体が転がる様子を想起することはありません。同様に、われわれは韓国語のオノマトペの「セングルセングル」を聞いて、ニコニコ微笑むという様子を指していると感じることもありません。もちろん韓国語話者には日本語のオノマトペはわかりません。一般に外国語学習者にとって、オノマトペは学習が難しい語彙でもあります。

ミュラー・リヤー図形(図3-12)は何度見ても長さが同じようには見えませんが、物差しで測ればやはり同じ長さです。母語のオノマトペの与える直接的で鮮明な感覚は、同様の心理的錯覚であると考えたほうがよさそうです。オノマトペの聴覚印象が生理的感覚を直接呼ぶような心理的体験はたしかに存在しますが、音と感覚の直接的関係は母語話者以外では存在しない、つまり一般性・普遍性をもって成立する心理現象ではないのです。

ある種のオノマトペの意味は母語話者以外でも推測可能かもしれませんが、そういった少数の例外の存在をもって、語音と意味の結びつきの恣意性という原則を枉げることは認めがたいと思います。擬声語（ギーギー、ザクザク）であれ、擬態語（モフモフ、べたべた）であれ、擬情語（わくわく、むかむか）であれ、語音とその指示対象の結びつき方が恣意的であるのは事実であり、オノマトペの心理的なリアリティを科学的真実と同じレベルで語ることはできません。

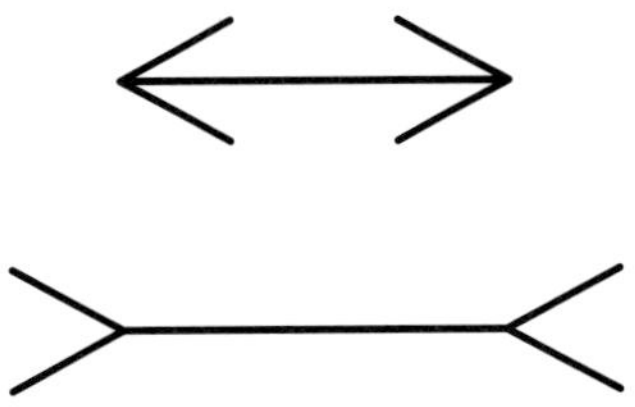
図3–12　ミュラー・リヤー図形

オノマトペのアイコニシティ批判を絵画領域に転写すると、写実性批判となります。形を似せると言いますが、それを目指すジャコメッティなどの芸術家の圧倒的努力を思うと、アイコニシティという概念には、対象をそのままに写し取ることとの絶望的難しさ、モノと記号との非情な距離を知らぬ呑気さがあるように思えます。決して写実画を揶揄するわけではありません。不可能に挑戦し、絶望と格闘する写実画家に対して私は敬意を持っていることを言い添えたうえで申しますが、写実画もオノマトペの一種ではないでしょうか。なぜなら写実画において、作家はリアルに迫るための極限の努力を払いながらも決してリアルには辿り着けないからです。やはりオノマトペにしても写実画にしても、普通の記号、すなわち対象と記号の形の関係が恣意的である記号にすぎません。記号と対象の形の関係が全く恣意的であるとされる〈象徴記号〉と、対象の形態に寄せているとされるアイコニック（iconic）な記号の間にカテゴリー境界はないのです。なぜなら記号の形を対象の形に近づけることは不可能なのであって、似ていると感じるのは錯覚だからです。記号の恣意性という厳然たる事実の前には、ブーバ・キキ効果のような言語音の与える印象と視覚像の連想（音象徴）などは例外的で限定的な意義しか持ちません。写真も写実画もリアルな世界の似姿ではあるものの所詮記号であり、世界の完全な写しではなく間接的な指示あるいはほのめかしでしかなく、恣意性こそ記号の根本原理であると私は考えます。

4　デジタルアート・ＡＩ・ＮＦＴの登上

二一世紀に入ってＡＩ（人工知能）が文章やイラストを生成できるようになり、人間の創造性に対する新たな脅威が出現しました。一九世紀末の写真術の出現時と同様、アートは影響を受けて確実に変化するはずです。しかし技術が進歩したとて、アートが記号であることは一向に変わりません。美術品はモノですが日用品ではなく、芸術家が手間暇をかけて作り上げる贅沢な宝物の一種であるため、高い価値を持ち得ます。この美術の財産という側面が、やはり記号である貨幣と融合して、ＮＦＴ（non-fungible token: 非代替性トークン）という新しいアートの形を出現させたのは論理的帰結というべきでしょう。

4-1 生成ＡＩによるイラスト

二〇二二年、突如として DALL-E や Stable Diffusion といった生成ＡＩが精巧なイラストを生成するようになり、人々を驚愕させました。細部まで精密に描き込まれており、とうとう機械（コンピュータ）が創造性まで受け持つようになり、ヒトはもはや不要なのではないかと不安を感じさせたのです。ＡＩ絵画を見た瞬間に敗北を悟った画家もいることでしょう。ヒトが夢にすら見ていなかった技術が突然現れ、安住していた生業から追い立てられる――生成ＡＩは現代に蘇ったダゲレオタイプ（一八三九年に発表された世界で初めての写真術。銀板写真とも）の悪夢です。

では、ＡＩ絵画は作家に依存しないのかというと、現状では使いこなすのに個人の力量が要求されるため、それは違うと言えます。これまでも教育や体験が作家のアイデアや技術を培ってきたのですから、過去の大量の作品から学んで制作するという点では、画家もＡＩも選ぶところがありません。作家の自然知能（natural intelligence）が学習したのか、人工知能（artificial intelligence）が学習したのかの違いにすぎません。コンピュータに主体性はなく、所詮はヒトに使われる道具であって、道具に作家性やオリジナリティや著作権を求めることはできません。作品を描いたのは、筆でなく作家なのですから。

ＡＩが絵・文章・プログラムを生成できるようになったことは、イラストレーター、シナリオライター、アニメーター、プログラマーといった仕事をしている人には大いなる脅威なのでしょうか？　私はそうは思いません。そもそも何かを美しいとか良いなどと感じるのは、われわれが人間だからです。肉体美、特に若いヒトの顔や身体に美しさを感じるのは、われわれの性的本能に根ざしています。こういう身体性に基づく感性は、ＡＩには完全に欠如しています。ＡＩは素晴らしい絵を描けるかもしれませんが、その絵が素晴らしいかをＡＩ自身は判断できず、ＡＩの描いた新規な絵に面白みを感じることのできるヒトの能力にこそ創造性があるのです。結局、ＡＩ絵画の登場により、鑑賞者の解釈の重要性がより大きくなっています。ＡＩがイラストや図を制作し、人間はそこから選択すればいいのですから。

経済的・物理的・肉体的制約下での試行錯誤から、ＡＩを利用したデジタルな無制限の試行錯誤へ。今までできなかったことが可能になったと興奮するヒトがいる一方、それまで培われてきた絵画技術が無用になると絶望するヒトもいます。技術革新による特定の職業への深刻な影響は過去にいくらでもありました。写真術が発明された時、肖像画家という職業の滅亡を予期し、写真家に転職した画家もいたそうです。他にも自動織機が機織り職人を、ワープロがタイピストを、コンピュータが手回し計算機オペレータを……。

実際は写真によって絵画は放逐されませんでしたが、変容を余儀なくされました。見たままそっくりを平面の上に定着させるだけならば、写真のほうが正確で早くて安上りです。ここで、絵画は写真と違っていなければならないというミッションが与えられることになります。写真と違うことが絵画の存在理由なのです。

カンディンスキーらが始めた抽象絵画やピカソを祖とするさまざまなデフォルメを施した具象は、写真術の発明によって楽園を追われた画家たちが移住先で行った仕事です。人間の能力を凌駕する機械の出現による脅威を乗り越え、それを使って新しい芸術空間を探索するしかありません。このような柔軟な反応ができることがヒトの創造力であり、機械との違いであると考えるべきでしょう。近年ではＡＩ将棋の強さに圧倒されていた将棋界もＡＩから学んで逞しく成長しましたし、太古では火の利用もおそらく多大な恐れをもって開始されたのでしょう。道具を作り出す知性は石器を始めとして二〇〇万年前まで遡る、ホモ・サピエンス以前から連綿と続く古いタイプの知性で、記号的知性とはおそらく起源を異にします。道具的知性が発明する新しい技術は時として、世界を認識する役割を持つ記号的知性を驚かせるようです。

突然現れた圧倒的な文章生成能力を持つ大規模言語モデル（ＬＬＭ）は、記号で記号を定義するアプローチでどこまで世界が理解できるのかを探索する道具にすぎません。生成ＡＩが言語情報をもとに画像を生成できたとしても、やはり記号の世界からは一歩も出られず、現実世界には全く接触できません。われわれヒトの思考や世界認識も記号の世界ではありますが、しかし身体はリアルな世界にあるため、思考が現実世界から風船のようにどこかへ飛んで行ってしまうことなく常に世界に引き戻されます。

4-2　ＮＦＴ

貨幣はヒトの社会経済活動の基盤として大きな影響力を持つ記号です。これまで言語を念頭に記号という概念を使用してきましたが、貨幣は言語や数学などとは違ったタイプの、しかし端倪すべからざる記号の一つです。貨幣それ自体は何の役にも立たないただの紙切れですが、記号としてさまざまなモノと交換できる価値を持つとヒトは信じて疑わないのです。考えてみると、貨幣＝記号へのヒトの盲目的信用は怖いくらいです。

これまで国家権力が貨幣の信用を担保してきましたが、二〇〇九年、謎の人物サトシ・ナカモトが発案した非中央主権的に信用を担保する暗号通貨〈cryptocurrency〉が台頭してきました。暗号通貨はインターネット上で使われるデジタル通貨で、代表的なものにビットコインやイーサリアムがあります。普通の通貨は国家によって管理され、中央銀行が発行しますが、暗号通貨には中央の管理者がいません。代わりに、ブロックチェーンという技術を用いてインターネットに接続された多数のコンピュータで通貨の取引履歴を分散管理し、改竄を防いでいます。取引履歴は誰でも見ることができ、変更が加えられるとすぐに検出されるため、透明性と安全性が確保されています。

新しい通貨は〈マイニング（採掘）〉と呼ばれるプロセスで得られます。マイニングでは、暗号通貨の取引を確認するために複雑な数学的計算を行います。この処理には多くのコンピュータの計算資源が必要であり、最初に計算を終えた者に報酬として新しい暗号通貨が与えられます。このブロックチェーン技術で所有権の履歴を記録してデジタル作品の唯一性および所有権を担保する、非代替性トークン（ＮＦＴ）はアートの新しい形式として誕生しましたが、アートの持っている資産という側面を拡張する形で継承しています。

高島野十郎（一八九〇－一九七五）のように絵に人生を捧げ、極貧の生を送った画家もいますが、商業的に大成功したフランシス・ベーコン（Francis Bacon, 一九〇九－一九九二）のような画家もいるように、芸術作品は相当な経済的価値を帯びる性質があり、価値の媒体となり得ます。ＮＦＴ作品の先駆けとなったLarva Labs の二四×二四のピクセル・アート、CryptoPunks は二〇二四年七月八日現在、一作品が七〇〇万－九〇〇万ドルで取引されています。英国の美術品競売会社クリスティーズでデジタルアート作家ビープル（Beeple, 一九八一－）のNFT作品《Everydays: the First 5000 Days》が六九四〇万ドルで落札された事件に象徴される二〇二一年のNFTブームは一過性の投機的現象であるかもしれませんが、アートを所有する価値とは何かという点について再考を迫ります。美術作品の美という価値と資産という価値が独立だとしても、たいていの場合、双方が並び立つことに問題はないように見えます。

NFTはアートであり財産です。これはこれまでのアートと同じです。NFTの資産価値がマイニング＝計算機コストによって担保される唯一性に依拠するのは、従来の芸術作品が物質的存在としての唯一性・非代替性に依拠するのとさほどの違いはないのでしょう。美術作品の物理的所有など一時的に管理権限を有するという程度の意味しかなく、作品の存在自体に爪痕を残すこともない、距離のある関係を持てるにすぎません。実物の作品であれ、デジタルアートという非実在であれ、所有者と被所有物の距離は、非情に離れていることに違いはありません。

5　まとめ――ヒトは指示的記号と喚情的記号の世界の均衡のためにアートを求める

科学も芸術も、世界をより深く理解したいというヒトに埋め込まれた衝動から発生します。なぜなら記号を知ってしまったヒトにとって、世界は目の前に立ちはだかる解かなければならない謎であり、解読せねばならない記号だからです。問いを持ってしまったが最後、終わりのない謎解きの旅が始まります。

精密科学を行うためには、事実に照らして真偽を検証することが可能な命題のみから推論を構成しなければなりません。それは数式か、それに準ずる論理演算が実行できる形式的な指示的記号であることが望ましいのです。そのため、指示対象が世界に実在しない喚情的記号は科学的言説から排除され、科学には貢献しない非生産的な意味として、指示的意味の下に位置づけられました。しかし日常生活における言語使用では、われわれはそういった意味の区別はせずに指示的言語と喚情的言語を併用しています。また、己の信ずる価値を主張し説得することが重要な意義を持つ倫理や政治などのイデオロギーの領域では、喚情的言語が力を発揮していることは言うまでもありません。

アートはまさに喚情的記号の代表者です。科学とアートは、表裏関係でも相補関係でもなく、互いに直行する（orthogonal）意味空間を張る関係にあります。ヒトは、経験を記号として表現したいという已むに已まれぬ欲求を持った生物なのだと哲学者エルンスト・カッシーラー（Ernst Cassierer, 一八七四－一九四五）は洞察しましたが（カッシーラー、一九九七）、指示的記号で成り立つ科学空間の急速な膨張は、喚情的記号空間の雄であるアートに、つり合いをとるべくもっと豊かにもっと自由に自己表現することを求めるのでしょう。

〔文　献〕

ウィトゲンシュタイン・L『ウィトゲンシュタイン全集八　哲学探究』藤本隆志訳、大修館書店、一九八八エング・H『こどもの描画心理学——初めての線描き（ストローク）から、8歳時の色彩画まで（描画心理学双書）』深田尚彦訳、黎明書房、一九九九

オグデン・C・K、リチャーズ・I・A『意味の意味』石橋幸太郎訳、新泉社、二〇〇八

カッシーラー・E『人間——シンボルを操るもの』宮城音弥訳、岩波書店、一九九七

ケロッグ・R『児童画の発達過程——なぐり描きからピクチュアへ』深田尚彦訳、黎明書房、一九七一

鳥居修晃・望月登志子『先天盲開眼者の視覚世界』東京大学出版会、二〇〇〇

永井成男『科学と論理——現代論理学の意味』河出書房新社、一九七一

永井成男・和田和行『記号論——その論理と哲学』北樹出版、一九八九

幕内充編『自閉スペクトラム症と言語』ひつじ書房、二〇二三

モリス・Ch・W『記号理論の基礎』内田種臣・小林昭世訳、勁草書房、一九八八

矢内原伊作『ジャコメッティ』みすず書房、一九九六

リュケ・G・H『子どもの絵——児童画研究の源流』須賀哲夫監訳、金子書房、一九七九

Ogden, C. K., Richards, I. A. *The Meaning of Meaning: A Study of the Influence of Language upon Thought and of the Science of Symbolism*. K. Paul, Trench, Trubner & Company, Limited, 1923

Peirce, C. S. *Collected Papers of Charles Sanders Peirce*. Harvard University Press, 1960

アートによる発達支援

近藤鮎子

アートは、私たちの人生を彩ってくれます。鑑賞するという側面では、作品やその向こうにいる作者との対話のようでもあり、創出するという側面でも自分の感覚世界を物理世界に表現する面白さがあります。そのようなアートは、コミュニケーションや発達に課題を抱える子どもたちを支援するうえで活用できる場面があります。

私は普段、小学校に上がる前の子どもたちに対する発達支援を行っています。さまざまな特性のある子どもたちとかかわっていますが、その中でも自閉スペクトラム症（ＡＳＤ：autism spectrum disorder）のある子どもたちは、社会的コミュニケーションや対人的な情緒的交流、非言語的なコミュニケーションを苦手としています。そして彼らの多くは、幼少期から感覚の偏り（鈍麻さや過敏さ）を抱えています。一般の人であれば好ましく感じる刺激を強く感じたり、嫌悪感を抱きすぎてしまうために回避したり、痛みや反応すべき刺激に気づきづらかったりします。この感覚上の特徴は、他者とのコミュニケーションを学ぶうえで大きなハンディキャップとなります。そのため通常の子育てや教育の環境・かかわりかけだけでは、周囲の環境から必要な情報を受けとり、処理して反応することが困難な状況にあるといえます。

嫌悪感を抱く刺激を減らし、環境が安全で探索可能だと感じられれば、そこから自発的な行動が生まれていきます。乳児が不随意的な動作から、偶然触れたオーナメントの揺れや音に強化されて自発的な操作を学習していく過程と同じように、ヒトが「自分がこうすると世界がこうなる」という随伴性を獲得する過程です。たとえば、粘土や砂を触ればその形が変わるし、絵の具がついた手を拭けばそこに色が残ります。そうして自分の行動と直後に生じた環境変化との関係に気づき、興味を持てばその法則を確かめようと繰り返し行うようになるかもしれません（図）。

自分の行動の結果を予測できるようになると、不安や

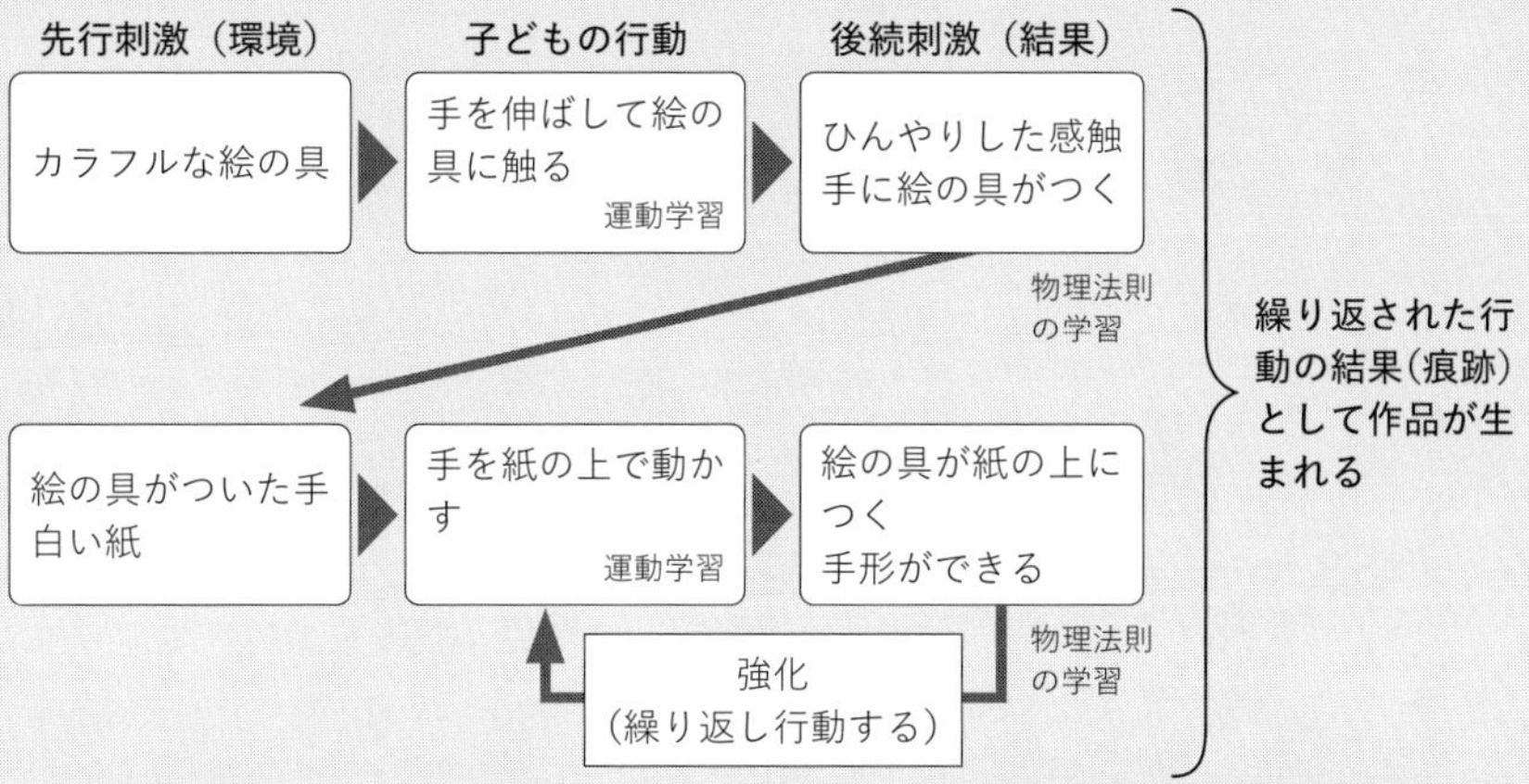

図　環境と子どもの相互作用と、痕跡としてのアート（随伴性による学習の例）

嫌悪感も低減します。楽しんで同様の操作や動作を繰り返せば流暢性が増して運動学習が進みますし、同じ結果に何度も触れれば予測の精度も高まり、物理的な法則の理解など認知的な発達が進みます。そして行動の結果に対する驚きが少なくなれば、次の発見を求めて新たな行動を起こし、学習が広がっていきます。発達に課題を抱えた子どもは刺激の変化を苦手とするケースが多く、試行錯誤の結果として環境変化が大きすぎると嫌悪感につながり、チャレンジ自体を回避するパターンに陥りやすいことがあります。彼らが自分のペースで探索し、自分のペースで試行錯誤できるよう環境を整える支援が必要です。労力が少なく簡単に扱える絵の具やスタンプなどの画材や、小麦粘土やスライムなど感触によるフィードバックが心地よく感じられる素材は、そのような世界の探索の入り口としては最適です。本人が好む刺激を分析し、環境からの刺激を受け取りやすくし、必要なことを学びやすい学習環境を整えることも、大切な発達支援の一つです。どんな色や感触、音、動きが好きなんだろうか?と彼らと遊ぶ中で発見し、よく見ているものや、自分から触ろうとしたり、操作したりするものの条件を探して支援していきます。いろいろな音や音楽、絵本やイラスト、絵画や動画など、さまざまなアートも子どもが好めば最高の教材になります。

発達初期の子どものアートは〝痕跡〟であるといえます。子どもたちが世界を探索し、法則を見つけたり楽しんだりした副産物として作品が残ります。環境との相互作用を楽しんだ結果として、手形や足形、指やローラーで残した跡が紙の上に残っていたり、こねくり回されたあとの粘土の形、カラフルに積み上げられた積み木やブロックの作品があるのです。ＡＳＤのある子どもたちは、感覚の偏りなどによるハンディキャップを抱える一方で、その独特な感覚世界の表現の中で生み出される作品が周囲を驚かせることもあります。私はそんな彼らの作品が大好きです。日々の支援の中では、描いた絵や楽しんだ痕跡などの作品を家族に見せるよう子どもを促すとともに、家族の方にはそれらの作品を見せてくれた子どもをいっぱい褒めるようお願いすることがあります。「自分の作品を他者に渡して、リアクションをもらう」という単純なコミュニケーションの流れをわかりやすく経験するための支援です。最初は褒められたりリアクションをもらうことの意味がわからない様子の子どもたちも、同様のシチュエーションを繰り返すことで人に報告したり作品を見てもらうことが大好きになっていきます。発達支援の場では、とにかく楽しむということが重要で、楽しんでいるところに他者の存在があり、それが〝場〟となって社会性の発達の基礎になります。

好きな絵画や音楽などの作品を鑑賞することや、自分で作品を創作すること、好きな作品を人と共有しながら楽しんだりすることなど、ひとりでも、みんなでも楽しめるのがアートです。発達支援を通してアートが余暇活動の一つとして彼らの生活に根づき、人生を彩ってくれることを願っています。

こんどう　あゆこ（株式会社エルチェ　江戸川区篠崎児童発達支援センター）

キャンバスとしての皮膚と着衣の起源

百々　徹

ホモ属が最初に手にしたキャンバス、それは無毛化してすべらかになった皮膚だったかもしれません。人類学者のニナ・G・ジャブロンスキーによれば、ホモ属の無毛化はおよそ一六〇万年前には完了していたようです(Jablonski, 2010)。哺乳動物にとって無毛化は珍しいことで、時に諸刃の剣となります。メリットとして汗腺が発達して長時間の運動時に体温を下げられるようになった反面、体毛を失いむき出しとなった白い肌は、サバンナの太陽にさらされて焼かれる危険も伴いました。

過剰な紫外線は、深刻な内臓疾患や皮膚ガンの一因となります。無毛化の後も、淘汰を繰り返し、一二〇万年ほど前にはホモ属の皮膚にメラノサイトという細胞が増えて、褐色の肌を獲得しました(Rogers et al., 2004)。しかし、それまでの長きにわたり、ホモ属たちは焼かれてただれた皮膚に、なすすべもなく苦しめられていた訳ではありません。紫外線や乾燥からの防護策としてシンプルなものは、同じく無毛化した大型哺乳動物であるゾウやサイのように泥を浴びて体表を被う方法です。

ゾウやサイはぬかるみで転げ回りますが、ホモ属は手を用いて互いに泥を塗り合います。その行為は、霊長類にとって重要な「毛づくろい」の代替行為です。サルの仲間は、互いの紐帯を強めるために「毛づくろい」に時間を費やします。進化心理学者ロビン・ダンバーによれば、霊長類の集団サイズとそれぞれの大脳新皮質のサイズとの間には、強い相関関係があります(ダンバー、二〇一六)。群れのサイズの制約となる生物学的な個体数の上限はダンバー数といわれ、チンパンジーで五五程度、ホモ・サピエンスで一五〇程度です。その群れの結束を強めるために「毛づくろい」は不可欠なのです。それゆえに、無毛化したホモ属たちもまた、互いの皮膚に泥を塗り合うという行為を繰り返したことでしょう。

やがてホモ属が褐色の肌を獲得すると、紫外線から身を守るという泥塗りの本来の目的は失われ、泥塗りは形

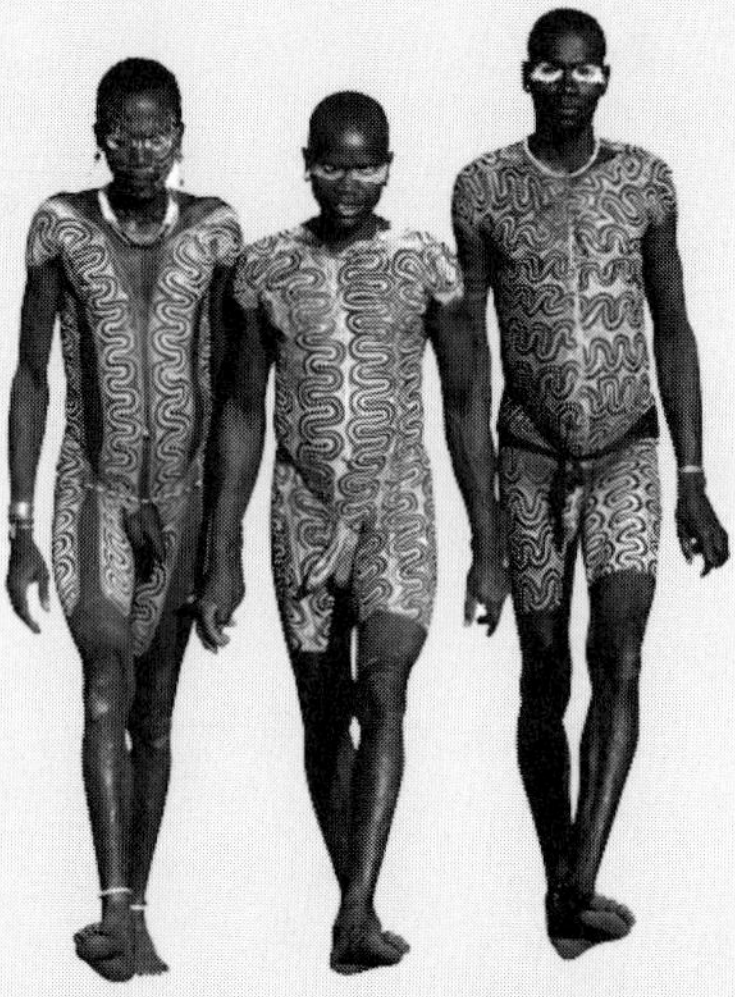

図１　３人のスルマの男たち（Beckman & Fisher, 2012, p. 30）

骸化します。しかしその行為は、群れの安定した結束を保つための儀式のような機能もはたしているので、その後も数万年にわたり泥塗りは繰り返され、受け継がれました。長きにわたる繰り返しのなかで、体表に泥で画く手指の軌跡は次第に整えられてゆき、そこから定型化した形が生まれ、あるとき複数の個体間で共有される「意味」を持つようになります。

この過程は、アフリカの低緯度地域という限られた場所で進行したと考えられます。当時、地球は更新世の氷期にあたり、ユーラシア大陸で暮らす他の無毛のホモ属たちは、防寒衣を発達させる必要がありました。実際ネアンデルタール人は、毛皮を高度に加工して毛衣をつくる技術を練り上げました（Sykes, 2020）。毛衣は防寒性には優れていますが、製作は非常に難儀であるため、多様性や遊戯性は乏しい衣服でした。

写真集 *Painted Bodies*（Beckwith & Fisher, 2012）には、アフリカのスルマの民が写されています（図1）。彼らは今もなおその地で、体表にユニークな模様を画いて身を飾っています。その行為は通例であればボディペインティングと呼ぶのでしょうが、私はそれを彼らなりの衣服だと捉えています。画いた衣、さしずめ〈画衣《がい》〉とでも呼んでおきましょう。彼らの画衣は、現代の私たちの

図2　アルジェリアのタッシリ・ナジェールの壁画、推定8000年前

衣服とは物質的には異なりますが、社会的な記号性や多様性、流動性、遊びの要素においては、私たちのものと遜色がないでしょう。人類の皮膚の上に誕生した画衣は、その後、人類の移動とともに地上に拡散し、それぞれの地に適応して、物質的にも制度的にも文化進化したのです。

タッシリ・ナジェールの壁画に描かれた三人は、そんな画衣の古い事例でしょう（図2）。彼らの脚部の模様は一様化を、上半身の模様は個性化を表現しています。つまり、画衣は古くから集団との結びつきを示しながらも、同時に個別性をあらわす手段となってきたのです。

スルマの民は創意に満ちた画衣を日々更新していますが、自分では顔や背中に画くことができないため、互いの協力が必須です。毎日の画き合いは、先行人類から連綿と続く「毛づくろい」の延長線上にあるものです。初期には画き合う当事者たちだけが絆を確かめ合う行為だったのが、やがて同じ形を象徴的な記号として共有し、それを集団の紐帯の標とするようになったのです。ここに人間がダンバー数の制約を超える契機があります。ホモ・サピエンスだけが、進化の過程で体表に画いた模様で集団を結びつけ、団結するようになったのです。

無毛化した皮膚がホモ属にとっての初めてのキャンバスとなり、そこに手指の軌跡が模様を画くようになった。その模様が、集団によって共有される社会的意味を帯びて、模様を身にまとう行為が人間と社会の在り方を大きく変えた。これこそが、私が思い描いている着衣の起源の物語なのです。

〔文　献〕

ロビン・ダンバー『人類進化の謎を解き明かす』鍛原多恵子訳、インターシフト、二〇一六

Beckman, C., Fisher, A. *Painted Bodies: African Body Painting, Tattoos, and Scarification*. Rizzoli, 2012

Jablonski, N. G. The Naked Truth - Why Humans Have No Far. *Scientific American*, 302: 42–49（『なぜヒトだけ無毛になったのか』日経サイエンス二〇一〇年五月号、一四六–一五三頁、日経サイエンス、二〇一〇）

Rogers, A., Iltis, D., Wooding, S. Genetic Variation at the MC1R Locus and the Time since Loss of Human. *Current Anthropology*, 45: 105–108, 2004

Sykes, R. Wragg. *KINDERED: Neanderthal Life, Love, Death and Art*. Bloomsbury Sigma（『ネアンデルタール』野中香方子訳、筑摩書房、三四六頁、二〇二二）

もも　とおる（大阪成蹊短期大学）

第4章

アートを実験する——実験美学の視点

星　聖子

第2章で見たように、私たち人類は狩猟採集生活をしていた先史時代以来、連綿とアートを生み出し、享受する喜びを経験してきました。古代ローマの博物学者プリニウス（Gaius Plinius Secundus, 二三頃－七九）は、絵画は人間の影を写すことから始まったとし、こんな話を伝えています。ある娘が外国へと旅立とうとする恋人の面影を留めておこうと、壁に映った彼の顔の輪郭をなぞり写しとったと。[*1] 娘さんの心にあったのは、二度と会えないかもしれない恋人を想う心の痛みであったでしょうし、また壁に留めた姿を眺めながら再会の日へ思いをはせる希望であったかもしれません。アートとは、私たちの心のありさまを映す鏡のようなものではないでしょうか。

そしてまたアートと切っても切り離せないのは、「美」という概念です。アート（美術作品）とは、石や金属を加工し、あるいは紙や布に絵具でもって美しい形を創り出すものです。第7章では、アートの語源がラテン語で「技術」を表す「アルス（ａｒｓ）」にあることを確認しました。そしてその「アルス」をもって、作り手は彼らの生きる時代を鋭く切りとり、形の中に反映させました。古代ギリシアにおいては、調和と均衡のとれた理想的人体の表現が追求され、数多くの素晴らしい彫刻を生み出しました。また中世ヨーロッパのキリスト教世界では、壮麗な教会堂建築、そこを彩る壁画や彫刻が人々に神の栄光を讃える心を呼び覚ましました。その一方でまた、私たちは調和のとれた美しいものだけに心を動かされるのではありません。奇妙なもの、笑いを誘うようなもの、偉大な感じのするもの、悲劇的なもの、時に恐ろしいものや醜いものにも魅了されます。こうした私たちの心に訴えかけるさまざまな契機を「美的価値」と捉え、それについて考えていく学問が美学です。西洋においては一八世紀に、アレクサンダー・バウムガルテン（Alexander Baumgarten, 一七一四－一七六二）が美学を学問として確立しました。バウムガルテンは、美学を「感性的認識の学」と定義しました。言い換えれば、「美的価値」を感じるとはどういうことかを突き詰めて考えていく学問ということです。当初それは哲学の一領域として、美に対する考察を取り上げてきましたが、一九世紀になると、身体に対する刺激とそこから生じる感覚を定量的に評価する「実験美学」が、グスタフ・フェヒナー（Gustav Theodor Fechner, 一八〇一－一八八七）によって提唱され、美を検討するためのさまざまな「実験」が行われるようになりました。フェヒナーは、従来の哲学的思索による美学を「上からの美学」（一般的な美についての考え方を提示し、そこから個別の対象の「美」について考えていく方法）とし、これに対する科学的・実験的手法による美学を「下からの美学」（個別の対象についての実験的知見を積み重ね、そこから一般的な「美」についての概念を導いていく方法）としました（中島、一九九九、三四九頁／岩渕、二〇一七、八六－八七頁）。

本章では、一見かかわりがないと思われがちな「アート」と「実験」が、どのように私たちの心の働きを明らかにするかを見ていきましょう。

1　アートの諸相

私たちは、日常さまざまな場所でアート（美術作品）に出会います。展覧会で多くの作品に触れることもあれば、町の広場に置かれた彫刻を見かけたり、ふと見上げた標識にはバンクシーの作品が描かれたりしているかもしれません。そしてアートと対峙した私たちは、まず作品から受ける心象を吟味しま

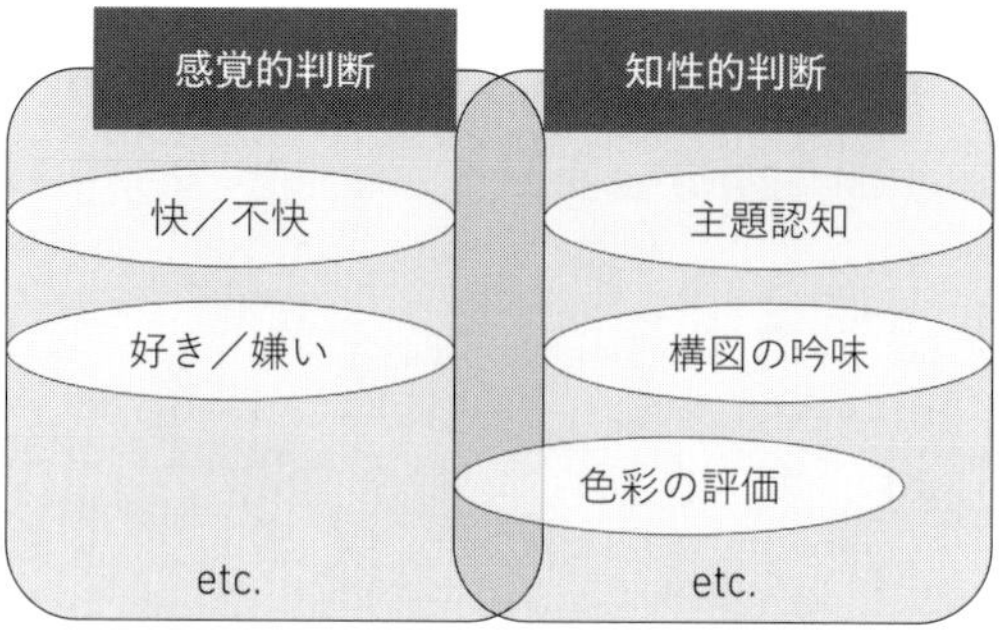

図 4-1　美術作品認知の主要契機

す。好きか嫌いか、快いと感じるか、あるいは悲しみを感じるのか。感覚的判断がなされるでしょう。多くの場合、作品鑑賞はこの段階で終了しますが、時には作品にまつわる情報とともに鑑賞が深められていくこともあります。たとえば展覧会で解説とともに絵画を鑑賞する時、誰が描いた作品なのか、何が描かれているのか（主題）、構図や色彩がどのような効果を発揮しているのかなどの情報は、感覚とは異なる知性的判断へと私たちを導きます。この状況を簡単に図式化してみましょう（図4－1）。

もちろん美術鑑賞の際にこうしたことを意識的に判断していることはめったにありませんし、また判断要素についてもきっぱりと、これは感性的、こちらは知性的と分けられるわけでもありません。たとえば、色彩の評価については、「いい色使いの作品だな」というのは感覚的判断になるでしょうし、「この部分には補色[*2]が使われているな」という分析は知的判断になるでしょう。アートの体験においては、私たちは自覚している以上に多くの情報を吟味、判断していることになります。

では私たちがアートを体験する中で、どのような身体機能を用いているかを具体的に考えていきましょう。

2 アートを見る――美術鑑賞と眼の動き

美術作品を鑑賞する時、私たちはどのように作品を見ているのでしょうか？　ふわっと全体を眺めていることもあれば、気になるモチーフをじっくり観察することもあるでしょう。こうした鑑賞の姿勢は、対象となる作品のジャンルによっても異なるはずです。風景画のような全体の雰囲気を楽しむ絵画を前にしたならば、ゆっくりと全体を眺め渡し、そこに表現された光あふれる風景を堪能するでしょう。また、何か物語が描かれているような作品を前にしたなら、細かく描かれたモチーフにも意味があるかもしれないと感じ、時には作品に近寄って、ためつすがめつ、じっくり細部と向き合うかもしれません。ここでは、ひとつの作品を例に、絵画を鑑賞する際の鑑賞者の眼の動きについて検討してみましょう。

アルブレヒト・デューラー（Albrecht Dürer, 一四七一－一五二八）は、一五～一六世紀のドイツで活躍した画家です。絵画作品と同時に、たくさんの優れた版画作品を残しました。デューラーの木版画作品《聖カタリナの殉教》（図4-2）を見てみましょう。聖カタリナは、四世紀初頭に殉教したキリスト教の聖女です。貴族の娘であったカタリナは学識高いキリスト教徒で、異教徒の学者たちを次々と論破し、ついに皇帝の妃までキリスト教徒へと改宗させます。これに激怒した皇帝は、カタリナをさまざまな拷問に処します。最たるものは車裂きの刑。二つの逆方向に回転する車輪に乙女をくくりつけ、八つ裂きにしてしまえ！というわけです。しかしカタリナが祈りを捧げると、天使が現れて車輪を木っ端みじんに砕き、これに当たった異教徒たちのほうが死んでしまいます。しかし最後には、斬首の刑が申し渡さ

図 4-2　アルブレヒト・デューラー《聖カタリナの殉教》(1497–1498)、木版画、400×290 mm、慶應義塾大学蔵

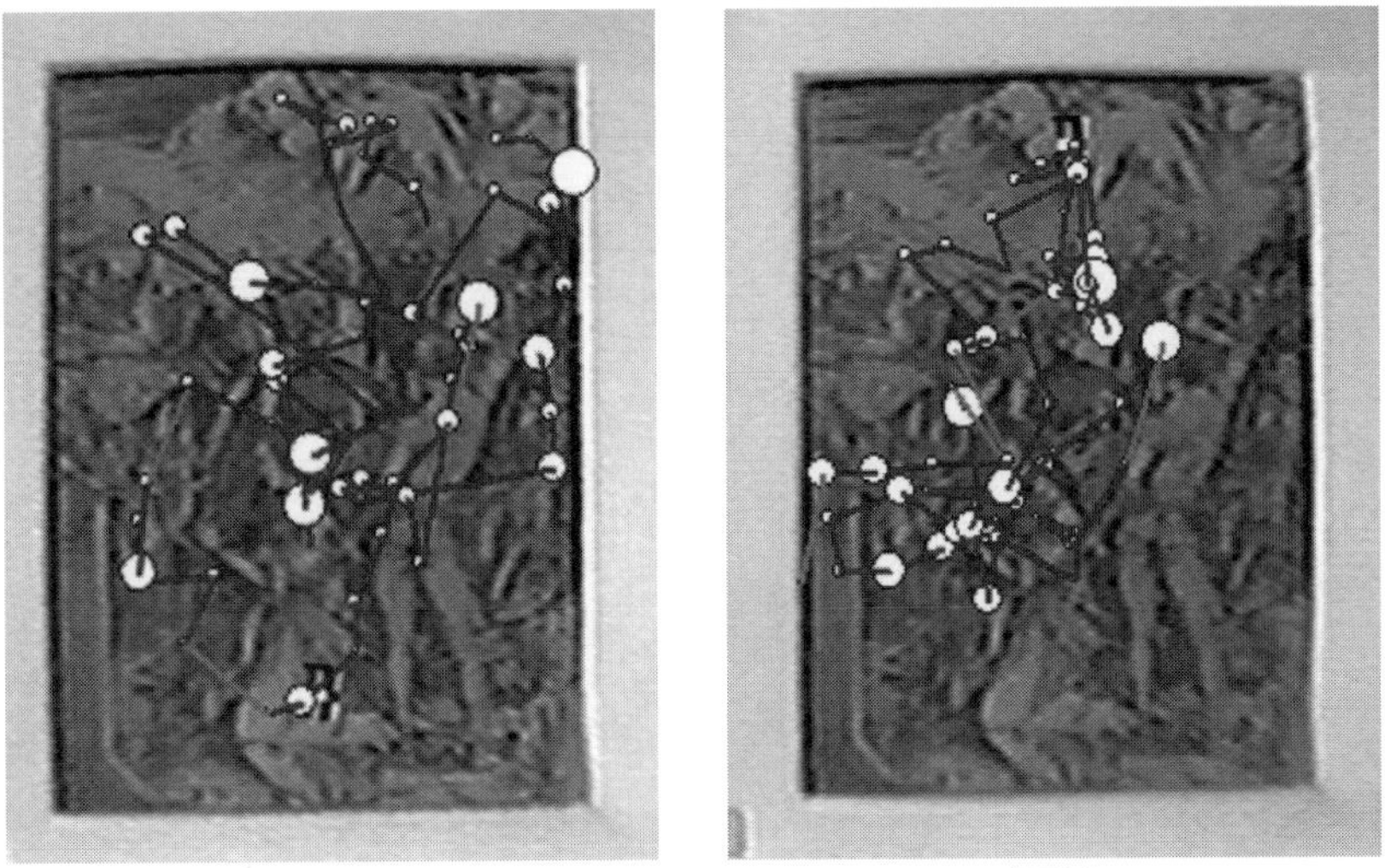

図4-3 《聖カタリナの殉教》主題解説前後での眼球運動（主題を知らない被験者）（前田ほか、2007） →口絵11

れ、カタリナは殉教しました。

デューラーの版画では、中央にひざまずいたカタリナと剣を抜き放った刑吏が、背景には天使の怒りが空から降る炎の雨として表現され、左端には壊れた刑具の車輪が見えます。複雑な物語を、ダイナミックな動きと綿密な細部表現で伝えています。

では鑑賞する私たちは、どのようにこの作品を見ているのでしょうか。実験美学では、ヒトの眼の動き（眼球運動）を計測するという手段を用いることがあります。今回は、まず被験者に《聖カタリナの殉教》を予備知識なしに鑑賞してもらいました。次いで前述の物語についての解説を受けた後、被験者はもう一度作品を鑑賞し、解説前後の眼球運動を測定しました。実験に参加した被験者には、あらかじめ聖カタリナの物語を知っていた人と、まったく知らなかった人がいました。図

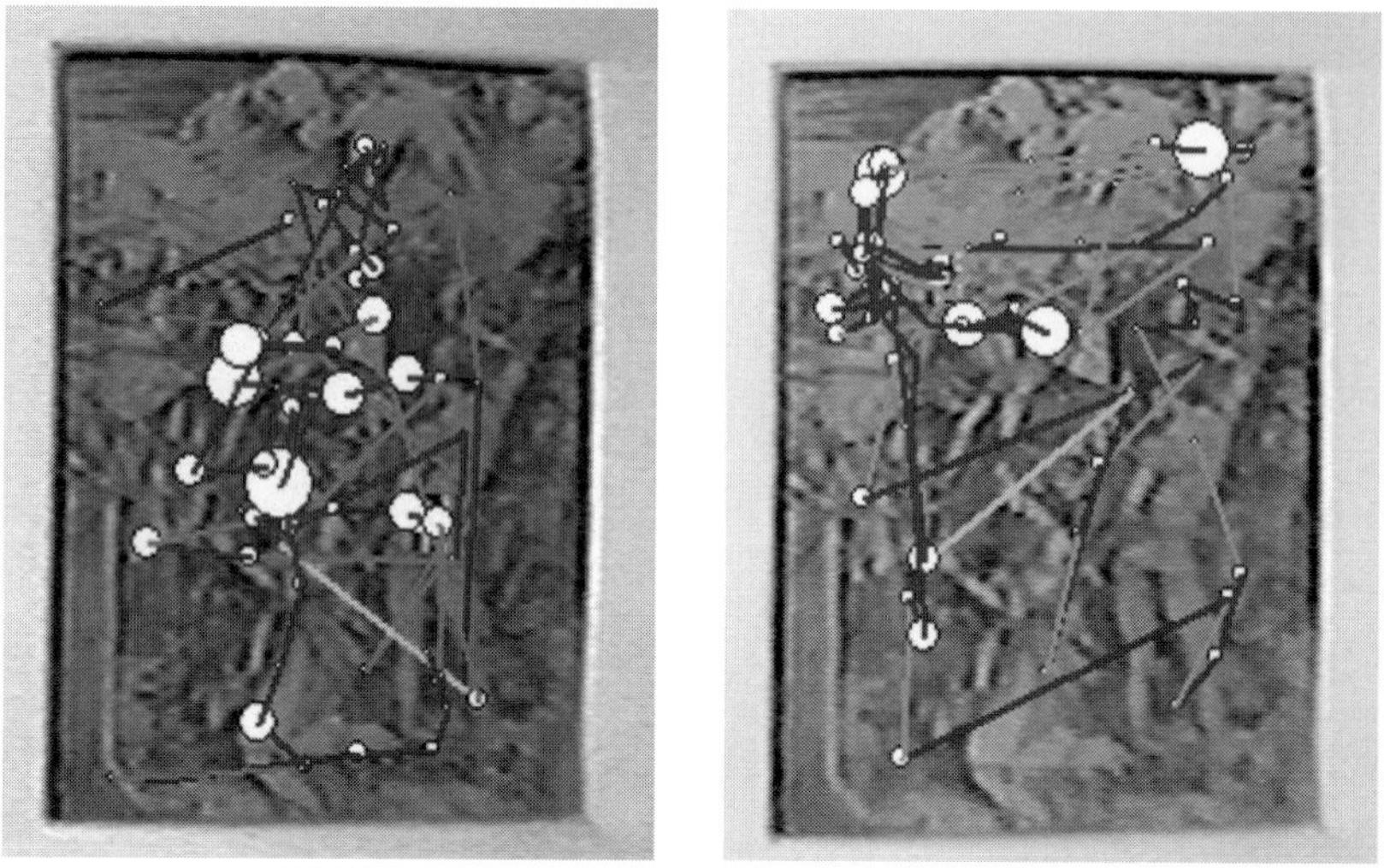

解説前　解説後

図4-4 《聖カタリナの殉教》主題解説前後での眼球運動（主題を知っていた被験者）(前田ほか、2007)　→口絵12

4-3は物語を知らなかった人の眼の動きです。

解説前、眼は画面のあちこちを動き、大きく全体を見渡しています。そして解説を受けた後は、視点が主要なモチーフ（カタリナ、刑吏、炎の雨、車輪）に集中し、物語を反復するように眼の動きが集約されている様子が見られます。

図4-4は物語をあらかじめ知っていた人の眼球運動です。

すでに物語を知っているので、解説前に主要モチーフであるカタリナ、刑吏、炎の雨に目線が集中しています。一方、解説後はむしろ全体を見回すような、主要モチーフ以外を探る眼の動きとなっています。

アートを「見る」という行為が、解説をきっかけに変化しました。

3 アートを読む——美術鑑賞と脳の働き

前節では美術鑑賞における眼の動きを検討しました。物語を追いかけるような眼の動きが実験により明らかになりました。ここでアートと物語の関係を考えてみます。美術作品には「何が表現されているか」という主題があります。ここでは考えやすくするために、絵画作品をイメージしましょう。主題はナラティヴ（物語を持つもの）とノン・ナラティヴ（物語を持たないもの）に大別できます。前者は神話画や歴史画、宗教画などを含み、後者は風景画や静物画、肖像画などが相当します。時に私たちは風景を見て物語を感じたり、ある人物に詩情を感じたりもしますが、ここでいう物語は、神話や宗教説話、歴史上の出来事といった具体的なストーリー展開を持つものを指します。皆さんも、展覧会などで何か物語を表現している作品に出会うこともあるでしょう。西洋美術においては、ギリシア神話とキリスト教説話が多く表現されますが、このような物語を盛り込んだ作品を見る場合、物語をあらかじめ知っているか、知らないかによって鑑賞の姿勢は異なってきます。表現されている物語を知らない場合には「何が描かれているのだろう？」と頭の中が疑問符でいっぱいになるかもしれませんし、物語を知っていれば、「ああ、あの場面ね」というように頭の中で物語を思い返しながら作品を見るでしょう。

さらに絵画に物語を表現するにあたっては、「象徴」がよく用いられます。日常でも象徴という言葉は、「鳩は平和の象徴です」というような使い方をします。鳩は平和そのものではありませんが、平和のような抽象概念を表す際に、それと結びつけられた具体的事物でもって「象徴」するわけです。なぜ鳩と平和が結びつけられるかといえば、それは旧約聖書に由来します。旧約聖書の創世記には、ノアの箱舟の物語があります。悪事を行う人間が地上にはびこるのを見た神は、大洪水で人間を滅ぼすことにしました。しかし心正しきノアの一族だけは救済するため、彼らに箱舟を作らせ、あらゆる種類の動物ひとつがいとともに箱舟に乗せて洪水をしのがせます。やがて水は引いていきますが、ノアはそれを確認するため、箱舟から鳩を放ちます。オリーブの枝をくわえて鳩が戻り、ノアは地上から水が引いたことを知りました。[*3] このことから鳩は神と人間とのあいだに平和が成立したことを示す存在となりました。したがって、本来鳩と平和を結びつけるのは、この物語を共有する文化圏でのことですが、現在では世界各地で通用する象徴表現となりました。

もうひとつ美術表現に頻繁に用いられるのがアトリビュートです。持物《じぶつ》ともいいますが、持ち物と読み間違えてしまうので、ここではアトリビュートという用語を使いましょう（実は持ち物のことなのですが）。ギリシア神話には多くの神々が登場します。男神か女神か、年の頃が老年か壮年か若者かといった特徴は神によって決まっており、画家たちはそれを描き分けます。しかしそういった身体的特徴だけでは多数の神を区別しきれません。そこでその神に特有の持ち物を持たせることによって、どの神を表現しているのかを明らかにします。たとえば、ギリシア神話に壮年の男神は何人もいますが、雷《いかづち》を持っていたらそれは雷をあやつる天空の神ゼウスを表します。この場合、雷はゼウスのアトリビュートということになります。またキリスト教美術には多くの聖人が登場します。前節で紹介した聖カタリナのようなうら若い美しい聖女もたくさんいます。彼女たちを区別するのもアトリビュートです。絵画に描かれた聖女は花かごを持っていたり、香油壺を持っていたり、時にはお皿に載せた目玉のようなギョッとするものを持っていたりします。これらはその聖人の生涯にかかわるもので、殉教聖人の場合には殉教の際に起こった出来事に連なるモチーフであることがほとんどです。聖カタリナのアトリビュートは、拷問の際に壊された車輪や斬首の刑に用いられた剣です。剣で殉教した聖人はたくさんいますが、壊れた車輪は聖カタリナ独特のアトリビュートです。壊れた車輪（時として壊れていない場合もありますが）をかたわらにした聖女さまは、間違いなく聖カタリナです。ちなみに目玉を持った聖女は、イタリア民謡のタイトルにもなっている聖ルチア（サンタ・ルチア）です。彼女は拷問によって眼をえぐり出されたとも、あるいは、自らをキリストの花嫁と定め純潔を誓ったにもかかわらず、婚約者（異教徒の親が無理やり結婚させようとします）が彼女の美しい目をほめたたえてやまないので、「この眼があなたをそんなに惑わせるなら」と言って自ら眼をえぐり出したともされます。こうした信仰のために受けた傷は神によって癒やされます。そして聖人は、自らに関連する事柄を守る守護聖人となります。聖ルチアは眼の守護聖人ですし、聖カタリナは車輪製作者を守護します。

こうして考えてみると、象徴やアトリビュートというのはある集団（西洋文化圏、仏教文化圏など、歴史や宗教を共有する地域集団）において共通認識される約束事ということになります。ということはそこに属していない人にとって、象徴を含んだ表現は伝わらないこともあります。たとえばキリスト教美術において、リンゴは「原罪」という人間が生まれながらに背負っている罪を象徴します。これは最初の人間アダムとエヴァが楽園に住んでいた時に、神に定められた禁断の木の実を食べたことに由来します。その結果、アダムとエヴァは楽園を追放され、彼らの子孫である人類は原罪を担うことになります。この禁断の木の実がリンゴと考えられるようになり、原罪と結びつけられました。しかしこの約束事を知

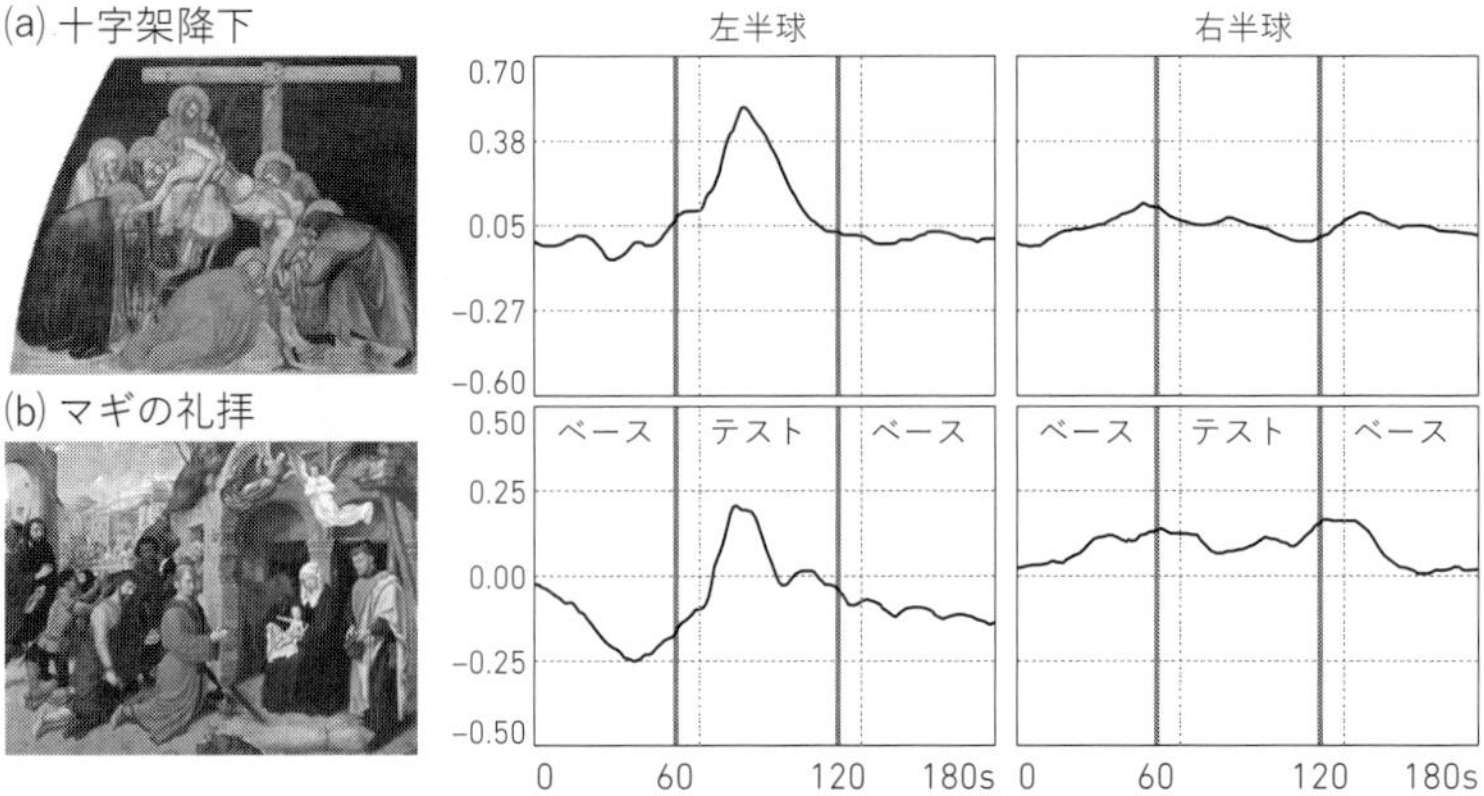

図4–5　近赤外分光法（NIRS）による物語画鑑賞時の外側前頭前野の酸化ヘモグロビン（Oxy-Hb）濃度（星ほか、2005）

らなければ、リンゴを何時間見たところで、罪と結びつけることはできないでしょう。

こうした象徴やアトリビュートを含む物語の評価は、図4‒1で示した知性的判断に相当します。そして物語を吟味しながらの美術鑑賞では、全体の印象を味わう美術鑑賞とは異なる心の働きがなされていることが想定されます。さて、いよいよ実験です。近赤外分光法（NIRS）という手法があります。これは脳の血流分布を計測し、活発に活動が起こっている脳の部位を特定する実験方法です。図4‒5に絵画鑑賞時の測定結果の一例を示します。

これはキリスト教美術の専門家が物語を描いた絵画作品（物語画）を鑑賞している時の実験結果です。被験者に対する指示は、まず「安静にしてください」（ベース）、次いで実験画像が眼前に示され、「通常どおり絵画を鑑賞してください」（テスト）、そして画像が消え、「安静に戻ります」（ベース）、となっています。示された画像は、ａの実験では《十字架降下》、ｂの実験では《マギ

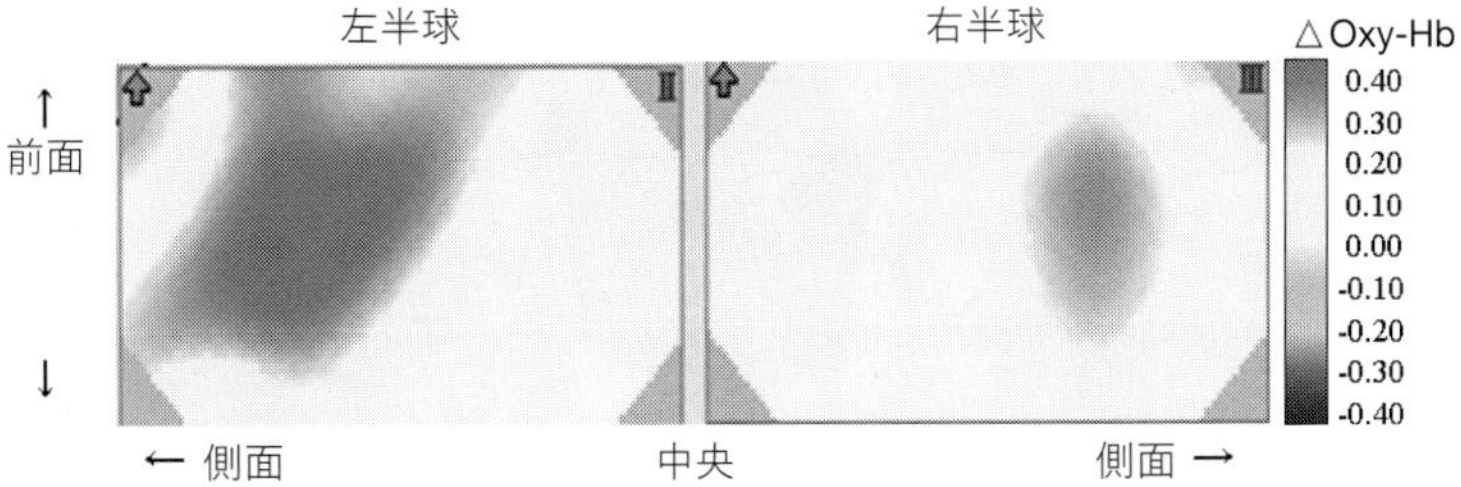

図4–6 《十字架降下》鑑賞時の酸化ヘモグロビン（Oxy-Hb）の前頭葉トポグラフィーマッピング（前田ほか、2007） →口絵13

の礼拝》です。どちらもキリスト教美術の主題で、前者は十字架上で息絶えたキリストを十字架から降ろしてくる場面です。聖母マリアをはじめ、聖ヨハネ、マグダラの聖マリア、ニコデモ、アリマタヤのヨセフといったこの場面に必ず登場してくる人物たちが表現されます。後者は、キリスト誕生後、東の方からマギと呼ばれる博士たちが生まれたばかりの幼子イエスを拝みにやってくる場面です。マギは黄金、乳香、没薬という三つの高価な贈り物を捧げ、キリストを礼拝しました。例示している作品だけでなく、同じ主題の作品を複数提示しています。

グラフの動きを見てください。こちらは脳内の酸化ヘモグロビン（Oxy-Hb）濃度の変動を示しています。一般に、酸化ヘモグロビン（Oxy-Hb）濃度の増加は、局所的な脳の活動増加と対応することが知られています。そうすると、物語画鑑賞時に左半球の酸化ヘモグロビン（Oxy-Hb）濃度がぐっと上昇し、活動が活発になっている様子が見られます。このグラフは脳の外側前頭前野という場所の測定結果ですが、より具体的に脳のどの部分の活動が活発になっているかを示すトポグラフィーマッピングを図4-6に示します。

これは《十字架降下》の画像を見ている時の血流分布です。色が濃

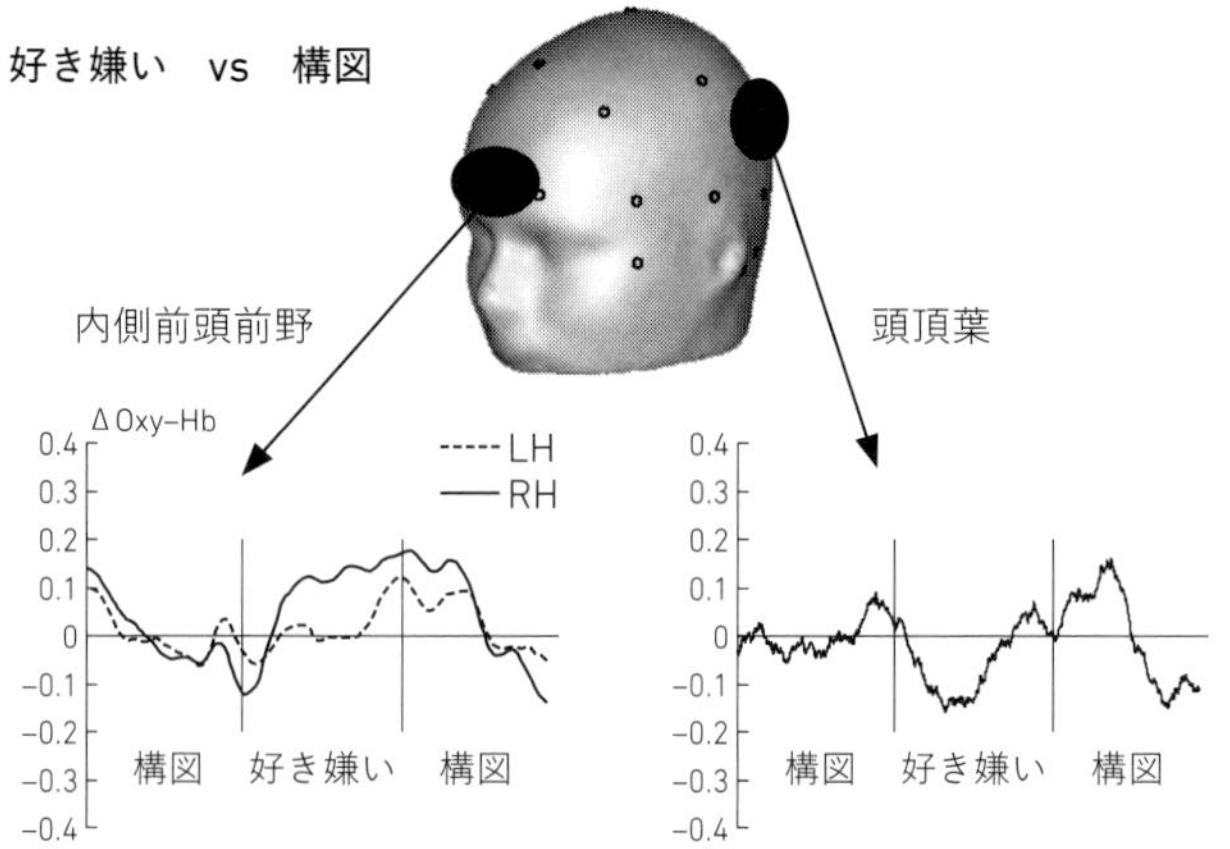

図 4-7 好き嫌い／構図の判断にかかわる近赤外分光法（NIRS）実験結果（前田ほか、2007）

くなっている部分に血流が集まり、活発に活動していることを示します。左半球に濃い色が広がっていますが、この周辺が外側前頭前野で言語理解にかかわる領域であることが知られています。すなわちここで鑑賞者は、絵画を前に物語を強く想起し、色彩や形態からなる個々のモチーフを言語情報に置き換え、時には作品中に明示されていない黄金や乳香や没薬といった物語の要素を思い浮かべつつ、作品を吟味している様子が、脳の血流分布という具体的現象として捉えられました。

もうひとつ別の実験を見てみましょう。今度は美術の専門家ではない人が被験者です。鑑賞する美術作品は、物語画、静物画、人物画などさまざまなジャンルの数作品です。一連の作品が繰り返して提示されますが、その際異なる指示が与えられます。まず始めは「構図の主要な軸を探してください」という教示のもと作品を見ます。次に「この作品が好きですか、嫌いですか」という問いかけとともに同じ作品群が示され、最後にもう一度「構図の主要な軸を探してください」という教示下で作品を鑑賞します。「構図の主要な軸を探す」というのは、通常の美術鑑賞時に意識して行うことはないかもしれませんが、作品の中に縦に垂直に伸びる線があれば、私たちは自然とその線を目で追いますし（先ほどの実験で用いた《十字架降下》の中に表された十字架にも縦の軸があります）、対角線を意識した構図、中心軸に対してモチーフを左右対称に配置した構図など、絵画の中には私たちの目を導く幾何学的要素がたくさんあります。これは、意識してそれを探してみてくださいという指示です。図4-7に実験結果を示します。

今度は先ほどの物語を吟味している時とは異なる場所が活性化している様子が捉えられました。右側のグラフは頭頂葉周辺の酸化ヘモグロビン（Oxy-Hb）濃度の変動で、後半の構図を検討している区間で顕著な上昇が見られます。ここは空間認知にかかわる領域として知られていますから、構図という画中の空間構成を考える時に活発に活動しているわけです。左側のグラフは内側前頭前野と呼ばれる領域の活動です。好き嫌いを判断している区間で上昇しているのが、右半球（ＲＨ、左半球はＬＨ）の酸化ヘモグロビン（Oxy-Hb）濃度です。右半球の内側前頭前野は、感情判断と深くかかわっています。好き嫌いという感覚的価値の判断にはこの領域がかかわっているようです。第5章では機能的ＭＲＩという別の実験方法を用いて、美的快を経験した時に活発に活動する脳の領域を明らかにしていますが、同じ内側前頭前野の賦活が観察されています。

このように近赤外分光法（ＮＩＲＳ）という実験手法を用いることによって、美術鑑賞において私たちが行っているさまざまな判断にかかわる脳の働きが見えてきました。

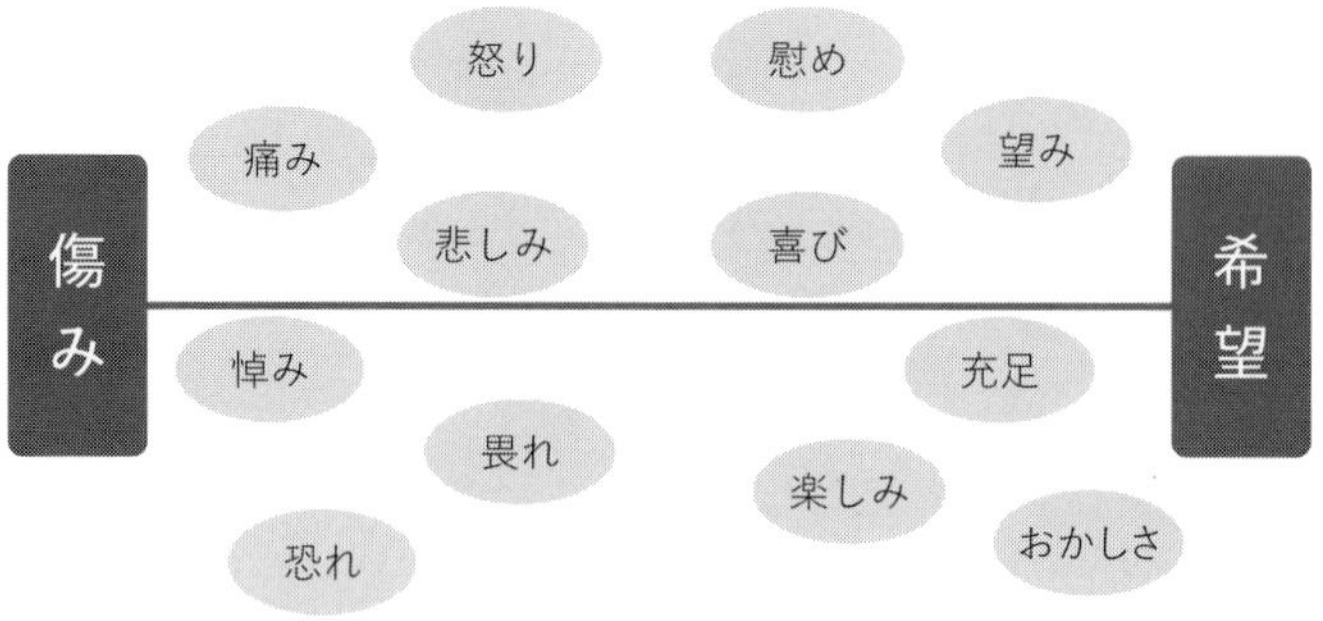

図 4-8　美術作品から受ける印象の一例

4　アートを考える——美術鑑賞と文字情報

前節で物語と美術作品のかかわりを見てきましたが、ここでは美術鑑賞と文字情報の関係について考えてみましょう。展覧会で美術作品を鑑賞する時、かたわらには作者名や作品名といった作品に関連する情報が、そして時には詳しい作品解説が示されています。そのような文字情報は、私たちの鑑賞行動を左右するのでしょうか？　この問題を考えるため、私たちは研究展覧会を実施しました。展覧会は、「絵画にみる心——傷みと希望」と題し、私たちの研究機関で準備できる一二点の作品を展示しました。一二点は、西洋美術、日本美術、近世、近代、現代、そして物語画、人物画、静物画など、地域、時代、ジャンルもさまざまな作品を選びました。ここで一二点の作品をお示しすることはしませんが、これらの作品を「傷みと希望」をいう軸を基調に味わってみようというのが研究展覧会の大きな主旨です。なぜ「傷みと希望」を軸とするのか、観覧者の中には、「どの作品にも傷みも希望もまったく感じないよ」という方もいらっしゃったかもしれません。

展示フロア1：作品展示

展示フロア2：解説パネル展示

図4-9　研究展覧会会場概要

美術作品から受ける印象は多様です。十人十色、見る人すべてが異なる印象を持つといってもいいでしょう。図4-8に美術作品から受ける多様な印象の一部を示します。研究展覧会では、観覧者にアンケート調査をし、結果を統計的に評価するため、「各作品は、『傷み』と『希望』を対立軸とした場合、どのあたり（五段階評価）に位置づけられると思いますか？」という設問を設定し、作品と向き合ってもらいました。

この展覧会では、まずいっさいの文字情報を示さずに作品だけを展示しました。そして次の展示室では、作品についての解説を書いたパネルを示し、解説を読む前後で観覧者にアンケートに答えてもらいました。図4-9は展示室の様子です。

アンケート調査の結果を見ていきましょう（有効回答数二三二）。「それぞれの絵のタイトルや内容の情報を得て、印象が変わった絵はありますか？」という設問に対して、「変わった」と答えた方が突出して多かった作品が二点ありました。ひとつは先ほども登場した一五世紀、北方ルネサンスの画家デューラーによる別の版画作品（図4-10）、もう一点は二〇世紀前半に活躍したスイス出身の画家パウル・クレー（Paul Klee, 一八七九－一九四〇）の作

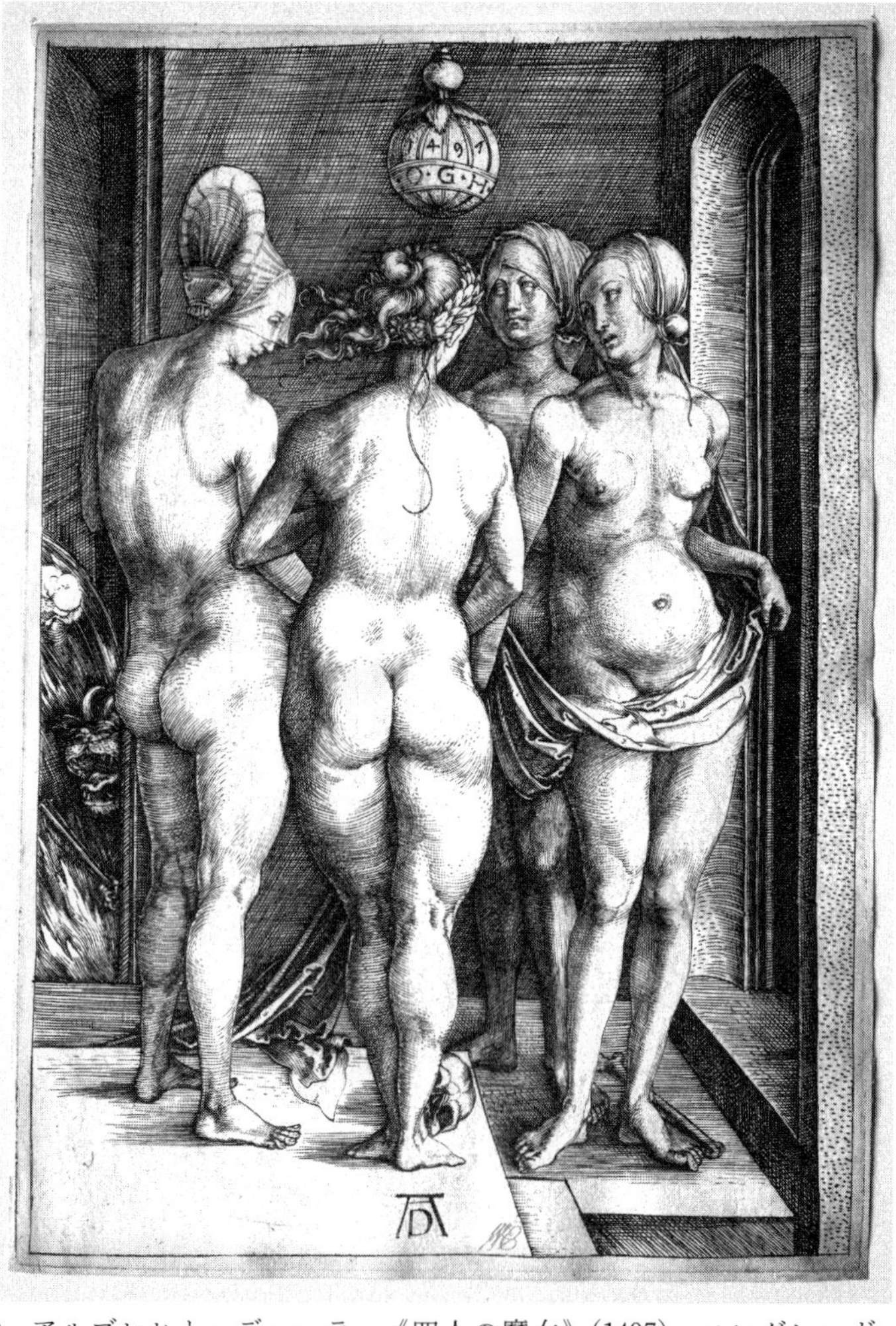

図 4–10　アルブレヒト・デューラー《四人の魔女》(1497)、エングレーヴィング、196×134 mm、クリーブランド美術館蔵

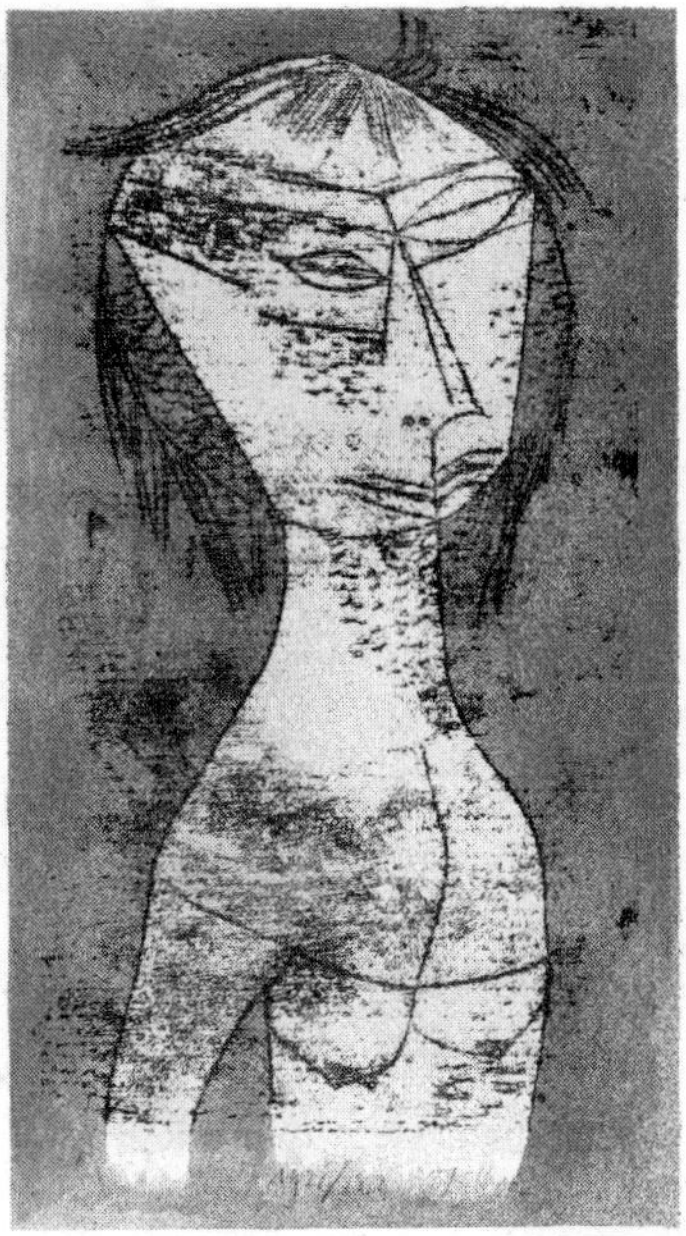

図 4-11　パウル・クレー《内面の光に照らされた聖女》（1921）、リトグラフ、310×175 mm、慶應義塾大学蔵

品（図4-11）です。読者の皆さんも、図版の下の情報はひとまず見ないことにして、作品を味わってみてください。

デューラーの作品には、室内に四人の裸体の女性が円陣を組むようにして集っている様子が表されています。ヘアスタイルやかぶり物はそれぞれ異なりますが、四人で何かを企んでいるようにも見えます。そもそもなぜ彼女たちは裸体なのでしょう？　さて作品情報が開示されると、この作品のタイトルが《四人の魔女》であることが提示されます。作品解説では、円陣を組む四人の女性の群像には、古代ギリシアの女神、三美神のイメージが重ね合わされていることが指摘され、伝統的な輪をなす裸体の三女神のイメージが、デューラーによって怪しげな四人の女性に翻案されたことが示されます。彼女たちは魔女なのでしょうか？　この作品を《四人の魔女》としたのは、デューラーではなく、一七世紀ドイツの画家で著述家のヨアヒム・フォン・ザンドラールト（Joachim von Sandrart，一六〇六－一六八八）ですが、三美神のような美と調和に満ちたとはいえない女性たちの不気味な表情からも、ここに何事か不吉な出来事が進行していることは明らかです。実はこの作品の主題（何が描かれているの

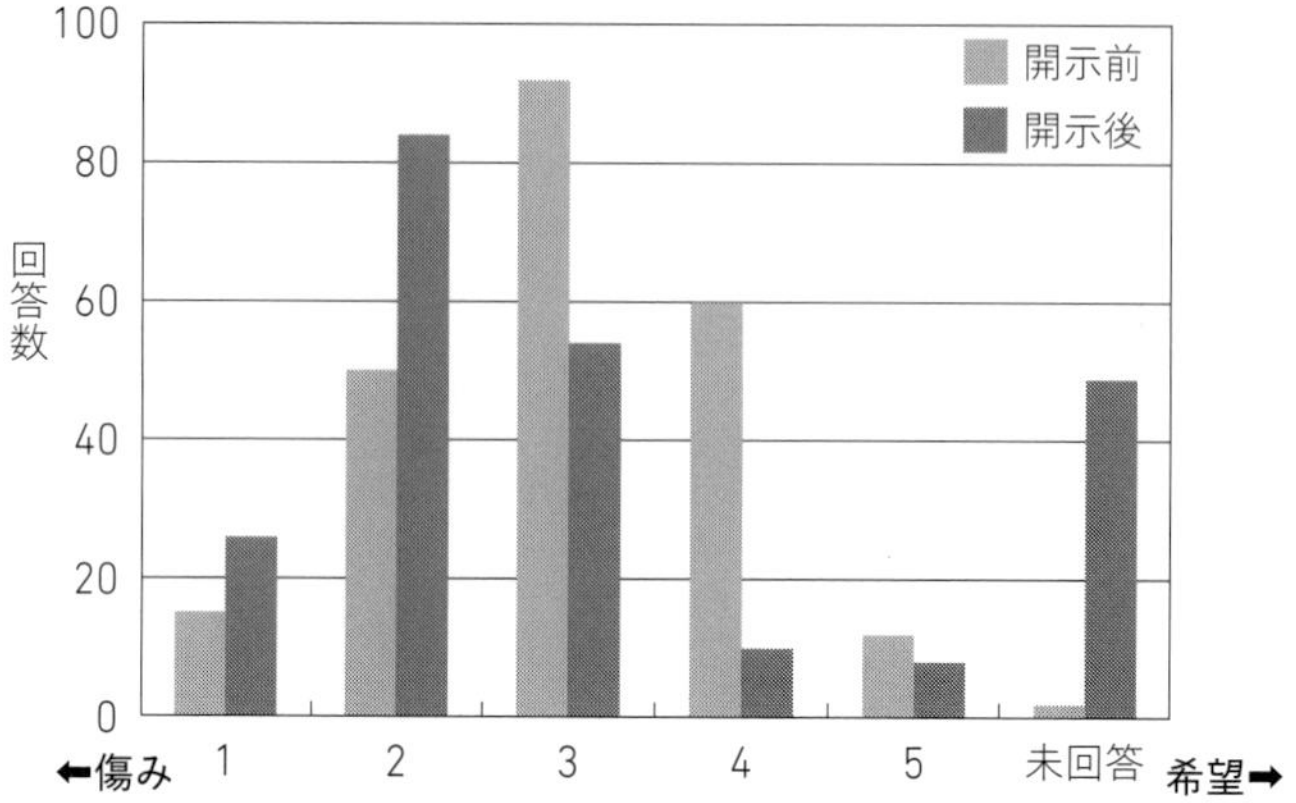

図 4‒12　《四人の魔女》作品情報開示前後での印象の変化（星・前田、2007）

か）はいまだ明らかにはなっておらず、一四八七年に刊行された魔女狩りの教則本『魔女の鉄槌』との関連を指摘する人もいれば、身ごもった貴婦人が三人の魔女に呪いの言葉をかけられ、胎内の子を失ってしまうという魔女伝説を表した内容ともされています。このような解説を読みながら作品に向き合うと、戸口からのぞく悪魔や女性たちの足下に転がる頭蓋骨といった不気味なモチーフにも気づくかもしれません。図4‒12に解説前後での印象の変化の集計結果を示します。

情報開示前は「傷み」と「希望」の軸に対して、中立的な印象を持った人（回答「3」）が最も多かったのに対して、情報開示後は「傷み」を感じる人が増加しています（回答「1（傷みを感じる）」「2（やや傷みを感じる）」）。棒グラフの山が「傷み」の方向にシフトしています。タイトルにある「魔女」というキーワードや解説の内容によって、印象が変化したことが読みとれます。

次にクレーの作品を見てみましょう。不思議な絵ですね。人物像であることはわかりますが、一見しただけでは女性なのか、あるいは人間なのかも定かではありません。この作品のタイトルは、《内面の光に照らされた聖女》です。こちらはデューラーのものとは違って、クレー自身がつけたタイトルですから、画家の意図を明確に反映しています。解説はこの作品が描かれた時代背景を明らかにします。この作品を制作した当時、クレーはバウハウスというドイツのワイマールに設立された美術学校に招かれ、教鞭をとると同時に制作活動を展開していました。この頃ドイツではナチ党が台頭し、やがて政権を掌握します。ナチスは美術作品に多大な関心を寄せていたことが知られていますが、彼らが評価したのは主にドイツ民族主義を称揚する美術です。一九三七年、ナチスはミュンヘンにおいて、「退廃芸術展」を開催しますが、ここにはナチスが「健全ではない」と判断した作品が集められ、クレーの《内面の光に照らされた聖女》も展示されました。そして展覧会カタログでは、精神疾患のある患者さんの作品と対置され、「クレーの駄作より、こちらの作品のほうがずっと人間らしく見える」と評価されました（第7章にも、クレーを含むこの時期、ヨーロッパで活動した芸術家の格闘が示されているので、ご参照いただくと当時の社会状況がより明らかになります）。このような制作当時の歴史背景は、作品の印象にどのような変化をもたらすでしょうか。アンケート結果を見てみましょう（図4-13）。

情報開示前は、「傷み」とも「希望」ともいえない中立的な印象を持った人や、作品に「傷み」を感じる人が多数見られます。棒グラフの山は回答「2（やや傷みを感じる）」「3（どちらとも言えない）」あたりが頂点となっています。一方、作品情報開示後には、グラフの山がなだらかに、平滑化されています。「傷み」を感じる人もいる一方で、「希望」を感じる人は明らかに増加しています。作品情報を知る前、子どものようなか細い身体や胸元を横切る線に何がしかの傷ましさを感じる人もいたでしょうし、

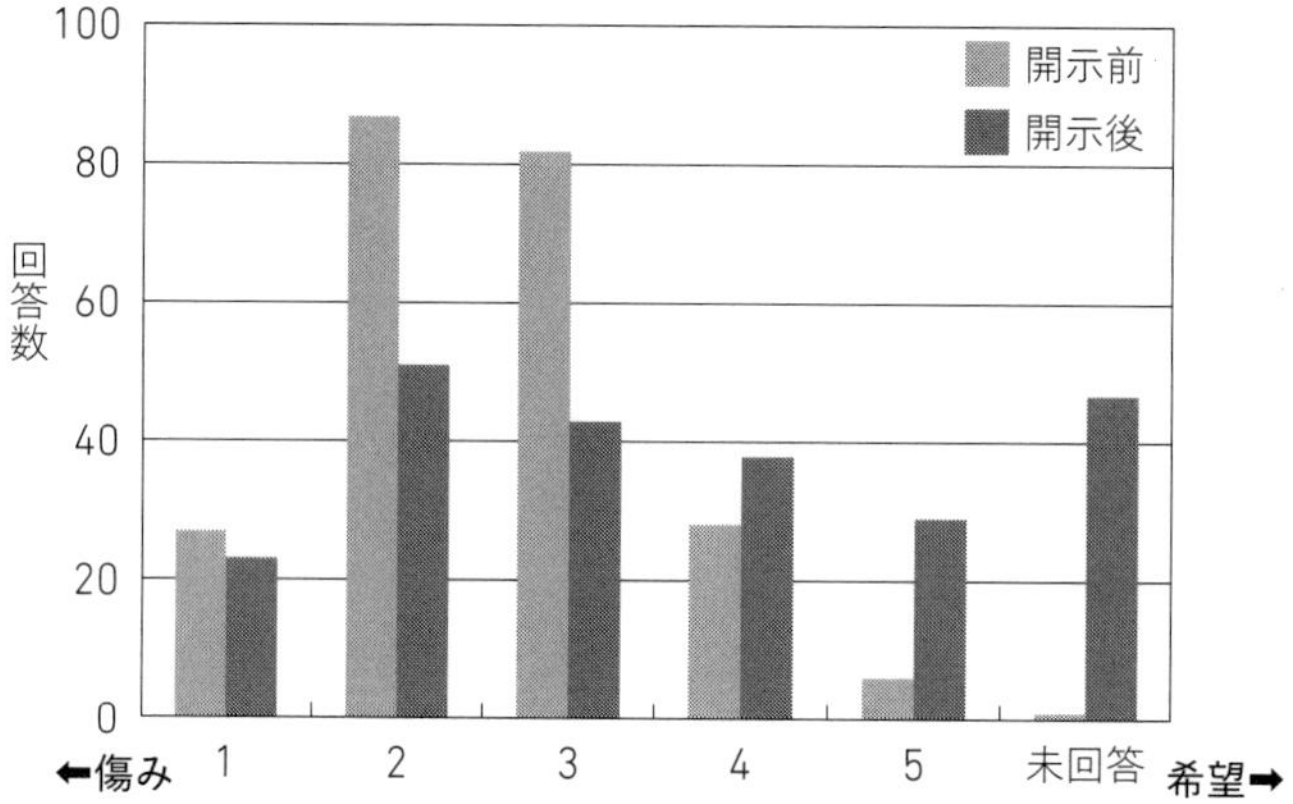

図 4–13　《内面の光に照らされた聖女》作品情報開示前後での印象の変化（星・前田、2007）

人体を大胆にデフォルメして捉えた造形に「傷み」とも「希望」ともいえない不思議さを感じた人もいたでしょう。そして示されたのが《内面の光に照らされた聖女》という、おそらく多くの人にとって想定外のタイトルです。クレーがこの人物像のどこに清らかな聖女の内なる光を表現しようとしたのか、新たな目で作品を見直した人も多いでしょう。また解説で提示された作品の歴史背景は、否応もなく第二次世界大戦という私たち人類の歴史の「傷み」を連想させます。このように作品情報に触れることによって、作品から受ける印象が多様化することもあります。

佐々木健一氏は、『タイトルの魔力』という著作の中で美術鑑賞とタイトルの関係を詳細に検討していますが、ピーテル・ブリューゲル（父）（Pieter Bruegel the Elder, 一五二五／三〇 – 一五六九）の《イカロスの墜落》（図 4–14）という作品を取り上げ、このように述べています。

図4-14　ピーテル・ブリューゲル（父）《イカロスの墜落》（1555頃）、油彩、カンバス、74×112 cm、ブリュッセル、ベルギー王立美術館蔵　→口絵6

タイトルを知ったとき、何が変化したのか。画面全体の知覚である。純粋視覚的に見たとき、平和で光に満ちた海の風景であったものが、タイトルを知ったとき、惨劇の舞台へと一変する。…(中略)…タイトルは、画面をどのように見るべきかを、教えているのである（佐々木、二〇〇一、二四六頁）。

私もこの作品は美術史の授業の中で必ず取り上げますが、受講者にこんな問いかけをします。「もしこの作品にタイトルをつけるとしたら、どんなタイトルにしますか？」。なかなか授業中に回答が返ってくることはありませんが、おそらく多くの人が《海辺の田園風景》のようなタイトルを思い浮かべるのではないでしょうか。しか

図 4-15　ピーテル・ブリューゲル（父）《イカロスの墜落》（部分）

しこの作品は、現在ブリュッセルのベルギー王立美術館において《イカロスの墜落》というタイトルで展示されています。イカロスはギリシア神話の登場人物です。イカロスはクレタ島の迷宮に、建築家であり発明家でもある父ダイダロスとともに閉じ込められてしまいます。ダイダロスは迷宮内に舞い込んでいた鳥の羽をロウで固めて二組の翼を作り、息子イカロスに言いふくめます。「あまり低く飛んではいけないよ。翼が海の湿気を含んで重くなり落ちてしまうから。あまり高く飛んでもいけないよ。太陽の熱でロウが溶け、翼がバラバラになってしまうから」と。親子は空へと飛び立ちます。その様子を海辺の農夫や漁師がビックリして眺めていました。しかし得意となったイカロスは、父親の警告を忘れ空高く舞い上がっていきます。ついにロウは溶け始め、翼はバラバラになり、イカロスは海に落ちて命を落としてしまいます（オウィディウス、一九八一、三一六―三一八頁）。まさに場面は「惨劇の舞台」となります。

これはギリシア神話の中でもよく知られた物語なので、美術作品にもしばしば表現されます。ではブリューゲルの作品のどこにイカロスがいるのでしょうか？

私たちの眼はイカロスの姿を求めて画面上をさまよいます。いました！　画面右端の船の下に足だけ海上に出してバタバタとするイカロスの姿が見えます（図4―15）。第2節の眼球運動の実験で示した例と同じように、《イカロスの墜落》というタイトルが作品を見る私たちの眼の動きを変えたはずです。

そして前述の物語を思い起こしながら作品を吟味すれば、大きく描かれた鋤で畑を耕す農夫以外にも、手を休めて空を見上げる農夫や海辺で釣りをする男の姿にも気づくでしょう。もし第3節で示した近赤外分光法（ＮＩＲＳ）で脳の活動を測定すれば、言語にかかわる左半球の外側前頭前野が強く活性化している様子が見られるかもしれません。作品情報は、私たちの鑑賞行動に大きな影響を及ぼすのです。

この章ではアートとは縁遠いと思われがちな実験的手法をもって、私たちとアートの関係の一端を明らかにしました。私たちは「なぜアートに魅了されるのか」。今回は美術鑑賞という行為を主眼に考えてきましたが、そこで示されたのはさまざまな身体機能を用いた私たちとアートの交流です。時に私たちは、アートを感じ、アートを読み解き、アートを分析します。この心と身体をフル活動させるアートに私たちは魅了されてやまないのかもしれません。

〔註〕

*1　プリニウス（二〇二一）一四〇九頁、三五巻第五章一五節および一四三九頁、第四三章一五一節。プリニウスは、娘の父親がその後、青年の輪郭に粘土を押しつけ肖像浮彫を作ったと伝えています。

*2　補色：色相環（赤、橙、黄、黄緑、緑、青緑、青、紫などの色を環状に並べたもの）の正対する位置にある二色。赤と青緑、藍色と黄色など。

*3　『旧約聖書』創世記第六 - 八章。

〔文　献〕

岩渕輝「フェヒナーの自然科学的美学と森鷗外――明治期日本の美学移入の一断面」『科学史研究』五六巻、八六 - 一〇五頁、二〇一七

オウィディウス『変身物語（上）（岩波文庫）』中村善也訳、岩波書店、一九八一

海保博之・楠見孝監修『心理学総合事典（新装版）』朝倉書店、二〇一四

慶應義塾大学心の統合的研究センター表象A・B班編「慶應義塾大学21世紀COE表象A・B班研究展覧会の記録」『テクスト・イメージ・コンテクスト――「みること」の心性』慶應義塾大学心の統合的研究センター、二〇〇七

慶應義塾大学21世紀COE表象B班（芸術学）研究展覧会「絵画にみる心――傷みと希望」展覧会カタログ、慶應義塾大学心の統合的研究センター、二〇〇六

佐々木健一『タイトルの魔力――作品・人名・商品のなまえ学（中公新書一六一三）』中央公論新社、二〇〇一

ジェイムズ・ホール『西洋美術解読事典――絵画・彫刻における主題と象徴』高階秀爾監修、河出書房新社、一九八五

セミール・ゼキ『脳は美をいかに感じるか――ピカソやモネが見た世界』河内十郎監訳、日経BPマーケティング、二〇〇二

中島義明他編『心理学辞典』有斐閣、一九九九

プリニウス『プリニウスの博物誌（縮刷第二版Ⅵ）』中野定雄・中野里美・中野美代訳、雄山閣、二〇二一

星聖子・前田富士男「絵画受容における心の諸相研究展覧会『絵画にみる心——傷みと希望』アンケートの分析」『平成18年度文部科学省21世紀COEプログラム研究拠点形成費補助金　心の解明に向けての統合的方法論構築　平成18年度成果報告書』慶應義塾大学21世紀COE人文科学研究拠点心の統合的研究センター、二二〇-二三二頁、二〇〇七

星聖子・山本絵里子・辻井岳雄・前田富士男・渡辺茂「絵画認知における物語性（narrative）と左前頭葉の活動——近赤外分光法（NIRS）を用いた研究」『平成16年度　文部科学省21世紀COEプログラム研究拠点形成費補助金　心の解明に向けての統合的方法論構築　平成16年度成果報告書』慶應義塾大学21世紀COE人文科学研究拠点心の統合的研究センター、二六七-二六八頁、二〇〇五

星聖子・山本絵里子・辻井武雄・前田富士男・渡辺茂「NIRSによる絵画認知の神経相関の研究——物語性（narrative）と左前頭葉の活動について」『平成18年度文部科学省21世紀COEプログラム研究拠点形成費補助金　心の解明に向けての統合的方法論構築　平成18年度成果報告書』慶應義塾大学21世紀COE人文科学研究拠点心の統合的研究センター、二八五-二八六頁、二〇〇七

前田富士男・星聖子・熱田匡紀・遠山公一・本間友・石附啓子「画像・音像・空間像のプラグマティクス——イコノテクの回路的応用4」『平成18年度文部科学省21世紀COEプログラム研究拠点形成費補助金　心の解明に向けての統合的方法論構築　平成18年度成果報告書』慶應義塾大学21世紀COE人文科学研究拠点心の統合的研究センター、二一一-二一九頁、二〇〇七

Kawabata, H., Zeki, S. Neural correlates of beauty. *Journal of Neurophysiology*, 91: 1699–1705, 2004

第5章

なぜ悲しい芸術を求めるのか？

石津智大

「美しさ」と聞いて、皆さんはどんなものが思い浮かびますか？　夕暮れの空、大好きな絵画、愛する人の横顔。それぞれが心に描く美しさはさまざまでしょう。さらには、見た目ではなく心の中の美しさ、たとえば人の優しさや友情の深さなど、目に見えない美も大切に感じている人が多いかもしれません。また美しいと感じる瞬間は、温かさや明るさ、そして何より心地よさを伴うものだと多くの人が感じることと思います。

しかし不思議なことに、美しさの経験の中には、悲しさや苦しみといった「ネガティブ」な感情が絡み合うこともあるのです。そのひとつが本章のテーマである悲しい芸術です。私たち人間は生物として、不快なことからは遠ざかり、快いことを追い求めるものですね。皆さんも、ふつうは自分から進んで悲しい気持ちになったり、苦しさを欲したりはしないでしょう。ですが、芸術の世界ではそうとは限らないのです。人文学や芸術の認知科学では、悲劇舞台やホラー映画、または切ない音楽や絵画から、美しさや感動、郷愁といったポジティブな美的経験を感じとることができると指摘されています。ダミアン・ハーストの動物の死骸を使った作品やシンディ・シャーマンのひどく歪んだ身体の表現などは、一見すると快さや心地よさからは程遠いものに思えますが、それでもなぜか多くの人を惹きつけ、高い評価を得ています。つまり、日常生活では避けられる対象である悲しみや怒り、畏れといった感情が、芸術の世界では美的な経験として楽しまれてきたのです。

この章では、そんなネガティブな感情を含んだ美的な経験、特に「悲哀美（美的悲哀）」というものについて考えてみたいと思います。悲哀美とは、見た目はとても美しいけれども、心はどこか悲しい、そんな矛盾する感情が混ざり合った状態のことです。私たちは現実では悲しみを避けたがるのに、なぜか芸術の中では、悲しい物語や音楽、悲劇を楽しむことができます。この謎について、美学や心理学、さらには脳機能の研究を通じて、深堀りしていきましょう。そして最後に、悲哀美が私たちの心の豊かさ、いわばユーダイモニア（幸福な状態）やネガティブな感情と向き合う力にどのようにかかわっているのかを考えてみます。これによって、悲劇芸術を楽しむという私たちの不思議な経験に、神経美学という分野からの新しい光を当ててみたいと思います。

1 芸術と美学から

おやすみ、おやすみ。別れがあんまり甘く悲しいから、明日の朝になるまでおやすみなさいを言い続けているわ。(*Good night, good night! Parting is such sweet sorrow, that I shall say good night till it be morrow.*)

これは、シェイクスピアの悲劇『ロミオとジュリエット』の第二幕第二場、夜のバルコニーのシーン（図5-1）において、ジュリエットが発した有名な台詞です。シェイクスピアは戯曲を生み出す天才なだけでなく、新しい言葉や表現を創り出す才能も持っていました。この「sweet sorrow（甘く悲しい）」という表現は、そんなシェイクスピアの才能が光る例ですね。恋人との一時の別れは、ジュリエットに深い悲しみを感じさせます。しかし、同時に彼女はその悲しみを「甘い」と表現しています。甘さは嬉

図 5-1 『ロミオとジュリエット』の夜のバルコニーのシーン

しい気持ちや楽しい気持ちを表しますよね。それゆえ、ふつうは悲しみというネガティブな感情と混ざることはないはずです。しかし、この場面でのジュリエットの心の中では、一時の別れによる悲しみと、明日また会える喜びとが混ざり合っていたのでしょう。

「bittersweet」（ほろ苦い）とも表現されるこの感情は、「混合感情」（Larsen & McGraw, 2014 など）と呼ばれています。たとえば、明るい真夏の太陽のもと咲き誇るひまわり畑、その光景は弾けるような美しさと同時に、見る人に楽しさや朗らかさを感じさせるでしょう。一方、春の終わりにはらはらと散りゆく桜の情景はどうでしょう。このシーンも、同様に美しさを感じられますが、それは儚さや切なさを伴うものと思います。この後者の情景を見る時、私たちの心は美しさを感じながらも、悲しみという感情が交錯する複雑な気持ちになっているのです。

美しいと感じる経験は、普段、幸せや喜びといったポジティブな感情を思い起こさせます。自然と快を求め、不快を避けようとする私たちですが、前述のように芸術や美学の世界では、時に不快さえも価値あるものと捉えられます。『ロミオとジュリエット』のような悲劇やマーラーの「アダージェット」

のような悲しい音楽を聴く時、私たちは悲しみの中にも美的な価値を見出しています。

しかし悲哀美は、芸術やエンターテインメントだけでなく、日常生活のさまざまな場面で感じるものでもあります。たとえば、他人を助けるために自分の身や利益を犠牲にする行いは、皆さんもとても美しい行いだと評価するでしょう。しかしながら、その行為をする当人にとっては、自分に損害や不利益を被ることになり、命を犠牲にすることもあるでしょう。そのような行為を第三者として目の当たりにする時には、非常な美しさとともに、その人を失う悲しみもそこにあるはずです。悲哀美を伴うような利他的な行動や自己犠牲的行いは、人間性の根幹にかかわり、社会的な生き物である私たちにとって大切な行動です（Ishizu *et al.*, 2023）。悲哀美は、芸術やエンターテインメントを超えて、人類の在り方に強く影響しているとも考えられます。正と負の混合感情に基づく美的経験は、私たちが人として成長するうえで重要な役割を果たしているように思えます。

悲哀美や混合感情についての議論は、一八世紀から現代にかけての美の研究でしばしば取り上げられてきました。この長い議論の歴史の中から、特に「仮想の情動」という概念に焦点を当てて、話を進めていきたいと思います。

一八世紀のドイツの哲学者で劇作家のフリードリヒ・フォン・シラー（Friedrich von Schiller, 一七五九－一八〇五）は、『人間の美的教育について』で「人工の不幸（artificial misfortune）」という興味深い概念を提案しました。これは、現実の出来事ではなく、悲劇の舞台上などで演じられる想像上の不幸や死に対し感じる悲しみや恐怖の感情を指します。シラーは *Über das Pathetische*（『悲劇的なるものについて』）や *Ueber die tragische Kunst*（『悲劇芸術について』）で、なぜ現実世界では忌避される対象である死や不幸が、舞台作品では積極的に受け入れられ、鑑賞者は感動し美しさを感じることができるのか、という問いを議論しています。この中でシラーは、パテーティッシュ（pathetische）なものは「人工の不幸」であると語っています。パテーティッシュとはドイツ語で、悲劇的な深い悲しみといった意味です。いつも予期せずに私たちを襲いくる実際の現実の不幸とは異なり、人工の不幸は、鑑賞者にとってはそれが「偽物」であることがわかっているので、心の準備ができた状態で相対することができます。人工の不幸は想像されたものに過ぎず、そのメタ的な認知、つまりその不幸が作り物であるという認識こそが、鑑賞者に本来的にはネガティブな死や不幸、悲しみを美的に昇華させ、そうして感動と美しさを生じさせることができると述べています。

たとえば『ロミオとジュリエット』で、終盤にロミオが自らの命を絶つシーンがあります。観客は悲哀と悲劇性を感じつつも、それは現実の悲劇ではなく、舞台上の仮想の出来事だというメタ的な認識があるため、美的感動を生じさせることができるのです。しかし、実際の現実での不幸に感動することは、ふつうはほとんどありませんね。目の前でそんなことが起きていたら、何かアクションを起こさないといけません。シラーの議論からは、これが、舞台芸術や悲劇が表現する死や悲哀、不幸が、なぜ観客に楽しまれるのかという矛盾に対する説明なのです（Schiller, 1879; Barone, 2004）。現実の不幸も、それが遠い世界での出来事で自分に全然関係ない時には、場合によっては感動を覚えることがあるかもしれません。しかしそれは、自らに無関係という点では、やはり人工の不幸に近いと考えることができるのです。

同じく一八世紀フランスの哲学者で劇作家のドゥニ・ディドロ（Denis Diderot, 一七一三―一八七四）

も、シラーと似通った考えをしています。彼が提唱した「第四の壁（the fourth wall）」という概念です。これはディドロが一七五八年に発表した戯曲批評で論じた概念で、舞台には四つの壁があるとする考えです。まず背景となる奥の壁、次に右手と左手に一つずつ壁がありますね。しかし、舞台にはもうひとつ、舞台と客席を隔てる見えない透明な壁が存在し、舞台の世界と私たち観客がいる現実世界とを隔てているという考え方です。そしてディドロは、芸術作品や演劇はこの第四の壁の内側に存在すべきであり、つまり虚構の世界の中にあるべきだと議論しているのです。そうすることで、観客は仮想の世界で起こる出来事を（たとえそれが悲劇だとしても）楽しむことができるわけです（Braun, 2000; Ishizu & Sakamoto, 2017）。第四の壁の概念は、政治学を含むさまざまな分野に影響を与えた重要な考えです。芸術が虚構の、仮想の世界に収まっているという描き方は、シラーの提案した「人工の不幸」ととても似ていますね。

現代の哲学でも、同様の理論を見つけることができます。二〇世紀のアメリカの哲学者、ケンダル・ウォルトン（Kendall Walton, 一九三九－）は、*Mimesis as Make-Believe*（『フィクションとは何か——ごっこ遊びと芸術』田村均訳、名古屋大学出版会）の中で、芸術作品を通じて感じる情動は、私たちが日常で経験する感情とは異なるものだと説いています。ウォルトンによると、芸術作品を鑑賞する際、鑑賞者はその作品が描く架空の世界に自分がいると想像している状態になるそうです。この時抱く感情を「準情動（quasi-emotion）」と呼び、実際に私たちが感じる現実の感情と似ているけれども異なる種類の感情だと指摘しています。実際の感情は、現実の出来事への反応ですが、準情動はフィクションに対する反応であり、これが時には実際の人物や出来事よりも強く感じられることがあるとウォルトンは述べています

(Walton, 1978)。

たとえば、ホラー映画を観る時には、普段は避けるべき対象である恐怖という感情と(安全に)向き合うことができます。ウォルトンの準情動理論では、このような時に鑑賞者が経験する感情は、実際の感情ではなく想像上のものであるとされます。現実であれば、恐怖を与える対象へ何かアクション(たとえば逃げるや闘う)をしなくていけませんが、芸術や娯楽での恐怖状態では、その恐怖の感情自体をゆっくり味わうことができるわけです(もちろん人にもよりますが)。

同じく二〇世紀アメリカの哲学者、ピーター・キヴィ(Peter Kivy, 一九三四-二〇一七)は、「悲しい音楽をなぜ楽しめるのか」という矛盾について「錯誤説(error theory)」を提案しています。簡単にいうなら、それは勘違いであるとする説です。悲しい楽曲を聴いている時に聴取者には悲しみの感情は生じていないのに、勝手に悲しいと思い込んでいるだけであるとキヴィは説明しています。悲しいのは楽曲であるのに、聴取者は音楽が表現しているその悲しみを、あたかも自分の悲しみとして勘違い(錯誤)しているという考え方です(Kivy, 1999; 源河、二〇一九)。つまり、実際に私たちが悲しい状態にあるわけではなく、やはり人工の、虚構の世界の悲しみといってもよさそうです。

ここまでいくつかの人文学的な理論を紹介してきました。これらを総合すると、悲劇芸術で表現されているネガティブな感情は、本当の感情ではなく「仮想の悲しみ」または「仮想の情動」である、という提案ができます。シラーが言及した「人工の不幸」という概念とともに、興味深い考えといえるでしょう。

さてそれでは次に、芸術やエンターテインメントで感じるネガティブな感情は、実際に仮想の情動なのでしょうか？　人文学では、このような混合感情や、なぜ悲しい音楽、悲劇芸術が、楽しみや美的快感をもたらすのかについて、長い間議論されてきました（Levinson, 2006）。しかし、哲学の世界の多様な理論を比較するのは簡単ではありません。ここにこそ、認知科学が持つ定量的なアプローチが貢献できる可能性があると、私は考えています。芸術に関する人文学的な問題や議論に対して新たなデータや視点を提供することは、神経美学の目指すところでもあります。

ところで『ロミオとジュリエット』のジュリエットも、劇中の登場人物でありながら、自らが感じる「甘く悲しい（sweet sorrow）」という混合感情を楽しんでいると見ることもできます。あの夜のバルコニーの場面で、彼女は明日になれば恋人と再会できることを確信しています。もしもこの別れが永遠のものだったら、彼女は決して「甘く悲しい」とは感じなかったでしょう。明日も会えることを信じているからこそ、別れの時を「甘く悲しい」と楽しむことができたのです。私たちが観客として悲劇の中の仮想の悲しみに感動するのと同様に、ジュリエット自身も、別れにおける仮想の悲しみを楽しんでいるのです。次の節からは、このような「仮想の悲しみ」がなぜ感じられるのか、今度は科学の立場から探ってみましょう。

2　実験心理学から

芸術・美学で議論されてきた仮想の悲しみは、科学では、たとえば実験心理学ではどのように研究さ

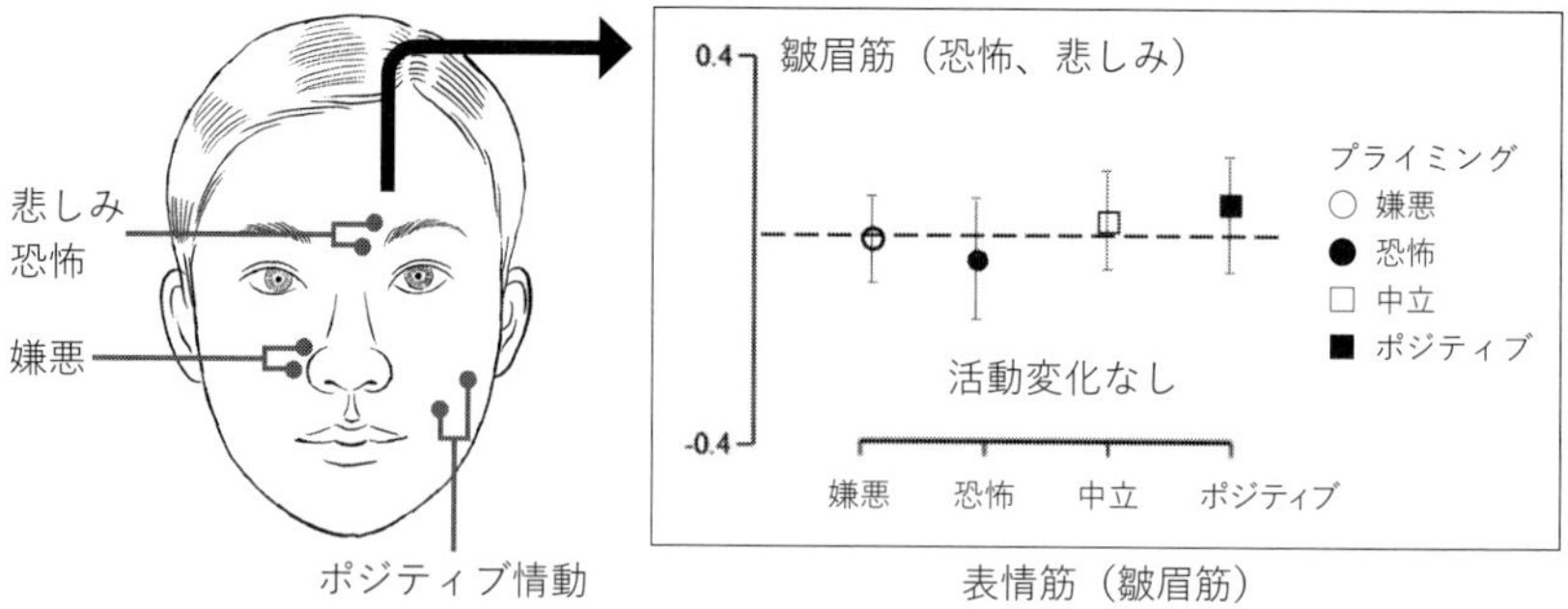

図 5−2 （左）各情動と表情筋との関係。（右）情動プライミング時の表情筋の活動強度。有意な活動変化は見られない。

れてきたのでしょう。この節では、実験心理学や、身体の反応を調べる生理心理学の研究から考えてみましょう。

表情は、私たちが感じている感情を外部に伝える大切な手段です。表情の変化が生み出す微細な表情筋の電気信号を捉える測定方法が、顔面筋電図です。これまでの豊富な研究から、表情と感情の間には、密接な関係があることがわかっています（図5−2）。たとえば、恐怖を感じた時には額あたりの前頭筋が、嫌悪を感じた時には小鼻の横の上唇挙筋が、そして肯定的な感情の時には頬のあたりの大頬骨筋の活動がよく記録されます（Ekman & Rosenberg, 1997 など）。にっこり笑った時に口角を上げる筋肉ですね。しかし面白いことに、作り笑いのように意識して表情を作る時には、ポジティブな感情に関係する表情筋群の活動（特に眼の周りの筋肉）が、自然な笑みに比べて少なくなることが知られています（Krumhuber *et al.*, 2014）。そしてネガティブな感情を表す時にも、実際の悲しみと仮想の悲しみでは、表情筋の反応に違いがあると報告されています（Krumhansl, 1997 など）。つまり、表情筋の反応を計測することで、実際に感じている感情が本物かどうかを調べることができる可能性があります。ではこの方法を用いて、

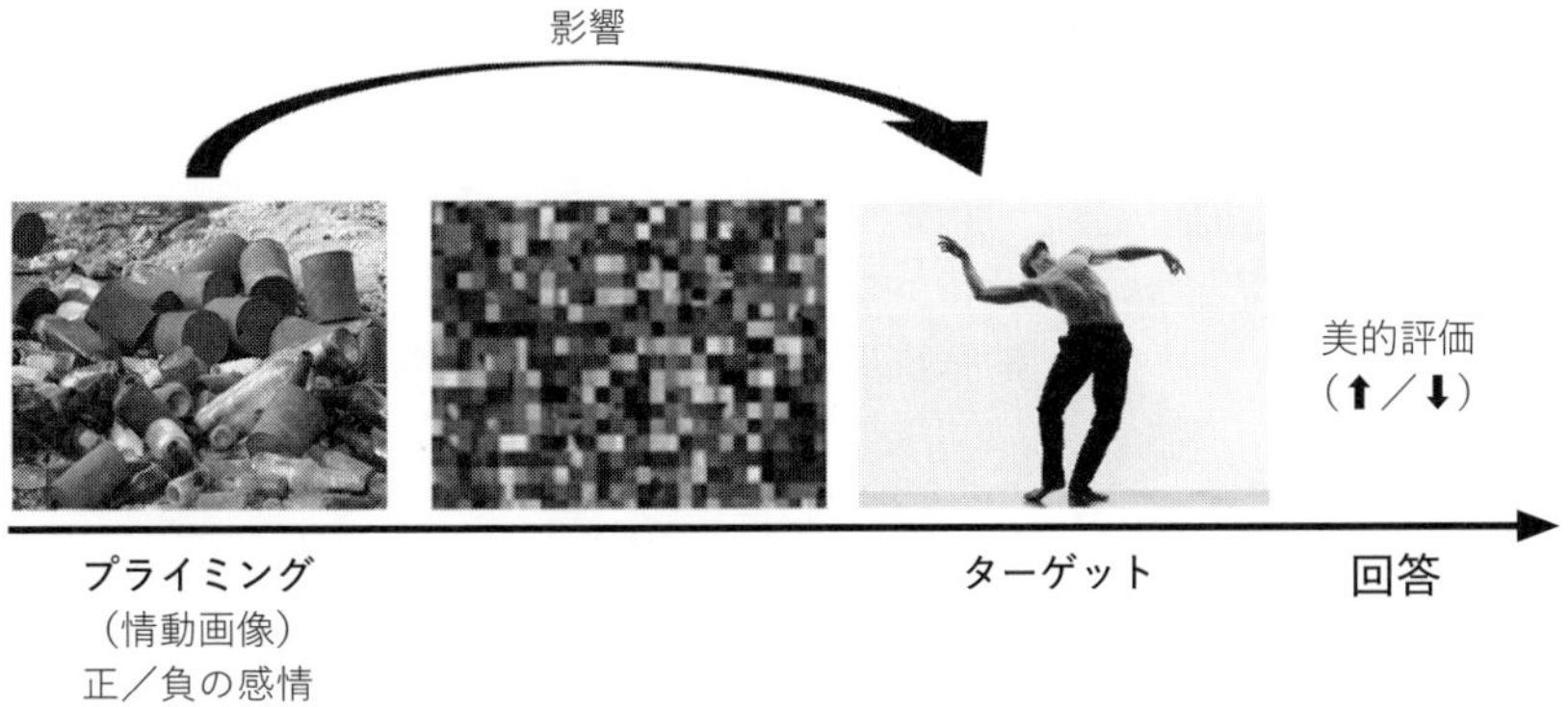

図5-3　情動プライミングの実験課題例。情動画像が先行提示され、続いてターゲット画像が現れ、最後にターゲット画像に対する美的評価の回答を求められる。プライミング画像とターゲット画像の間には、マスク刺激と呼ばれるランダムノイズが挟まれるのが一般的。（© THREE, Justin Ridler）

情動が美的評価にどう影響するか、そしてその感情は鑑賞者が実際に感じているものなのか、それとも仮想のものなのかについて、生理心理学から検証してみたいと思います。そのためにもうひとつ「情動プライミング」という実験方法を紹介しましょう。

　プライミング[*1]とは心理学でよく使われる手法で、評価をする対象である画像（ターゲット刺激）を見せる前に、無関係な別の画像（プライミング刺激）を先に提示することで、鑑賞者の認知や感情の状態に影響を与えることができる手法です。プライミング刺激には、画像や動画、音楽などさまざまなものが使われますが、特に感情をある特定の状態に誘導するようなプライミングを、情動プライミングと呼んでいます。これを使うことで、同じターゲット画像に対して異なる感情状態がどのように影響するかを調べられます（図5-3）。

　たとえば、Eskine *et al.*（2012）やEra *et al.*（2015）の研究では、抽象絵画をターゲット刺激として評価させた時、ネガティブな感情を誘導するプライミングを行うと、逆によりポジティブな美的評価へと鑑賞者の判断が変化することが示されています。また、恐怖を感じさせるプライミングが行われた後、作品に対する評価が高まったことも示されています。これらの研究から、情動プライミングが美的評価に与える影響の方向性は研究によって異なるものの、感情を誘導することで後のターゲット刺激の美的評価に強い影響を与えられることがわかりました。

この情動プライミングと表情筋の測定を組み合わせることで、芸術鑑賞時における仮想の情動を研究することができます。もし本当に芸術鑑賞時の情動が仮想の情動だとしたら、表情筋は反応しない（または典型的な反応の仕方はしない）と考えられます。そこで、情動プライミングによって美的評価が影響を受けている状況を作り出し、顔面筋電図を使って鑑賞者の表情変化を記録する実験をやってみました。

この研究では、ポジティブ、ネガティブいろいろな感情を表現したプライミング画像を見せた後に、抽象画について美的評価をしてもらいました（Gerger *et al.*, 2019)。その結果、これまでの情動プライミングの研究と同じく、情動プライミングにより美的評価が変化することがわかりました。ところが面白いことに、表情筋はどの情動プライミングでも、どの表情筋でも、活動変化が見られなかったのです。つまり、芸術鑑賞での情動は表情筋を活動させないことを示唆する結果です。

ほかの研究でも、たとえばKrumhansl（1997）の研究では、悲しい音楽を聴いた時には楽しい音楽を聴いた時とは異なる生理的反応があり、その生理的な反応は本当の悲しみを経験した時のそれとは違うことが報告されています。悲しみ以外でも、自発的で自然な感情と、作り物の偽の感情を表す時の表情筋の反応の違いについて、複数の研究報告があります。これらの研究からは、芸術におけるネガティブな感情の経験が、必ずしも実際に感じる感情のような反応を引き起こすとは限らないことが示唆されます。つまり、芸術鑑賞における感情の経験は、実際の感情とは異なる可能性があり、仮想の情動や準情動などとのつながりを考えることができるでしょう。もちろん、真の情動が芸術の鑑賞から生まれないといっているわけでは決してありませんが、人工の不幸というシラーの考え方を支持するひとつの定量的なデータといえるでしょう。

3 認知脳科学から

実験心理学や生理心理学の研究からは、美学や芸術学で提案されている「仮想の情動」が、実際のリアルな感情の反応とは異なるかもしれないという示唆が得られました。この節では、認知脳科学の研究方法を使って美的経験を調べる神経美学の視点から、悲哀美などの混合感情に基づく美的経験についてお話しましょう。ネガティブな感情を持つ美的経験について、脳の反応という点から考えていきます。

神経美学とは、芸術活動や美的感性における私たちの心の働きを、脳機能の研究や認知科学の実験を通じて探る学問です。美学では、私たちが日常的に感性と呼ぶものを「美的範疇」という言葉で定義しています。美しさや醜さ、崇高や感動、ユーモアなど、美的なものの範疇が決められています。これらの美的な経験についてどのように私たちの脳や身体が反応するのか、また、これらの経験が私たちの心や行動にどのような影響を与えるのかなどについて研究しています。

一般的には「美しいもの」といわれたら、多くの人には「良いもの」「心地よいもの」「価値があるもの」「醜いものと対照的なもの」といったイメージが浮かぶでしょう。また、美しさがもたらす感情や価値についても、私たちはそれを感じ理解しているといえます。私が美しいと思うものが、皆さんには全く違って見えるかもしれません。しかし、美しさを感じている私の気持ちや心の状態は、皆さんにも理解できると思います。なぜなら、対象は違ったとしても、皆さんも美しさを感じたことがあるからです。このように考えると、美しいと感じる対象が個々人で違っていても、美しいと思う気持ちや感じ方、つまり内面の状態は似たようなものになると考えることができます。そうであるなら、美しさを感じている心の状態に関係する脳の反応を、認知脳科学を使って調べることができそうです。神経美学が最初に取り組んだのは、そういったさまざまな作品から得られる美しさに対して、多くの人で共通の脳の反応があるかどうかを探ることでした。

では、美の経験と関係する脳の活動はどうやって調べるのでしょう？　神経美学では、機能的ＭＲＩという脳の血流の動きを頭の外側から記録できる装置がよく使われます。機能的ＭＲＩの基本的な実験では、ある心の状態やある刺激への反応に対する脳の反応を「脳機能マッピング」という方法で調べます。たとえば、構図や主題などの特徴をできるだけ揃えた絵画群を用意し、参加者にそれを見ている時に感じた美醜の強さを回答してもらいます。その美的な判断をしている時の脳の活動を記録します。こうして得られる脳活動の比較から、美の経験に関連する特定の活動を見つけ出すことができます。実際に絵画を使った研究からは、美しさを感じる時に活発に活動する脳部位の存在が明らかになりました。それは、前頭葉の下部、皆さんの眉間の奥あたりに位置する「内側眼窩前頭皮質」と呼ばれる部位です（図５－４）。

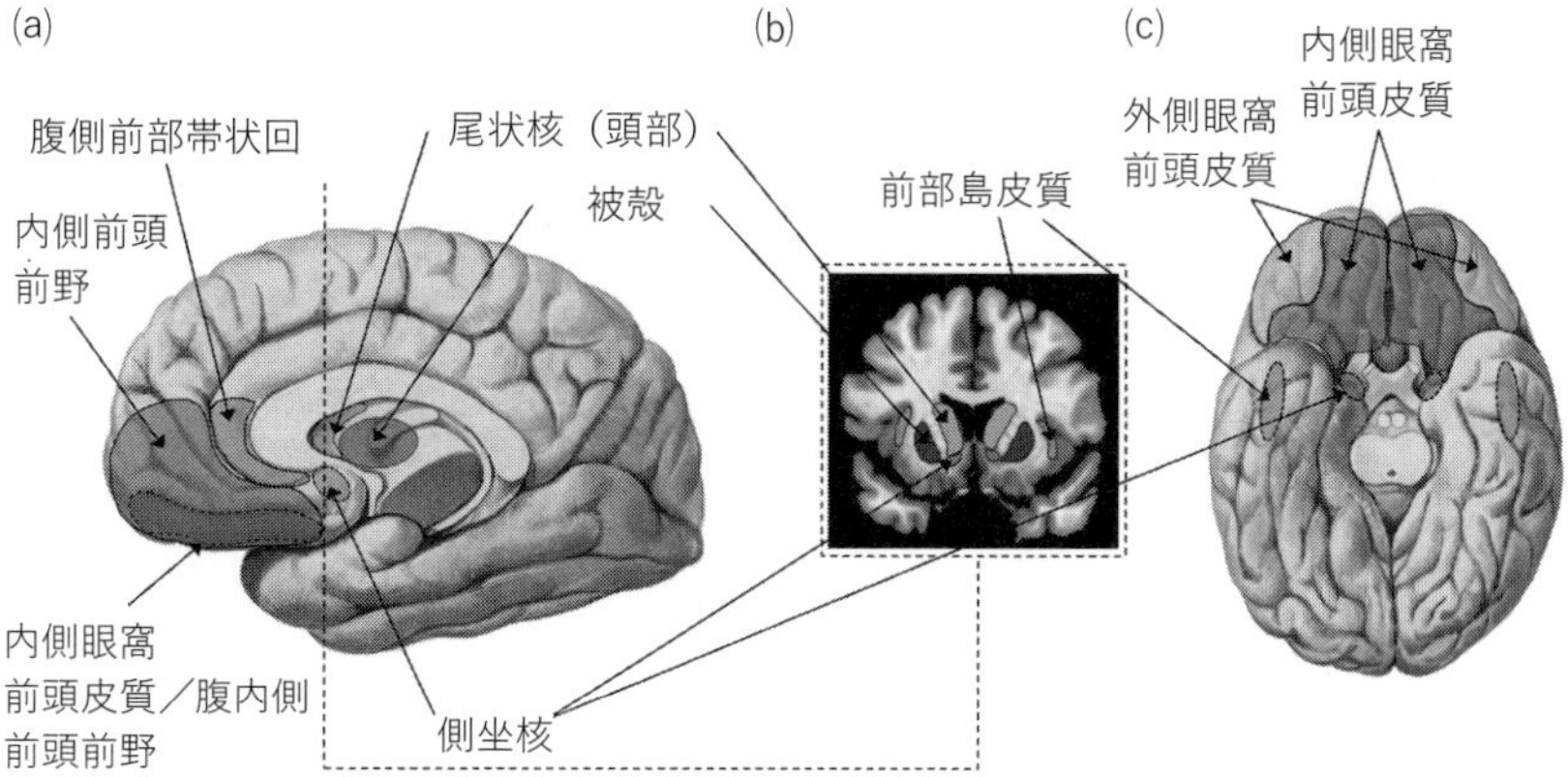

図5-4　美しさの経験に関係する主な脳部位の模式図。(a) 矢状面、(b) 冠状面、(c) 水平面で切った断面図。（石津，2023から改変）　→口絵14

これまでの神経美学の研究により、顔や芸術作品、風景や建物などさまざまな刺激に対して「内側眼窩前頭皮質」や「腹側内側前頭前皮質」での活動と美的魅力との間に強い関係があることがわかっています (Ishizu & Zeki, 2011, 2014)。さらに興味深いことに、目に見えないような美、すなわち道徳や真実から感じる美についても、芸術や音楽から感じる美と同様の脳の反応が見られることが発見されています (Tsukiura & Cabeza, 2011; Zeki *et al.*, 2014)。他人を助ける行為のような道徳的な美しさは形のないものですが、それを称賛する心根の美しさも、外見的な美しさと同じように「内側眼窩前頭皮質」での活動を引き起こすようです。これらの発見から、「美は善である」という古代ギリシャ哲学の理念が、現代の認知脳科学においても、もちろん比喩的にですが示されているといえます。この結果から、脳活動として美と道徳とのつながりも想像できますが、実際この部位を損傷した患者は、道徳的判断が適切に行えなくなることも報告されているのです（Young *et al.*, 2010）。

さまざまな実験手法による研究を総合すると、美や喜び、感動といった、私たちの非常に個人的な美的経験が、内側前頭前皮質という限られた脳領域の活動と関係していることはどうやら確からしいと考えられます。また、この脳の部位は、美的経験の源が何であれ、つまりそれが絵画であろうと音楽であろうと、また倫理的な善であろうと、「共通通貨」として働いている可能性があります。これは、さまざまな種類の価値を私たちの脳が比較しやすくするための共通の機能なのかもしれません（Chikazoe *et al.*, 2014）。

快を感じることにおいて、内側前頭前皮質に加えて脳内でもうひとつよく活動が見られる部位があります。それが腹側線条体です。内側前頭前皮質と腹側線状体はどちらも「脳内報酬系」の一部で、快の感覚に反応することが以前から知られています。たとえば、魅力的な顔や身体や、清潔で安全な住居や景観のように、生物として心地よさや快さを与える類の刺激があります。このような刺激に見出される美については、内側前頭前皮質だけではなく腹側線状体の活動も見られます。こうしたタイプの美は、生き物の基本的な生活・生命維持に関係する刺激に見出され、私たちの生物的な欲求や快感とより強く関連していると考えられています。芸術や善などに見出される人間らしい美により強く反応する脳内モジュール（内側前頭前皮質）と、生物的な欲求と快感に関係する美により強く関係する脳内モジュール（腹側線条体）というように、脳内には複数の美的経験に関係するがシステムがあるのかもしれません（Ishizu *et al.*, 2023）。

4 悲しい美の脳活動

さて、ここまで簡単に美的経験に関する脳の反応について紹介しました。これらの実験では、概してポジティブな感情を伴うタイプの美、つまり歓喜美が対象となっています。それでは、悲哀美に関連する脳の反応は、ポジティブな感情を伴う美的経験とはどのように異なり、どのように似ているのでしょうか。ここからは、負の感情を伴う美的経験、悲哀美に特有の脳の反応を探っていきましょう。

私たちの研究グループは、悲哀美と歓喜美という二つの異なるタイプの美を感じている時の脳の反応を直接比較してみました（Ishizu & Zeki, 2017）。この機能的ＭＲＩを使った研究では、「ポジティブな感情かネガティブな感情か」（感情価と呼びます）と「美しいか醜いか」（審美性と呼びます）を測る二つの質問を使って、参加者にさまざまな写真を見て感じた感情と美しさを評価してもらいました。この二つの評価の回答に基づいて、参加者個人の歓喜美（ポジティブ感情価＋高審美性）と悲哀美（ネガティブ感情価＋高審美性）を調べ、それらの間で脳の活動の違いを調べてみました。結果からは、悲哀美も歓喜美もともに、先ほど出てきた内側眼窩前頭皮質という部位が活動するという共通点が見られました。美しさに伴う感情がポジティブでもネガティブでも関係なく、この脳部位は反応するようです。一方で違いも見つかりました。それは、悲哀美を感じている時にだけ、内側眼窩前頭前皮質と他の脳部位（中部帯状回、補足運動野、背外側前頭前皮質）との間で活動のつながりが強くなるということです（図5-5）。簡単にいうと、これらの脳領域が内側眼窩前頭皮質と一緒に働いて活動していることを意味する結果で

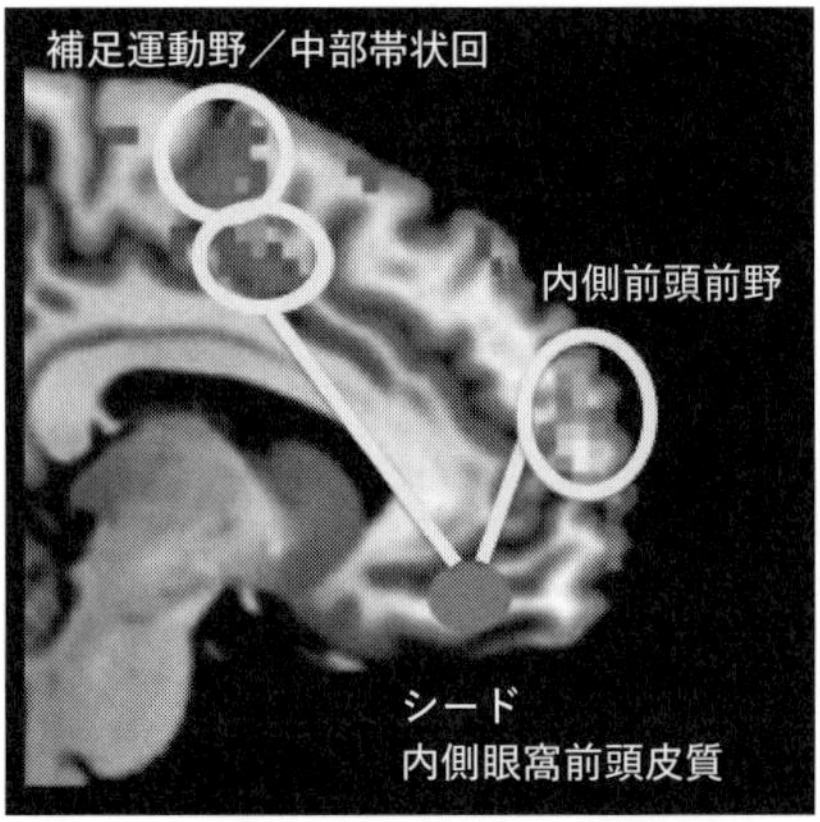

図 5–5　悲哀美の経験に反応する脳領域。内側前頭前皮質と中部帯状回、補足運動野、背外側前頭前皮質（この断面図では見えない）との間に機能結合が見られる。（石津，2019 から改変）　→口絵 15

す。中部帯状回、補足運動野、背外側前頭前皮質は興味深い部位で、他者の痛みや悲しみに共感し、精神的な苦痛を理解することにかかわる人間の社会性に関係していると示されています（Fan *et al.*, 2011 など）。このことから、美的経験に重要な内側眼窩前頭皮質と、他者の痛みに共感する能力に寄与する社会的な脳領域が連携して、悲哀美という混合感情に基づいた複雑な美的経験を生み出している可能性を考えることができます。

この研究からは、もうひとつ興味深い知見が得られました。悲しみの感情に関連する脳の反応については、これまで多くの機能的ＭＲＩ研究が行われてきました。特に、前部帯状回の一部分と扁桃体が活動することがよく報告されています（Yoshino *et al.*, 2010 など）。そこで、悲哀美という悲しみと美が混ざり合った状態で、これらの悲しみに関係する脳領域の活動が見られるかどうかを調べたところ、面白いことに二つの領域のどちらにもはっきりとした活動は見られませんでした。悲しみを感じる時に見られる典型的な脳の反応が悲哀美では起こらなかった、これは先に述べた芸術と美学での考察にも合致する結果だといえます。

ただし、この結果だけをもって、「悲哀美は仮想の悲しみだ」と断言するのは早計です。しかしながら、悲哀美が典型的な悲しみの感情とは異なる脳の活動パターンを示すということは、人文学の「仮想の情動」という主張を認知科学的に裏付けるひとつの証拠となります。悲しみが生み出す美しさが、喜びがもたらす美とは異なる特性を持つことを、美的経験のメカニズムと共感のメカニズムとの協働として理解することは、悲劇芸術を楽しむ私たちの心を解き明かすためのひとつの重要な手掛かりになると考えています。

悲しい芸術作品や悲しい音楽は、鑑賞者から「悲しい」「悲しみを感じる」と報告されるかもしれませんが、実際の脳の反応や生理心理学的な測定からは、純粋な悲しみの経験とは異なる何かである可能性が垣間見えます。Krumhanslの研究によれば、悲しい音楽を聴いた時には、幸せな音楽を聴いた時とははっきりと違う生理的な反応（心拍数、血圧、手汗など）が見られます（Krumhansl, 1997, 第2節参照）。また、悲しい音楽を聴いた際のこれらの生理的な反応パターンは、実際の悲しみを感じた時の典型的な反応とも違っていました。芸術や音楽を通じて感じる悲しみが、実際に感じる悲しみとは質的に異なるものかもしれないということを、多くの神経美学と認知科学の研究が示唆しているのです。芸術や音楽における負の感情や美的な快さ、それに伴う生理的および脳の反応の関係については、今後さらに深い議論と実証が求められます。そして、人文学的な議論と認知脳科学的な研究が互いに補完し合いながら発展していくことが期待される、エキサイティングなテーマだと言えるでしょう。

5 ユーダイモニア

この章ではここまで、美しいけれど悲しいという感情を芸術を通じて味わうことについて、一八世紀の美学から現代の認知脳科学までの研究をもとに考えてみました。美学からは、芸術の中の悲しみは実際の悲しみとは違う「仮想の悲しみ」「仮想の情動」という考え方が提案され、心理学や脳の研究では、この仮想の悲しみがどう実際の身体や脳の反応として現れるかをお話しました。たとえネガティブな感情として表現されている悲しみも、こういったデータを詳しく分析すると、実はポジティブな心の状態に近いかもしれないという可能性が示されるのです。これは、悲劇舞台から感じる悲しみが、本当の不幸からくる悲しみとは異なるものであることを支持する興味深いデータといえます。

さて、それではこのような芸術の在り方が、私たち人間にとってどんな意味を持つのでしょうか。哲学者のカント（Immanuel Kant, 一七二四－一八〇四）は、美しさは特定の目的があるわけではなく、美であること自体が目的だと考えました。悲しいけれど美しい芸術や、怖いけれど楽しいエンターテインメントも、見る人が安全な場所から楽しむことができる特別な喜びを提供するものかもしれません。しかし、私は、仮想の悲しみがそうした芸術的、娯楽的なもの以上の意味を持っていると考えています。たとえば、人を助けたいという気持ちや、社会や集団との良い関係を築くことなど、仮想の悲しみがポジティブな影響を与えるかもしれないのです。ここで、もう一度人文学に戻って、古代ギリシャ哲学で議論されてきた「ヘドニア（hedonia）」と「ユーダイモニア（eudaimonia）」という概念を取り入れて考えてみましょう。

今の社会は、技術の進歩で物理的な豊かさや、一人ひとりの快適さを向上させることを目指してきました。古代ギリシャの哲学者アリストテレスが『ニコマコス倫理学』で語ったヘドニア、すなわち「個々の快楽」を追求する価値観が、長い間幸福の指標となってきたのです。ですが、今日では物質主義がもたらす限界も明らかになってきています。イギリスの孤独専門外来や日本での孤独・孤立対策担当相のように、孤立問題や幸福感の低下は多くの国で急を要する問題となっています。科学技術によって快楽や心地よさは増えているはずですが、それにもかかわらず、なぜ幸せが停滞しているのでしょうか。ポジティブ心理学では、社会的なつながりや他人のために何かすることが人の幸福にとても重要だと指摘されています。アリストテレスは、人類が真の幸福へたどり着くにはヘドニアだけでなく、ユーダイモニアという価値が必要であると説明しています。ユーダイモニアとは、「人生の目的や社会との結びつき」「他者に資する行い」の中に見出す価値のことを指します。個人の快、ヘドニアと、他者に資する価値、ユーダイモニア、この双方を達成することが真の幸福への鍵だと説いたのです。

現代において、快楽だけを求める生き方は限界に達していますが、その一方で、ユーダイモニアを育む態度は薄れつつあります。しかしながら、美しいと感じる経験の中で、ただ楽しいだけでなく、深い意味や社会とのつながりを感じさせるものがあります。この章で扱ってきた、美しいけれど悲しいもの、悲哀美です。私たちの最新の研究では、芸術を利用して悲哀美の心の状態に誘導した人は、他人への共感や庇護感といった社会的な感覚が促進される可能性を示しています。これらの研究では、ユーダイモニアに関連する心理的要素（たとえば、目的感や自己受容感）や脳の反応（たとえば、島皮質や眼窩前頭皮質の反応）についての報告もいくつかあります。これらの仮想の感情をベースにした美的経験は、他人や社会とのかかわりと結びついており、悲しい美や崇高な恐怖を通じて、社会的交流を促進する効果があると考えています。これらの経験は、人間社会の未来における幸福と発展にとって、大切な要素になるでしょう。人文社会科学だけではなく、実験科学の方法も取り入れた、より幅広い研究が今必要となっているのです。

さて、幸福の重要な両輪であるユーダイモニアとヘドニアですが、しかしながら常に共存できるとは限りません。たとえば、身を挺して他者を救う自己犠牲的な行為はユーダイモニア的価値に強く結びついていますが、自己犠牲を行う本人にとっては損害を被る可能性が高いですね。死んでしまうかもしれません。つまり、ユーダイモニア的価値の実現には、時として個人のヘドニアを手放し、自らネガティブを受け入れる必要があるのです。本章の最後に、このネガティブを引き受ける力について、「ネガティブケイパビリティ（negative capability）」という考え方を紹介しましょう。

6　ネガティブケイパビリティ

「ネガティブケイパビリティ」というのは、イギリスのロマン派の詩人ジョン・キーツ（John Keats, 一七九五－一八二一）が一八一七年に語ったものです。キーツは、シェイクスピアのように文学で大きな成果を挙げた人たちが共通して持っている特徴について話していて、それが「わからないことや複雑な問題、謎や疑問をそのまま受け入れて、すぐに答えを見つけようとせず、じっくりと向き合う力」だと説明しました（Keats, 1899; Coulehan, 2017）。キーツによれば、この力があれば、偏見や既成の概念に囚われることなく、人間の経験や感情の全域を深く探ることができるのだそうです。人間には物事を白黒はっきりさせようとする、「認知的完結欲求」と呼ばれる根源的な欲求があります。それに対して、ネガティブケイパビリティは、すぐに答えが見つからないような難しい問題や複雑な感情を、そのまま受け止めて考えるための力といえます。

ネガティブケイパビリティ、シラーが語る人工の不幸、ウォルトンが提唱する準情動の理論には、「実際ではない経験や思考がいかに大切か」という共通のメッセージが込められています。これらの概念は、ネガティブな感情や困難が伴う場合でも、別の視点から問題を見つめ直すことの価値を説いています。キーツが見出した「ネガティブケイパビリティ」は、不確かさや複雑さを焦ることなく受け入れ、未知のものへの心の扉を開いている状態です。シラーの人工の不幸は、現実から一歩離れた物語の中で感じる悲しみや痛みであり、それらを安全な状態で受け入れることで、人は困難に立ち向かう力を育てることができるのです。ウォルトンの理論に沿って、物語の中の準情動を経験することで、それを見る人は実生活での感情や他人の考えに対して柔軟にアプローチできるようになります。

これらの考え方は、悲劇芸術における想像上の悲しみを通して、不定性や複雑性に立ち向かい、新たなアイデアに開かれた態度を保つことの重要性と密接にかかわっています。ネガティブケイパビリティに関する具体的な科学的証拠はまだ少ないものの、相反する感情や考え方を持ちながらもそれをコントロールし、適応力を高める能力は、心の強さやレジリエンスと関連していると考えられます。脳の中でも、特に扁桃体や前頭前野、内側前頭前野などがこのプロセスに関与していると予想されます（Ochsner & Gross, 2005）。これからの研究で、これらの脳領域がどのようにしてネガティブケイパビリティや幸福感の追求、現実への適応に寄与しているかがさらに明らかになるでしょう。芸術が私たちに教えてくれる想像上の仮想の悲しみから学ぶことは、私たちが現実の世界でより豊かな人生を送る手助けとなるはずです。

この章では、悲劇芸術が見せる想像の中の悲しみというテーマに光を当ててきました。虚構の世界の中で感じるこれらの感情が、ただの芸術的な喜びや娯楽に留まらず、私たちの現実世界での生き方に対する洞察をもたらすかもしれません。仮想の情動が、悲しみと喜びが混在した複雑な感情なのか、あるいは悲しみを帯びたポジティブな感情そのものなのかは、まだまだ完全には理解されていません。この人間らしい心の在り方がどこから始まり、どのように進化するのか、またその感情がもたらす影響とは何か。悲しみを単なるネガティブな感情として耐えるのではなく、その奥にあるかもしれない豊かな意味を見つけることができれば、それは人類にとって大きな希望となるでしょう。悲劇芸術で描かれる仮想の悲しみ、幸福への探求であるユーダイモニア、そしてネガティブを受け入れる力、ネガティブケイパビリティは、その貴重な鍵となり得るのです。最後に、一七世紀のフランスの作家、ジャン・ド・ラ・ブリュイエール（Jean de La Bruyère, 一六四五－一六九六）の言葉を借りて、この章を終えることにします。

人生はただ感じる者にとっては悲劇であり、考える者にとっては喜劇である

〔註〕

＊1 映像編集では常識の現象で、どんなカットを差し込むかでその場面全体の印象や解釈を大きく変えることができます。旧ソビエト連邦の映画監督であり映画理論家だったレフ・クレショフ（Lev Kuleshov，一八九九－一九七〇）の実験が有名で、クレショフ効果と呼ばれることもあります。

〔文　献〕

石津智大『神経美学　美と芸術の脳科学』共立出版、二〇一九
石津智大「悲劇芸術と仮想の悲しみ――悲劇から受容される情動に関する神経美学的議論」心理学評論＝Japanese psychological review／心理学評論刊行会編、六六（一）、六一－八五頁、二〇二三
源河亨『悲しい曲の何が悲しいのか――音楽美学と心の哲学』慶應義塾大学、二〇一九
Barone, P. *Schiller und die Tradition des Erhabenen*. Schmidt Erich Verlag, 352, 2004
Braun, T. Audience-awareness theory and eighteenth-century French novels. *Diderot Studies*, 28: 59–73, 2000
Chikazoe, J., Lee, D. H., Kriegeskorte, N., Anderson, A. K. Population coding of affect across stimuli, modalities and individuals. *Nature Neuroscience*, 17(8): 1114–1122, 2014
Coulehan, J. Negative capability and the art of medicine. *JAMA*, 318(24): 2429–2430, 2017
Ekman, P., Rosenberg, E. L. *What the Face Reveals: Basic and Applied Studies of Spontaneous Expression Using the Facial Action Coding System (FACS)*. Oxford University Press, 1–672, 1997
Era, V., Candidi, M., Aglioti, S. M. Subliminal presentation of emotionally negative vs positive primes increases the perceived beauty of target stimuli. *Experimental Brain Research*, 233(11): 3271–3281, 2015
Eskine, K. J., Kacinik, N. A., Prinz, J. J. Stirring images: Fear, not happiness or arousal, makes art more sublime. *Emotion*, 12(5): 1071–1074, 2012
Fan, Y., Duncan, N. W., De Greck, M., Northoff, G. Is there a core neural network in empathy? An fMRI based quantitative

meta-analysis. *Neuroscience & Biobehavioral Reviews*, 35(3): 903–911, 2011

Gerger, G., Pelowski, M., Ishizu, T. Does priming negative emotions really contribute to more positive aesthetic judgments? A comparative study of emotion priming paradigms using emotional faces versus emotional scenes and multiple negative emotions with fEMG. *Emotion*, 19(8): 1396–1413, 2019

Ishizu, T., Sakamoto, Y. Ugliness as the fourth wall-breaker. *Physics of Life Reviews*, 21: 138–139, 2017

Ishizu, T., Srirangarajan, T., Daikoku, T. Linking the neural correlates of reward and pleasure to aesthetic evaluations of beauty. *Current Clinical Neurology*: 215–231, 2023

Ishizu, T., Zeki, S. Toward a brain-based theory of beauty. *PLoS ONE*, 6(7): e21852, 2011

Ishizu, T., Zeki, S. A neurobiological enquiry into the origins of our experience of the sublime and beautiful. *Frontiers in Human Neuroscience*, 8 (November): 891, 2014

Ishizu, T., Zeki, S. The experience of beauty derived from sorrow. *Human Brain Mapping*, 38(8): 4185–4200, 2017

Keats J. *The Complete Poetical Works and Letters of John Keats, Cambridge Edition*. Houghton Mifflin Co, 277, 1899

Kivy, P. Feeling the musical emotions. *The British Journal of Aesthetics*, 39(1): 1–13, 1999

Krumhansl, C. L. An exploratory study of musical emotions and psychophysiology. *Canadian Journal of Experimental Psychology*, 51(4): 336–352, 1997

Krumhuber, E. G., Likowski, K. U., Weyers, P. Facial mimicry of spontaneous and deliberate duchenne and non-duchenne smiles. *Journal of Nonverbal Behavior*, 38(1): 1–11, 2014

Larsen, J. T., McGraw, A. P. The case for mixed emotions. *Social and Personality Psychology Compass*, 8(6): 263–274, 2014

Levinson, J. *Contemplating Art: Essays in Aesthetics*. Oxford University Press, 1–432, 2006

Ochsner, K. N., Gross, J. J. The cognitive control of emotion. *Trends in Cognitive Sciences*, 9(5): 242–249, 2005

Schiller, F. von. (n.d.). *About the Tragic Art*. https://www.projekt-gutenberg.org/schiller/trkunst/trkunst.html, 1879

Tsukiura, T., Cabeza, R. Shared brain activity for aesthetic and moral judgments: implications for the Beauty-is-Good stereotype. *Social Cognitive and Affective Neuroscience*, 6(1): 138–148, 2011

Walton, K. L. Fearing fictions. *The Journal of Philosophy*, 75(1): 5-27, 1978

Yoshino, A., Okamoto, Y., Onoda, K., Yoshimura, S., Kunisato, Y., Demoto, Y., Okada, G., Yamawaki, S. Sadness enhances the experience of pain via neural activation in the anterior cingulate cortex and amygdala: An fMRI study. *NeuroImage*, 50(3): 1194–1201, 2010

Young, L., Bechara, A., Tranel, D., Damasio, H., Hauser, M., Damasio, A. Damage to ventromedial prefrontal cortex impairs judgment of harmful intent. *Neuron*, 65(6): 845–851, 2010

Zeki, S., Romaya, J. P., Benincasa, D. M. T., Atiyah, M. F. The experience of mathematical beauty and its neural correlates. *Frontiers in Human Neuroscience*, 8: 68, 2014

彫刻——視点の散歩

植松琢磨

アートには、時を超えて私たちの心に触れ、世界を全く違う方法で見ることを促す力があります。芸術家たちが見た世界に触れることは、自分で体験するよりも豊かな経験になり得る場合もあります。それは、あたりまえのように過ごしている日常を一変させるかもしれません。芸術家として生きるということは、そのような体験を能動的に求める態度ではないでしょうか。

二〇一八年に、彫刻家で友人の藤原彩人氏の誘いで、栃木県益子町で開催されている土祭という芸術祭に参加しました。そば畑が広がる益子町は、民藝運動の中心的な活動家だった濱田庄司の活動拠点としても知られる焼き物の産地で、約二五〇もの窯元があります。また、益子町は町内に点在する遺跡からわかるように、旧石器時代から縄文、弥生、古墳、中世と幅広い時期にわたって人の営みがあった場所です。益子町での滞在は、彫刻はもちろん焼き物にも造詣の深い彼の話もあいまって、土のもつ歴史への探究心をくすぐられる有意義なものになりました。土は人間が普遍的に用いる素材で、焼成されればそのままの姿が保たれ、いずれかの文明の現存するただひとつの遺物であることもあります。

滞在中のある雨上がりの日に、遺跡に近い田んぼの脇道を行くと、縄文土器がパラパラと地表に落ちているのが見えて、とても驚きました。これまで、どこか遠い太古の話のように認識していたことが時代の境界を越えて、ひょっこり私たちの世界に現れたようでした。土が積もっていく地層の構造的なイメージも崩れ、真相はともかく、モグラが土の中を歩き回り、土器を持ち上げてるのではないかという地元の人の話からも、ユーモラスなイメージが次々と浮かびました。まさに新たな視座で世界に触れた瞬間でした。

彫刻にも、そういった人間の時間軸とは異なった空間を運ぶ機能があり、どのような時間・空間に私たちが存在しているかを教えてくれます。たとえば私は動物をモ

コラム
彫刻

チーフとした作品を制作しているのですが、古代から現代に至るまで世界各地で作られた動物彫刻を本やカタログで見つけてはワクワクします。約三万二〇〇〇年前のものとされる人類最古の彫刻、ホーレンシュタイン・シュターデルの洞窟で発見されたライオンマンは、なぜそれが作られたのかという終わりない問いを現代に投げかけながら、当時の人の姿や情を想像させてくれます。

　さらに彫刻には、表面性、重力、量、内と外、さらには熱による変容、レディメイドなどといった、これまでの芸術家たちが挑んできた制作におけるメディアの特性があります。なかでも、彫刻の表面は空間との境界壁であり、その点で、彫刻家は触覚的・身体的に境界を作る仕事とも言えるのではないでしょうか。レオナルド・ダ・ヴィンチは、彫刻は肉体労働であり不潔であると指摘していましたし、大理石から木材まで、３Dプリンタで出力できる時代にもなりましたが、それを踏まえてもなお、身体的・触覚的に境界を探るのは面白い。それは、私たちの世界に今まで存在しなかったものが現れ、世界を変化させてしまう場に立ち会ってると、彫刻家は直感的に知ってるからではないでしょうか。

　とはいえ自身のことを述べると、ポップコーンのようにアイデアがポンポンと出れば苦労はないのですが、現実はそうもいきません。誰もが知るとおり、艶やかな既製品の乾燥とうもろこしは、火にかけると内のでんぷんが外に向かって弾け、何倍にもふくらみ、ふわふわのポップコーンができあがります。今度は、そこへキャラメルソースをかけてみます。ソースに映り込んだ世界を眺めながら、世界の創造的更新を希求するアートの創造性とまだ見ぬ境界について考えてみたいと思います。

うえまつ　たくま（美術家）

第6章

アートの治外法権性——アール・ブリュットの場をめぐって

内海 健

1　はじめに

精神科医である私にとって、アートには一つの特権があります。それは、正常と異常という区別が、そこではなくなるということです。

すでに一九一二年、パウル・クレー（Paul Klee, 一八七九－一九四〇）は、「青騎士」の展示に寄せた文の中で、民俗学博物館や子供部屋で見られる作品、そして「狂人」とされる人たちの作品を高く評価しています。あるいは現代作家のルイーズ・ブルジョワ（Louise Bourgeois, 一九一一－二〇一〇）は、みずからの作品に「芸術は正気の保証書である」と書き込んでいました。

描画を例にとってみましょう。目の前にある一枚のカンヴァス、あるいは一枚の画用紙。人はそこに何を描こうとかまわないのです。もちろん、倫理的にNGであるものは容認されません。ただし、それは正常／異常とは別次元のものです。いずれにしても、描画には、狂っているとかいないとかという判断は、持ち込まれません。それゆえ、たとえ小さな紙切れの上であっても、そこでは障害者とわれわれの障壁が取り払われ、相互に交通する治外法権的な場が拓かれる可能性があるのです。

これは、障害に対するセラピーとしてのアートの視点です。精神医学には、すでに芸術療法（art therapy）というジャンルがあり、治療文化の一翼を担っています。本章で論じるのは、むしろその前提となるアートの治外法権性についてです。

クレーは先ほどの引用に続けて次のようにいいます。「今日の芸術を改革するためには、どんなギャラリーに並んでいる作品よりも、彼らの作品のことを真剣に考えるべきである」。つまり障害は、既存のアートに対する強烈な起爆剤でもあるのです。実際、アートを革新してきた人の多くは、制度化したアートの外側から触発された既往をもちます。とりわけそれは二〇世紀以降顕著となります。ピカソにおけるアフリカ彫刻、ジャズにとっての黒人霊歌など、枚挙にいとまがありません。

本章では、アール・ブリュットを手がかりにしながら、プロセスという概念を中心に論じることにより、アートと障害の関連をさぐってみたいと思います。というのも、アートのもつ治外法権性を体現しているのは、アール・ブリュットの人たちかもしれないからなのです。

2 アール・ブリュットについて

「アール・ブリュット」という言葉は、一九四七年、画家のジャン・デュビュッフェ（Jean Philippe Arthur Dubuffet, 一九〇一－一九八五）が「芸術的教養に毒されていない人々が制作した作品」として使われたのが始まりです（Dubuffet, 1967）。デュビュッフェは四十歳を過ぎた頃に画家になることを志しました。かなり遅いデビューです。それと同時に、彼は、知り合いの精神科医を通して、病者の絵画の収集を始めました。のちに彼は、精神障害をもつ人だけでなく、通常の美術とは無縁の人が作った作品全般について、この言葉を使うようになります（服部、二〇〇三）。

もう一つ、「アウトサイダー・アート」という言葉があります。のちに英国の批評家ロジャー・カーディナル（Roger Cardinal, 一九四〇－二〇一九）がアール・ブリュットを論じた際、その著書のタイトルとしてつけられたものです（Cardinal, 1972）。実は、カーディナル自身は「アウトサイダー・アート」という用語を文中に使っていないのですが、出版社が当時のカウンター・カルチャーの流行に着目して案出したもののようです（保坂、二〇二二）。

今では、どちらかといえば、「アウトサイダー・アート」の方が使われることが多いのかもしれません。しかし、ここではあえて「アール・ブリュット」の方を採用します。なぜ「アウトサイダー」ではなく、「ブリュット」なのか。確かに、アール・ブリュットの制作者は、アートの世界、あるいは世間からみれば、外側にいる人たちが多いのは事実です。ただし、かならずしもアウトサイダーであるとは限りません。そして、彼らを外側（アウトサイド）に位置付け、内と外を峻別し、両者の間に境界線を引くことは、オーソドックスなアートにとっても、そしてアール・ブリュットにとっても、あまり実りの多いことではありません。

「ブリュット brut」という言葉はフランス語の形容詞です。例外的に末尾の〝t〟を発音します。シャンパンやスパークリング・ワインのラベルに書かれているのを見た方も多いかと思います。シャンパンの製造工程では、仕上げにリキュールを加えて糖度を上げますが、その糖度が一定以下のものにつけられる名称です。通常は、「天然の」、「生の」、「粗野な」といった意味をもちます。

ちなみに「アート」の語源は「技術」です。その後、アートは大まかにリベラル・アーツ（自由学芸）と機械的技術に分かれます。文芸や音楽は前者に、絵画・彫刻・建築は後者に分類されました。後者はアートというより職人の技だったわけです。その後、美術アカデミーの創設とともに、絵画・彫刻・建築は「美」にかかわる技術として、制度的にも職人からアーティストへと自立してゆきます（井奥、二〇二三）。

駆け足でざっと振り返りましたが、こうした制度化された美の技術としてのアートに対して、アール・ブリュットはその底を抜くようなインパクトがあります。生の自然が噴出するような、その野趣あふれる力を形容するのに、「ブリュット」はいかにもふさわしいように思われるのです。

3 アール・ブリュットのエッセンス

では、アール・ブリュットと呼ばれるものにはどのような特徴があるでしょうか。亀井若菜は、「誰かに見られることを想定せず、完成を目指さず、息をするかのごとく作られる」と、そのエッセンスを簡潔に述べています（亀井、二〇一三）。この短い一節には、近代アートが想定している〈作者－作品－鑑賞者〉という三つ組の構造が、まったく無効になっていることが示されています。作者の概念も、作品という目的も、そしてそれを鑑賞する人たちも、そこには不在なのです。

アール・ブリュットの魅力の一つは、作者のエゴの臭いがしないことにあるのではないでしょうか。ある種の崇高さのようなものが、そこに感じ取られることさえあります。では、ここでいう「作者のエゴ」とはどのようなものでしょうか。それはかならずしも自己顕示欲のような下世話なものを意味しているのではありません。端的に「作為」とでもいうべきものです。

一つの例を出してみましょう。美学研究者の井奥陽子は、ケルン大聖堂に足を踏み入れたときの経験を、印象深く語っています（井奥、二〇二三）。彼女は、その壮麗なステンドクラスの一角に周囲とは明らかに雰囲気の異なる場所があるのに気づきました。そこには、ゲルハルト・リヒター（Gerhard Richter, 一九三二－）のデザインによるカラフルでポップなステンドグラスがかかっていたのです（図6-1）。彼女はそれに強い違和感を覚えました。これは単に場にそぐわないというだけのことではありません。神の光を象徴する窓に、作者の作為ないし個性が強く突出したものに出くわしたことに当惑したのです。おそらく、アール・ブリュットの絵画群の中に、ジャクソン・ポロック（Jackson Pollock, 一九一二－一九五六）の一枚がさりげなく置かれていたら、たとえポロックというアーティストを知らなくとも、同じような印象をもつだろうと思います。

図6–1　ケルン大聖堂ステンドグラス（Allie-Caulfield, CC BY 2.0, https://publicdelivery.org/gerhard-richter-cathedral）　→口絵7

リヒターのステンドグラスは、第二次世界大戦の空爆で破壊された部分を補修したものです。もともとあったものとは、制作年代において、おそらくは数百年の隔たりがあります。この差が、アーティストと職人の違いなのです。ちなみにリヒターの作品は、人間臭いものではありません。カラフルではあるものの、単調な四角形を組み合わせたモザイク様の作品になっています。本来のステンドグラスは、聖書の代表的な場面を題材にしたもので、こちらの方が多彩で変化に富んでいるといえます。しかしそれは教会の指定するコードに則ったもので、個性的なものではありません。

もちろん、リヒターは現代作家であり、モダン（近代）の作者とはその立ち位置が異なります。単純に自分の独創的なアイデアをそこに表現したわけではありません。むしろそのような作者というコンセプトを通過し、乗り越えたところで、制作に取り組んでいるはずです。しかしそれでもなお、職人たちの仕事と比べると、作為がそこに感じられるのです。

図6-2　東方教会イコン

職人とアーティストの違いをもっと端的に示すなら、東方教会に描かれたイコン（図6-2）を、ミケランジェロによるシスティナ礼拝堂の《最後の審判》と比べてみるとよいと思います。ご存知のように、イコンにはコードがあり、そこから外れた描き方はできません。そして画工が作品に署名することはありません。

かなり以前のことになりますが、北イタリアのヴィチェンツァという街で列車を降り、ロシア正教のイコンを集めた美術館に立ち寄ったことがあります。旅行中、各所で見たカトリックの聖母子像や磔刑図にいささか倦んでいた目に、それらの図像はなんともいえぬ落ち着きを与えるものでした。千年もの歳月を経たイコンの中を歩んでいると、ひときわ荘厳な聖母像が目を引きました。はたしてどれほど古いものかとプレートに目をやると、驚いたことにそれは二〇世紀初頭に描かれたものでした。

ロシア・イコンの様式は現代にいたるまで不変であり、画工たちにはまったく同一のものを伝承するという掟があります。つまり描き手の作為が入り込む余地がありません。感情移入も届かず、観る者が勝手に解釈する余地もありません。だが、その画像は聖なる空間であり、その前にたたずむ私に、時を超えた静謐さを感じさせるものでした。

4 作者とは誰のことか

〈作者－作品－鑑賞者〉の三つ組のうち、まずは「作者」を取り上げましょう。アートに作者がいるのは当たり前のことではないかと思われる方もおられるでしょう。確かに実際に作った人はいます。しかしだからといって、作った人がみずからを作者である、より強く言うなら創造した者である、と自覚しているかどうかは、かならずしも自明なことではありません。

たとえば署名のことを考えてみましょう。西洋絵画で作品に制作者の名前が書かれたのは、それほど古いことではありません。ジオットが最初だったとも言われますが、個人というよりは、彼の工房のことを表していた可能性があります。明らかにモダンの作者の先駆けと思われるのが、アルブレヒト・デューラー（Albrecht Dürer, 一四七一‐一五二八）です（内海、二〇二四）。

彼の絵画には、イニシャルであるAとDの文字がデザイン化されて書かれています。彼はまた、西洋絵画史上初めてと思われる自画像（一五〇〇）を描きました（図6‐3）。あたかも創造主あるいはキリストであるかのごときたたずまいをしていないでしょうか。彼の強い自意識が伝わってきます。この絵の左上には、モノグラム化された署名をみることができます。彼はまた、透視図法を考案しています。つまり「正しいものの見方」というものを提示したわけです。

余談になりますが、デューラーには気分の波があり、高揚する時と、落ち込む時があったと伝えられます（宮本、二〇〇七）。自画像は高揚した時に描かれたものと思われます。意外なことに、傑作の一つに数え上げられる銅版画《メレンコリアⅠ》（一五一四）は、母を亡くしたあとの落ち込んでいる時に制作されました。当時の彼の気分を反映したものと言われます。とはいえ、このような細密な手仕事は、通常では「うつ」の時には難しいはずです。そこが天才の天才たるゆえんと言ってしまえばそれまでです。若干専門的になりますが、「うつ」には時として躁の成分が混じることもあります。その微妙な配合が制作を促したのかもしれません。あるいは、細密な手仕事が、リハビリ的な意味をもっていたのかもしれません。

先ほど「モダンの作者」という言葉を使いましたが、それは作者としての自意識をもった作者という意味です。アーティストとは自分の内面、つまりは思想や感情を表現する者であるというのは、自明の

図 6-3　アルブレヒト・デューラー《自画像》

前提のようなものかもしれません。しかしそうした考えが成立したのは、一八世紀後半のことです。その典型がロマン派と呼ばれる人たちです。

音楽のジャンルを例にとると、バッハとベートーヴェンを比較してみるとわかりやすいでしょう（内海、二〇二四）。西洋音楽の歴史において、バッハは「旧約」、ベートーヴェンは「新約」と呼ばれています。

ベートーヴェンは、いわゆるロマン派の少し前に位置付けられますが、彼ほど西洋近代の作者の理念を顕著に体現した人はいないように思います。おのれの理想、そしてほとばしるような熱情が、その作品のすみずみまで浸透しています。BBCのテレビ映画「エロイカ」（二〇〇三）では、第三交響曲「英雄」の試演を聴いていた師の老ハイドンが、最終楽章の途中で退席するシーンがあります。心配して見送りに来た人たちに、ハイドンは「とても長かった、疲れ果てました」と嘆息しますが、「彼は誰もやらなかったことをやり遂げたのです。自分自身を作品の中心に据えた」と賛辞を送ります。

では「音楽の父」と称されるバッハはどうなのか。彼こそまさに西洋音楽の基礎を築いた人です。しかし教会のカントル（音楽指導者）であった彼にとって、音楽とは神に仕える行為であり、その世界を讃える小宇宙を構成するものにほかなりません（岡田、二〇一七）。彼を「作曲家」とするのは、あくまで後世、つまりはモダンの視点です。彼自身はむしろ神職、つまりは神に仕える職人と思っていたのではないでしょうか。

5 「作者の死」

このように作者という概念は、歴史のある時期に形成されたものです。それも、それほど昔のことではなく、むしろ最近の出来事と言ってよいでしょう。しかし今では自明のことになっています。

こうして作者が確立されると、作品は作者の内面を反映したものとして位置付けられます。このこともまた、自明のことになっています。たとえば、美術館などで絵画を観る際、まず気になるのは、「作者は誰なのか」、そして「画題は何か」ということではないでしょうか。ついついそちらを先に確認して、しかるのちに絵を鑑賞してしまわないでしょうか。そうしないとなんとなく落ち着かない。タイトルをみても、その絵が何を表現しているかわからないときには、キャプションを読んだり、イヤホンガイドに耳を傾けたりするでしょう。

そうなると、作品そのものよりも、そこに込められた作者の意図を知ること、さらには作者自身の方が優先されるようになります。実際、文芸批評の世界では、作者の思想、生涯、あるいは歴史的背景などから作品を解釈することが主流になっていきました。これに異を唱えたのが、一九三〇～五〇年代に英米で台頭した「ニュー・クリティシズム」と呼ばれる運動です。彼らは作品を自律的な世界とみなし、批評はあくまで作品の水準に徹するべきであるとしました（井奥、二〇二三）。

またロラン・バルト（Roland Barthes, 一九一五－一九八〇）は「作者の死」という論考を提出し、「読者の誕生」の必要性を説きました（Barthes, 1968）。つまり、文芸は読まれることで完成するのだということです。アートに即していうなら、鑑賞者に観られることよって作品は完成するということになります。

もちろん、作品を作者の問題に還元することは、あまり生産的なことではありません。たとえば、デューラーの作品を彼の気分変調に由来するものとする。あるいはルイーズ・ブルジョアの卵を抱えた蜘蛛のオブジェに、彼女にとっては毒親ともいうべき母との問題を読み取る。こうしたことに、一定の意味はあるかもしれませんが、そこには作品のもたらす豊かさはありません。

「読者の誕生」は、作品を作者から解放する一つの処方箋かもしれません。しかし他方で、しばしばその読者は、作者を自分の身勝手な思想に還元します。たとえば芥川龍之介は宮本顕治により「小ブルジョアジィのイデオローグ」として切り捨てられ、太宰治は、彼を死なせてしまったと思う者たちの罪悪感から、「苦悩するリベルタン」などと祭り上げられたりするのです。

6　ヘンリー・ダーガーの場合

ここで、アール・ブリュットの作家として、かならずといってよいほど例に挙げられるヘンリー・ダーガー（Henry Joseph Darger, Jr., 一八九二－一九七三）について検討してみましょう。彼の場合、「誰かに見られることを想定せず、完成を目指さず、息をするかのごとく作られるもの」という亀井の規定がすべて妥当します。

ヘンリー・ダーガーは、一六歳から、掃除夫などの仕事で生計を立てながら、《非現実の王国で》をはじめとする一万五〇〇〇ページ以上もの原稿および三〇〇枚に上る巨大な挿絵を書き続けました。死の半年前、八十歳になったダーガーは、足腰が立たなくなり、やむなく四十年間住み続けた住居からカトリックの救貧院に移ります。丁寧に綴じられた彼の膨大な作品群が明らかになったのは、家主で写真家のネイサン・ラーナー（Nathan Lerner, 一九一三—一九九七）が、ゴミ屋敷状態のまま放置された住居を整理しているときでした。ラーナーは施設に入所したダーガーを訪れ、作品のことを伝えたのですが、彼は一瞬ギョッとして、すぐさま「捨ててくれ！（Throw away!）」と叫んだと言われます。

ダーガーの制作は、人に見せること、そして人に見られることを前提としたものではありませんでした。ダーガーの研究を手掛けた美術史家のジョン・M・マクレガー（John M. MacGregor, 一九四一－）は、彼のことをアスペルガー症候群としています（MacGregor, 2002）。現在の診断基準では、自閉症スペクトラム（ASD：autism spectrum disorder）にあたります。

ダーガーは、強情で癇癪持ちの少年でした。就学前から本を読みあさり、一年生から三年生に飛び級をしています。ですから知的障害ではありません。南北戦争の死者数をめぐって、教師と口論になり、けっして自説をまげなかったといったエピソードが伝えられています。周囲から敵視されたダーガーは、知的障害児の施設に入れられてしまいますが、四年目に脱走を成功させ、二六〇キロメートルを踏破して、故郷のシカゴに戻り、聖ジョゼフ病院で清掃と皿洗いの職につきました。一六歳の時のことです。それ以降、彼は世間の底辺で黙々と仕事を続けながら、人知れず、執筆を続けました。

ダーガーの《非現実の王国で》[*1]は、七人の少女戦士、ヴィヴィアン姉妹が、グランデリニアとよばれる子供奴隷制を持つ軍事国家と戦いを繰り広げます。少女たちは、危機に陥りながらも虎口を脱するということを、果てしなく続けます。物語の中には、時折ダーガーが、従軍記者、隊長、敵の将軍として登場します。残虐なシーンが飽くことなく繰り広げられますが、性的描写はありません。少女たちには男根があります。

ダーガーが仮にＡＳＤだったとしましょう。この世界の特徴は、自閉、言い換えるなら、他者というものが不在であることを特徴とします（内海、二〇一五）。他者というものの存在がピンときません。それゆえ他者に応じる自分というものも、実ははっきりしないのです。そしてしばしばその世界には固有の秩序があり、それを侵害されることは彼らをパニックに陥れます。いわゆる「こだわり」が極端に強い。そう言うと、我が強いのではないかと思われるかもしれませんが、そこには通常の意味での「自分」はありません。ただ「かくあるべし」という秩序だけがあります。そこには他の可能性はまったくないのです。つまり秩序が壊れると、完全な無というか、ブラックホールに引きずり込まれるがごとき事態に陥ります。これが、彼らが時折示すパニックの正体です。

ダーガーが飛び抜けて強情であり、それゆえ理不尽な措置を受けたのも、こうした精神病理と、それに対する周囲の無理解が背景にあったのではないかと思われます。ちなみに、ローナ・ウィング（Lorna Wing, 一九二八－二〇一四）が、埋もれていたハンス・アスペルガー（Hans Asperger, 一九〇六－一九八〇）の仕事を再評価し、「アスペルガー症候群」を提唱したのは、ダーガーの死よりもあとのことです（Wing, 1982）。

彼らの世界には、時間の経過にともなう歴史的な堆積というものがありません。世間ずれしたり、大人びることがありません。しかしそのような彼らの世界が、社会や他人と軋轢を起こす時、パニックが起こります。それはトラウマとして島状に残され、時にフラッシュバックとして賦活されます。

ダーガーの膨大な物語は、こうしたトラウマを表現したものであり、少女たちとグランデリニアとの戦いとして構造化されます。しかし、それは通常の物語とは異なり、オチがありません。果てしなく、似たようなテーマが反復されます。最終的には、彼の心身の衰えとともに未完に終わりました。というより、そもそも完結するものではなかったのです。ここにはアール・ブリュットの三つの特徴のうち、「完成を目指さない」ということが如実にみてとれます。

そして「誰かに見せることを想定していない」ことも明白です。ダーガーは、自分の原稿を丁寧に綴じて保管していました。しかし、救貧院に入る時、それを誰に託すこともなく、放置しました。それを発見した家主のラーナーが、彼を訪れた際には、狼狽して「捨ててくれ」と叫びました。つまり、他人に見せるために作ったものでもなく、他人に見られることを想定したものでもなかったのです。みずからの営みの軌跡に人の目が入ること、それは一瞬世界が崩壊するようなカタストロフに彼を陥れるものでした。

では最後の「息をするかのごとく作られる」はどうなのでしょう。それも蓋然的にはダーガーに当てはまるように思われるのですが、ここで「プロセス」という概念を導入してみましょう。

7 プロセス

プロセスとは何でしょうか。通常、「過程」と訳されるように、いままさに進行しているその動き、ことがなりゆくその過程そのもののことを指します。

プロセスというものにはさまざまなものがあります。たとえば化学反応がまさに進行している現場があります。あるいは発酵過程でもよいでしょう。そこで何が起きているのでしょうか。プロセスの開始点は設定可能です。終了した状態は安定しているので、測定可能です。しかしその間のプロセスは、変数を適切に設定すれば、ある程度説明が可能かもしれませんが、なかなか把握するのが難しいのです。

プロセスが進行している時、かたわらにいる者にとって、そこで何かが起きていることは感じられるのですが、それが何であるかを示すのは困難です。たとえば「生命」(いのち)というものを考えてみましょう。人でもその他の動物でも、あるいは植物でも、そのかたわらにいれば、それらが生きていることは伝わってきます。生命の活動がそこで脈々と営まれていることは、容易に、そして時としてヴィヴィッドに感じ取ることができます。

しかしあらためて、それが何かとたずねられたら、答えるのは容易ではありません。「これこれこういうもの」として示すことは難しい。分析していくと、細胞という単位が現れます。それは確かに生きています。その中にあるミトコンドリアなどの小さな器官も、生命体のように見えます。しかし分析をさらに進めていくと、分子の動きになります。それらは物質であり、もはや生きていません。いつのまにか「いのち」の世界を通り過ぎてしまっています。そこからひるがえって、分子から生命を組み立てることはできません。

アートの制作もこうしたプロセスの一つです。むしろその範例のようなものかもしれません。そして制作は、作者と作品のあいだにあります。そこではまだ作品は完成していません。ですから作者もまだ登場していません。もちろん制作している人はいます。しかし、いっときにせよ、自分というものを去っています。

このことは、何かに夢中になっている時のことをイメージしてみればわかりやすいでしょう。その最中は我を忘れています。遅かれ早かれ、やがてそれは一段落します。すると、ふと我に返ります。その時、自分はプロセスの中から外へと移動しているのです。というより、プロセスの中では、「自分」などなかったのです。

アール・ブリュットを考える際には、このプロセスということがとりわけ重要になります。一例として、武田拓の「割り箸アート」を取り上げてみましょう。制作のきっかけになったのは、使用済みの割り箸を牛乳パックに詰める作業をしていた時のことです。彼がパックから箸が溢れ出してもさらに詰め込もうとするのを見たスタッフが、牛乳パックを粘土で固定したところ、箸はさらに詰め続けられ、二ヶ月で一メートルを超え、最後には天井にまで到達しました（図6-4）。ひたすら詰め続けたのです。

この作品について、中村政人は、「同じものが大量に集まってくると、そのモノの構造が自ずと全体の形に影響を与えるように、一本の割り箸と全体の形態感は、ある大きさを超えるとその造形体自体が意志をもつように形態のバランスをとり始める。全体にうねりのような動きが見え出す」（中村、二〇一三）

図 6-4　武田拓《はし》（ポコラート世界展「偶然と、必然と、」／写真撮影：宮島径）

と述べています。大量の箸が織りなす「うねり」は、まさにプロセスが可視化されたものだと言えるでしょう。武田の作品は、その増殖のプロセス自体が作品であり、プロセスがプロダクツとして完了した後も、あたかも一つの生命、あるいは意志が、そこに跡をとどめているかのようです。おそらく彼自身は、プロダクツ（作品）には関心はなかったのではないでしょうか。

ひるがえって、ダーガーの《非現実の王国で》も、それが一つのタイトルをもち、丁寧に綴じられていたものだとしても、彼自身はプロダクツに興味はありませんでした。彼のASD的世界では、不意にパニックという強烈なイベントが起こる一方で、普段の生活にはリアリティがありません。あたかもそこに彼自身は居合わせないかのようであり、生きている実感が希薄だったように思われます。それゆえ、彼の執筆および描画は、現実とは別の世界を制作することでした。ただ、それは完結した世界を作ることではありません。むしろ、ひたすら制作することそれ自体に、ダーガーのリアリティはあったのだろうと思います。

8　サイモン・ロディアの場合

アール・ブリュットの特徴は、「息をするかのごとく」プロセスへ没入することです。仮に完成したとしても、そのプロダクツには関心がなく、それゆえ作品として人に見せること＝作者を自任することもありません。これでようやく三つ組が完成しました。もっともこれは典型的な場合です。

プロセスについてもう少し考察を深めるため、ここで今一人のアール・ブリュット制作者の範例として、サイモン・ロディア（Simon Rodia, 一八七九－一九六五）を取り上げようと思います。

ロディアは一五歳の時、単身、イタリアからアメリカに渡りました。その後各地を転々とし、ようやく一九二〇年にロサンゼルス郊外のワッツに落ち着きます。その数年前から、ガラクタを使って物作りをするという奇癖が始まっていましたが、一九二一年に三人目の妻が愛想をつかして出ていくと、本格的な制作に取り掛かります。のちに「ワッツ・タワー」と呼ばれるものです。それから三三年後の一九五四年、ロディアは軽い脳卒中の発作にみまわれ、その後、塔から転落するというアクシデントが起こります。翌年、彼は塔と土地を近隣の人に譲り渡して、妹の住んでいた街へ移り住み、そこで生涯を終えます。

ワッツ・タワーは、一辺四〇メートル内外の土地に、主要な三つの塔を含む一四の構造体からなる一群の建造物です（図6-5）。最も高い塔は三〇メートルの高さに及びます。これらは、工事現場で拾い集めた鉄屑などを加工し、鉄筋を手作業で作り、漆喰で補強して、鉄の網で包んだもので作られています。表面には、これも拾い集めたガラクタを加工して作られた繊細な装飾が施されています。道具として使われたのは、手動の工具と窓拭きの道具だけです。溶接器具は使っていません。それどころか、一本のネジもビスも使いませんでした（Goldstone & Goldstone, 1997）。

図6-5　サイモン・ロディア《ワッツ・タワー》

ロディアは工事現場などで働いた経験はありますが、正規の建築を学んだことはありません。もちろん、図面を引くこともなければ、工学的な計算もできません。また、塔を作るのに、足場を組むこともしませんでした。作りかけの塔自体を足場として、作り続けたのです。まさに手仕事、というより身体全体を使った工程です。

それは、設計図という外側から

の視点を持ち込んで、トップダウン式に行われる建築とはまったく対照的です。建造物の中に入り、それと一体になり、局面の展開にそのつど応じながら形成されていきます。あたかもロディアの身体が、生命体の成長の先端部分にあるかのようです。

たとえてみるならば、それは漂流している海の上で、筏を作るようなものかもしれません。陸の上ならば、作り手はあらかじめ必要な材料を集め、完成形をイメージしつつ、おおよその制作の工程を考案してから取り掛かることができます。この場合、材木は対象物であり、作り手とは切り離されています。しかし海の上で作る場合は、一本の材木の上に乗りながら、それと一体となって、そのつど近くにある丸太をたぐりよせつつ、作らなければなりません。ただし、この場合は、何を作るかという明確な目標があります。

ロディア自身の言葉は、断片的にしか残されていません。例に漏れず、メディアが彼にたずねるのはその目的です。「何を作ろうとしているのか」、あるいは「何のために作っているのか」ということです。残されたわずかな証言の中で、彼は「I'm gonna do something」と答えたとされています。つまり「何かをしようとしている」のですが、その「何か」は彼自身にもよくわかっていないのです。

ロディアは塔の完成を目指していませんでした。というより、完成像をイメージはしていなかったように思われます。プロダクツに関心がないことは、三三年もの間、飽くことなく注力した構造体を、無償で人に譲り渡して立ち去ったことにも示されています。

彼が制作をやめた理由はよくわかっていません。一つには、脳卒中によって四肢の不自由が残ったのかもしれませんし、肉体の衰えを感じたのかもしれません。ロサンゼルス市当局（建築保安局）との軋轢も指摘されています。塔は違法建築であるとみなされ、解体を求められていたようです。ちなみに、ロディアが去った後、保存を求めるグループが市と交渉を続けた末、一九五九年に耐久テストが行われました。その結果、ワッツ・タワーは一万ポンド以上の耐荷重があることが証明され、翌年から一般公開されることになりました。

こうした事情があったにせよ、制作の中断はいかにも唐突な印象を与えます。また、あまりにもあっさりと制作物を放棄したのはなぜなのでしょう。答えは意外に単純なものかもしれません。それは「冷めた」からではないでしょうか。あるいは「醒めた」と言ってもよいかもしれません。

ロディアにとって重要だったのは、ダーガーの場合と同様に、制作のプロセスそのものだったのです。それは、手作業を進めているその時間であり、建造物が増殖を続けるその先端に身を置いている時間です。その中にいることこそが、彼にとって大切だったのです。

そう考えてみると、上に挙げた二つの契機は、大きなインパクトを与えるものだったのかもしれません。脳卒中によって、彼はしばし作業を休止せざるを得なくなりました。つまり、一時的にせよ、プロセスの外に出てしまったのです。その後も、彼は作業を続けようとしたようですが、塔から転落してしまいました。しかし、そうしたアクシデントがなくても、塔と一体になって制作が進行する実感は、もはや取り戻せなかったのではないでしょうか。

もう一つの、ロス市当局による介入も、存外、ロディアにダメージを与えるものだった可能性があります。頑固で癇癪持ちだったと伝えられ、しかも制作への不屈の意志をもった彼が、そう簡単に屈服するわけもないように思われます。しかし、行政の介入は単なる諍いごとというものではありません。外からのまなざしにさらされることです。それによって塔はロディアの立ち位置とはまったく異なるところから、対象化されたのです。

「I'm gonna do something」という彼の言葉が示すように、塔は彼にとって現在進行形でしか存在しません。そのプロセスの外側に弾き出されたとき、彼の制作への情熱もにわかに冷めたのです。そして、作者と作品という意識の醒めた構図が立ち上がります。そのとき、塔は、彼にとってどのように見えたのでしょうか。ロディアが、こうしたプロセスの停止した場にとどまり続けるのは、意味のないことだったのだろうと思います。

9　作者と作品のあいだ

ここまで、ダーガーやロディアといった事例を通して、アートが自明の前提としている〈作者－作品－鑑賞者〉の三つ組が、アール・ブリュットでは成り立たないことをみてきました。彼らが示しているのは、〈作者－作品〉のあいだ、というより手前にプロセスがあるということです。そしてそこにとどまり続けるのです。

たとえば喜舎場盛也の「漢字シリーズ」というものがあります（図6-6）。彼固有の書体で、同じ筆圧で、大ぶりの紙にびっしりと書き連ねていきます。次第に紙は埋め尽くされていくのですが、全部を埋め尽くしたものは少数にとどまっています。どこで終わるのか、どういう理屈で終わるのかは、誰に

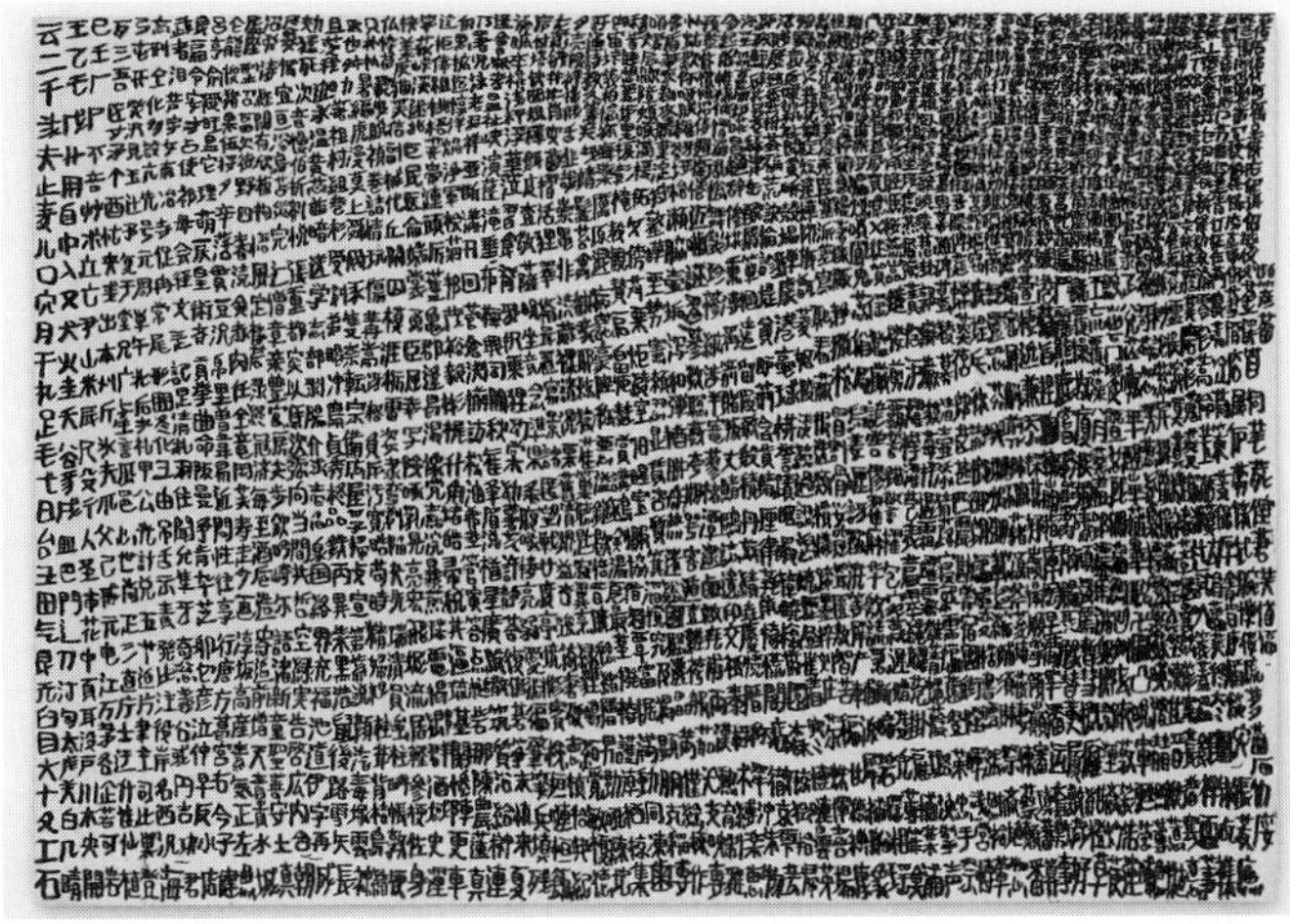

図 6-6　喜舎場盛也「漢字シリーズ」（写真撮影：表恒匡、滋賀県立美術館蔵）

もわかりません。それを作品とし、題名をつけ、そして彼をアール・ブリュットの作家するのは、あとからそれを見た人たちです。

　では、通常のアーティストの場合はどうなのでしょうか。ヴァルター・ベンヤミン（Walter Bendix Schoenflies Benjamin, 一八九二–一九四〇）は、詩の創作に関して、詩人の生と作品のあいだに、制作を内的に条件づける中間領域があることを示し、それを媒質（メディウム）と関連するものとしました（Benjamin, 1914, 1915）。メディウムは作者によって作品という形に刻印を受ける一方で、その刻印の可能性を与えるという両義性をもったものです。それによって、言語芸術としての詩における、作者と作品のあいだの領域が指し示されています。

　すでに明らかなことですが、〈作者–作品〉の手前にとどまることは、アール・ブリュットの特権ではありません。たとえば、ジャクソン・ポロックは、「自分が描いた絵を見るのは、いつでも、すでに終わったあと、描いてしまったあとだからである」と述べています。また、ある作家は、「調子のよい時には、自分がどう描いたのかも覚えていません。気がついたら作品ができていたということもあります。ところがスランプになると、どんな色を使おうかとか、ギャラリーはどう評価するだろうかとか、そうしたことが気になって、結局、よいものができないのです」と私に語りました。プロセスのさなかでは、作者も作品も背景に退きます。しかし技法や評価者を意識したとたん、彼はプロセスの中から弾き出されるのです。

岡崎乾二郎は、「画家にとって絵画制作とはそのプロセスの中の最適な判断（描いている最中に把握されるもの）であって、描かれる結果としての画像は、むしろ後から見出されるオブジェ（Found Object）、外的事物である」と述べています（岡崎、二〇二二）。では、通常のアーティストとアール・ブリュットの制作者との違いはどこにあるのか。一つは、技法を学び、それを組織化してリアルタイムに試行する訓練を受けていること、今一つは、プロセスとプロダクツの間を往還できることではないでしょうか。

10 視覚とプロセス

絵画は視覚芸術です。その視覚は、あらゆる感覚のモダリティの中で、〈感覚する主体〉と〈感覚される対象〉が最も明確に分節されたものです。見る者と見られる物は、距離を隔てて向き合っており、そして透明な隔たりがあることが、見ることを可能にしています。触覚の場合は、感覚器がまさに触れるそのプロセスに巻き込まれ、感覚器自体が変形し、それによって感覚が発生します。聴覚は、感覚器の一部である鼓膜が、空気や骨の振動に共鳴します。それに対して、視覚は、あたかも出来事の外側に立って、対象物を感知し、その見るという行為自体には巻き込まれていないようにみえます。

透視図法の登場以降、対象をいかに正確に写し取るかということが、絵画の一つの使命のようなものとなっていました。ところが、一九世紀前半の写真の発明は、それに対して決定的なインパクトを与えました。つまり、「ありのままとはこのようなものである」ということが突きつけられたのです。それは、画家というものの意義が、根底から問われる事件でした。

他方、写真を前にすると、「どこか違う」「われわれはこのようには見ていない」といった違和感が起きます。見るということは、写真機のように、入力を受動的に感知し、イメージとして固定することではないのです。つまり、われわれの眼も、見るというプロセスに巻き込まれており、そのプロセスの一部なのです。カメラのように外界を写し取っているわけではないのです。

こうした写真の与えたインパクトに呼応したのが、一九世紀後半に現れた印象派です。ここではモネ(Claude Monet, 一八四〇－一九二六)の絵画を取り上げましょう(図6-7)。モネはみずからの眼を光の中にさらし続けました。そして見ることを徹底することにより、逆説的にも、視覚の堅固な構造を解除したのです。たとえば、明るい日差しのもとで、生い茂る樹木を近くから眺め続けるとき、あるいは微風のもとでキラキラ光る水面を見つめ続けるとき、明るさと色彩の乱舞するモネの世界が現れます。視野の中に自分が溶解し、そこには「見る」ための距離はもはやありません。

ちなみに、ヘンリー・ダーガーは雪が降るのを見ることが好きでした。吹雪が吹き荒ぶのを飽くこと

図 6–7　クロード・モネ《印象、日の出》

なく眺めたといいます。雪がやむと、涙を流して悔しがりました。吹雪を眺めるとき、そこにはもはや見る自分と見られる対象の分節はありません。「自分」という観測の定点がなくなっていきます。それは他人も自分もいないＡＳＤ的世界の原点であり、ダーガーにとっては本来の場所、場所以前の場所のようなものだったのでしょう。ただし、ダーガーの絵には、こうした流動は描かれていません。

さて、もともと感覚器としての視覚が感知するのは、明るさと色です。形態や位置、そして奥行きは後発のものであり、感覚情報を処理して、あとから構成されたものです。この原初的視覚への遡行について、セザンヌは「モネは単なる眼である。しかし何という眼であるか」という言葉を残しています。

「単なる眼」は、カメラのようなものではありません。その眼は、視野の中に溶解し、対象として見る距離は消失しています。モネは眼を触覚器のように使ったと言えるでしょう。その流動してやまない感覚の中にあって、描くために彼が要素としたのが色彩でした。そしてその色が表現しているのが動き、さらにいえば微分的なうごめきなのです。

ちなみに、網膜を構成する細胞にはコーン（錐体）とロッド（桿体）という二種類のものがあります。コーンは中心部に密集しており、対象を正確に構成するための前哨です。それによって、知覚という安定したプラットホームが形成され、認識や知的操作のための拠点として、世界に切れ目を入れる機能を担っています。これは一定の余裕がある時に有効に働く機能です。

他方、ロッドは変化に反応します。それが何であるかを把握する前に、反応し、危機を回避するためと言われています。つまりロッドの方が、視覚の原初形態です。モネの絵画は、堅固に出来上がった視覚の体制を中断して、その古層へと回帰するものであったと言えるのかもしれません。

11 アール・ブリュットとしてのセザンヌ

一般に、天才というと、早熟、夭折といったことが連想されがちです。たとえば、数学者のガロア、小説家のラディゲ、そして音楽家のモーツァルトなどが、その典型として思い浮かべられるでしょう。しかし存外、遅咲き、さらには晩成のタイプもいます。とりわけアートの世界には多いような印象があります。

椹木野衣は、レオナルド・ダ＝ヴィンチ、ヴァン・ゴッホ、モネ、ピカソらの巨匠らには、老人のイ

図6–8　ピサロによるセザンヌの肖像

メージが定着していると指摘し、「アウトサイダー・アートと美術史の『巨匠』のありようとは、実は存外に相性がよいのである」と述べています（椹木、二〇一五）。両者は、発見されるのが遅いという共通点をもっています。そのほかにも、生き方が不器用であること、作品にまとまりあがるまでに時間がかかるといったことが挙げられるように思います。

ここではアール・ブリュットの匂いのする絵画界の「巨匠」として、ポール・セザンヌ（Paul Cézanne, 一八三九－一九〇六）を取り上げましょう（図6−8）（内海、二〇二二）。セザンヌが発見されたのは、言い換えるなら、ギャラリーで個展が開かれるような一廉の画家として認められたのは、その最晩年のことです。

南仏エクス＝アン＝プロバンスに生まれたセザンヌは、一代で富豪に成り上がった父から半ば強制され、法学部に進学しますが、二二歳の時に初めてパリに出て、本格的な絵の修行に入ります。彼を特徴づけるのは、その不器用さです。それは生き方全般に及ぶものでした。彼自身が「タンペラマン（＝テンペラメント）」と呼ぶ、荒れ狂うような激しい情動をもちながら、それを抑制しつつ、並外れた忍耐力で制作を続けました。しかし作品にまとまりあげるのに難渋し、登竜門であるサロンには毎年のように出品しては落選を繰り返しました。

彼の刎頸の友であるエミール・ゾラ（Émile Zola，一八四〇－一九〇二）は，早くからパリに出て，ジャーナリストとしてデビューし，そして小説家として名を知られる存在になっていました。ゾラは，日の目を見ないセザンヌを温かく見守り，自宅で催す夕食会にも，毎週のように招待していました。しかしさすがのゾラも，一向に才能が芽吹く気配のないセザンヌに対して，しびれを切らすようになります。「ポールは，大画家の才能はもっているかもしれないが，大画家になる才能はもちあわせていない」という彼の言葉が残されています。

そしてゾラは，小説『制作』を発表します（Zola, 1886）。迸るような情熱をもち，飽くことなく制作に打ち込む主人公クロード・ランティエは，セザンヌをモデルにしたものであることは，一目瞭然です。ある時からランティエは，ある裸婦のモチフにとらわれ，描いては消去する果てしのない過程にはまりこみました。そして呻吟を続け，遂には完成しない絵の前で絶望のうちに自らの命を絶つのです。悲劇的な小説ですが，突き放した筆致の中に，滑稽なもの，奇怪なものを見るようなゾラの視線を拭い去ることができません。この小説の出版を機に，長年続いた二人の友情は終わりを告げました。

セザンヌの転機となったのは，印象派との出会いでした。カミーユ・ピサロ（Camille Pissarro, 一八三〇－一九〇三）に師事し，色彩を原理とする思想と技法を学びました。その後，ほどなくセザンヌは，独自の道を歩み始めます。印象派が，徹底的に色彩の水準に定位したのに対し，セザンヌは存在のマッス（物の厚み，ボリューム）へと向かいました。モネにとって，ものを見るのは，それが色彩にほどけていく時間でしたが，セザンヌにとっては，マッスがまとまりあがる時間だったのです。

図6-9　ポール・セザンヌ《リンゴとオレンジのある静物画》

彼の静物画のリンゴは、これほど重みのあるものは見たこともない、それ自身の重みで充満したかのようなオブジェのように描かれています（図6-9）。その重さは、われわれがそれを見るという行為に内在しているものにほかなりません。松浦寿夫は、セザンヌの絵画について、「そこでは絵を見ている人が、絵の内側に位置付けられてしまうような事態が起こってしまっている」と述べています（松浦他、二〇〇五）。リンゴのマッス、それがたたえる重さは、セザンヌが追い求めた、見ることそのものに内在している存在にほかなりません。

かつてその存在は、描こうとしても、プロダクツになった瞬間に色褪せ、ゾラが風刺したように、描いては消すことを繰り返し、モグラ叩きのような状態だったのでしょう。あるいは絵の完成が近づくと、それは生気を失ったプロダクツに変貌し、放棄されることが繰り返されたのかもしれません。

このようにセザンヌにはアール・ブリュットとの親和性がみられます。一言でいうなら、プロセスへの志向です。ただし彼は美術学校で学び、その後も足繁くルーブルに通っては研鑽を積み、またピサロに師事したりもしました。その点では、いわゆる「芸術的教養」をもった人です。それがなければ、画業を踏破することはできなかったでしょう。しかし、彼の作品は、制度内に収まりきることはありませんでした。のちに「二〇世紀絵画の父」と呼ばれることになるように、新たに絵画の可能性を拓いたのです。その後からやってくるピカソやマティスの方が、むしろ論じやすいのに対して、セザンヌはいまだ批評家たちが解き明かせぬ謎をはらんでいます。つまり、彼は、絵画という制度の内部にいながらにして、それを掘り下げ、ついにはその制度の底を抜いたのです。まさに「ブリュット」を体現した人でした。

12 おわりに

アートは文化であると同時に、一つの制度です。芸術大学をはじめとする教育・研究の機関、美術館（ホワイト・キューブ）という展示の様式、画壇やギャラリーというギルド風の組織、美術雑誌や各種メディアという媒体、巨大化するマーケット、そして行政などが織りなす複合的なシステムがわれわれの前にあります。

ではこうした制度に対して、アール・ブリュットはどのようなものとして位置付けられるでしょうか。

それは単なるアンチ・テーゼではありません。そのようにみるスタンスは、西洋近代の芸術を源泉とする現在のシステムに対して、異議申し立てをしつつ、それによって、そのシステムが（を）維持する中心／周縁という構造をかえって強化してしまうでしょう。

他方で、近年、マーケットや行政などでは、アール・ブリュットを取り込む動きがみられます。しかしそれも中心／周縁の分節を前提にしています。そして取り込みには、排除とはまた異なった、隠微な暴力性があります。

アール・ブリュットのもつ、その荒々しさ、朴訥さ、あるいはナイーヴさは、本来、すべてのアートの根底にあるはずのものではないでしょうか。それらは、アートのシステムが硬直した時、あるいは個人の制作者が行き詰まった時、それを打開するものとして、あたかも外部や周縁から到来するかのようにみえます。しかしそれは本来、アートの営みに内在しているものです。

もちろん、アール・ブリュットは、今や一つの確固たるジャンルを形成しつつあります。もしわれわれにできることがあるとするなら、それはアートの内でも外でもない場所、プロセスが営まれる、それもひそやかに営まれる場を確保することだろうと思います。

〔註〕

＊1　Henry Darger, MOMA, www.moma.org/artists/28600

〔文献〕

井奥陽子『近代美学入門』ちくま新書、三三〇頁、二〇二三
内海健『自閉症スペクトラムの精神病理——星をつぐ人たちのために』医学書院、二九四頁、二〇一五
内海健「セザンヌのタンペラマン——不肖の父の肖像」日本病跡学雑誌一〇三、一一‐二〇頁、二〇二二
内海健「思想史からみたアートの現在」『アートをひらくII』（古川聖、内海健、大谷智子編）福村出版、二〇二四
岡崎乾二郎『感覚のエデン』亜紀書房、三四四頁、二〇二一
岡田暁生『クラシック音楽とは何か』小学館 eBooks、二〇一七
亀井若菜「『他者』の造形を『語る』ということ」『アール・ブリュット　アート　日本』（保坂健二朗監修）平凡社、一二〇‐一三四頁、二〇一三
小出由紀子編『ヘンリー・ダーガー　非現実を生きる』作品社、一五二頁、二〇一三
椹木野衣『アウトサイダー・アート入門』幻冬社、九九頁、二〇一五
中村政人「『純粋』×『切実』×『逸脱』」『アール・ブリュット　アート　日本』（保坂健二朗監修）平凡社、一一二‐一一九頁、二〇一三
服部正『アウトサイダー・アート——現代美術が忘れた「芸術」』光文社、五〇頁、二〇〇三
保坂健二朗「アール・ブリュットとマーケット——価値概念のアンティ・モルフ性から考える」『モルフ／アンティ・モルフ—「場」をめぐるイメージ論』慶應義塾大学アート・センター、一〇八‐一二〇頁、二〇二二
松浦寿夫・岡崎乾二郎『絵画の準備を』朝日出版社、二四一頁、二〇〇五
宮本忠雄「アルブレヒト・デューラー『作品のこころ』を読む（改訂版）」吉富薬品株式会社、一‐四頁、二〇〇七
Barthes, R. *La mort de l'auteur*, Manteia, 1968〔花輪光訳「作者の死」『物語の構造分析』みすず書房、七九頁、一九七九〕
BBC, Eroica［TV film］, 2003
Benjamin, W. Zwei Gedichte von Friedrich Hölderlin: ›Dichtermut‹ und ›Blödigkeit‹. Gesammelte Schriften II: 105–126, Rolf Tiedemann und Hermann Schweppenhäuser, 1914/1915〔「フリードリヒ・ヘルダーリンの二つの詩作品『詩人の勇

気』―『臆心』』『ドイツ・ロマン主義における芸術批評の概念』浅井健二郎訳、二六七―三三〇頁、ちくま学芸文庫、二〇〇一〕

Cardinal, R. *Outsider Art*. Praeger, 1972

Dubuffet, J. *Prospectus et tous écrits suivantes, I II*. Gallimard, 1967

Goldstone, B., Goldstone, A. P. *Los Angeles Watts Tower*.: 120, J Paul Getty Museum Pubns, 1997

MacGregor, J. *Henry Darger: In the Realms of the Unreal*.: 680, Delano Greenidge Editions, 2002

Wing, L. Asperger's syndrome: A clinical account. *Psychological Medicine, 11*: 115–129, 1982

Zola, E. *L'Œuvre. Bibliothèque*, Charpentier, 1886〔清水正和訳『制作（上・下）（岩波文庫）』岩波書店、一九九九〕

アール・ブリュットの現在
――英国、パリ、滋賀の事例より

保坂健二朗

二〇二四年三月、ある建物が、英国の文化・メディア・スポーツ省（DCMS）により英国登録建造物（Listed Building of United Kingdom）のグレードⅡに登録されました。

それは、リヴァプールと川を挟んで向かいに位置するバーケンヘッドという町にある《ロンの家（Ron's Place）》と呼ばれるヴィクトリア様式の建物です。ロンとはロナルド・ギティンズ（Ronald Gittins, 一九三九―二〇一九）のこと（といっても、彼が亡くなるまで、その名前は近所の人以外はほとんど誰にも知られていませんでした）。彼は、ある建物の一階部分を一九八六年から三〇年以上の間にわたって借りて住んでいたのですが、その室内のすべてといってよい箇所に、壁画を描いたり、ミノタウロスの頭の彫刻をつくったりして自分の世界をつくりあげていて、それが没後に発見されたというわけです。

その空間は借家に繰り広げられていましたから、ロンの没後にそれを確認した建物のオーナーは、その創作物を壊そうとしました。しかし、メディアなどを介してロンの創作が人に知られるところになると、その創造性に感銘を受けた地域の人々が立ちあがり、建物それ自体を購入するためのファンドレイジングを行ったのです。そして最終的に、《ロンの家》は保存されることになっただけでなく、グレードⅡに登録されることにもなったという次第です。

さて、英国登録建造物のグレードⅡは、いくつかの違いはあれ、日本でいうと登録有形文化財（建物）に近いといえるでしょう（グレードⅡの上には、グレードⅡ＊、そしてグレードⅠとがありますが、全体の九〇パーセント近くがグレードⅡです）。これに登録されるためには、誰かがDCMSの大臣に対して申請する必要があります（その際、所有者でなくても申請できるというのが大きな特徴です）。そしてその申請に対して、ヒストリック・イングランド（ＨＥ）と通称される組織が登録にふさわしいかどうかについてなどのコメントを付したりとアドバイスをします。そのうえで、最終的に大臣が登録するかどうかを判断するという仕組みです。最近ではこのグレードⅡに、一九一〇年にコヴェント・ガーデンに設置されたガス灯や、一九六〇年代のロンドンの電話ボックスも登録されています。

　こうしたグレードⅡにおける最近の変化の中でも、《ロンの家》は特筆すべき事例でした。まず、建物に付随するインテリアであること（電話ボックスも一応は独立しています）。次に一九八六年頃から制作がスタートしたと想像されるとはいえ、二〇一九年まで制作されていたとしたら相当な〈新しさ〉も含む物件であること。そして何より、ＨＥもその助言の中で述べているように、アウトサイダー・アートとしての初めての案件であることが話題を呼んだのです。

　ＨＥもいくつものコメントを残しています。なかでも興味深いのは、「私たちは常に、リスト作成についてもっと幅広く考えるように人々に伝えてきました。リスト作成が、大邸宅やかわいらしいコテージばかりであってはならないのです」という発言です。[1] 英国の歴史的建造物やモニュメントの保存に際しては多様性を確保していく視点が重要であると、登録制度の中でアドバイスを与えるという重要な役割を担っている機関が述べているわけですから。しかも、多くの人が英国らしいとみなしているもの以外をもっとリストに入れていくべきだと事実上牽制しているのです！

　以上述べてきた《ロンの家》はいわゆる不動産としてのアウトサイダー・アート＝アール・ブリュットでした。では、動産であるアール・ブリュットの作品についての最近のニュースにはどのようなものがあるでしょうか。

　注目すべきは、二〇二一年、フランスはパリの国立近代美術館（通称ポンピドゥー・センター）による、ａｂｃｄコレクションの受贈です。映画人ブルーノ・デシャルム（Bruno Decharme. 一九五一―）が一九七〇年代半ばから収集をスタートさせ、四〇〇〇点を超える規模を誇るようになっていたコレクションのうち、二四二作家、九二一点がポンピドゥーに寄贈されたのでした（そのうち一六作家が日本人です）。そしてポンピドゥーは二〇二二年一〇月より小さな規模ではありますが、アール・ブリュットを常設するようになっています。この受贈に際し、フランス・パリの国立近代美術館のベルナール・ブリステン館長（Bernard Blisten, 肩書は当時）は「今日、アール・ブリュット作品の一部が到達している価格のことを考えると、このようなコレクションを少しずつ形成していくことなど考えられません」とコメントしています。[2]

筆者が館長（ディレクター）として勤務する滋賀県立美術館も、二〇二三年一月に、アール・ブリュットのコレクションの大きな寄贈を受けました。滋賀県立美術館は二〇一六年よりアール・ブリュットを収集方針のひとつに加えたのですが、約七年かけて収集できたのは一八作家一八二点（寄託を含まず）でした。そこに、二〇二三年一一月一日付で公益財団法人日本財団から作品の寄贈を受けて、アール・ブリュットのコレクションは一気に総数七三一点となりました。ちなみにこのコレクションの受贈時の評価額は、総額で約八八四〇万円。滋賀県立美術館の二〇二三年現在の購入予算は年間二五〇万円がベースなので、単純計算では、同じ量を形成しようとすると最低でも三六年を要することになります。おこがましくも申し上げれば、私もポンピドゥーの館長と同じ気持ちです。

ところで、なぜ美術館はアール・ブリュットを収蔵するのでしょう。パリの国立近代美術館であれば、二〇世紀以降の美術に別の角度から光を当てるためとか、これまで正当な評価を得てこなかった作家を正しく評価するためといった理由を挙げることでしょう。また、これまでの欧米中心主義だったアートの評価（つまり美術史の体系）を是正していく中で、アジアやアフリカの作品を評価するのにあわせてプロではない作家の作品も評価していこうという動きもあるのだと想像できます。

滋賀県立美術館の場合は、県内の福祉施設で早くから制作活動の支援が行われていて、その中からアール・ブリュットとして国内外で評価されるものが出てきたという背景があり、アール・ブリュットを収集方針のひとつに加えることになりました。しかしながら、収蔵の理由はそれだけではありません。日本の美術館におけるアート＝美術の紹介は、名品主義で動いてきたところがあります。そしてその結果、美術作品という優れたものは特別な人でなければつくれないという固定観念が根づいてしまったのではないでしょうか。滋賀県立美術館は、そうした現状を変えたいと思っています。ものをつくる欲求は人間にとって根源的であり、その表出の方法は多岐にわたり、素材も身のまわりにあるものでかまわない。そういう事実を美術館が伝えられるようになることを目指して、衝動的に、自分のために、人に見せることを前提としないでつくられた作品、つまりアール・ブリュットを収蔵し、それを常設しようとしているのです。

〔註〕

1　Ron’s Place: The journey of the first ‘outsider art’ space to be listed. https://museumsandheritage.com/advisor/posts/rons-place-the-journey-of-the-first-outsider-art-space-to-be-listed/（二〇二五年一月二八日アクセス確認）

2　https://christianberst.com/media/pages/events/event-470/143199e3c1-1623340481/cp-acquisition-art-brut-juin-2021.pdf（二〇二五年三月一二日アクセス確認）。パリの国立近代美術館が属するポンピドゥー・センターの二〇二一年六月八日付のプレス・リリースが、アール・ブリュットを専門とするパリのギャラリーのサイトに保存されている。

ほさか　けんじろう（滋賀県立美術館ディレクター・館長）

そこにあるアート
――アートの非実在性

清原舞子／伊集院清一

漫画家で妖怪研究家の水木しげるは、「〝この世には目に見えないもの〟と〝目に見えるもの〟とがいまして、この〝目に見えないもの〟を人間は本能的に触れてみたいものらしい」と書いています（水木、二〇一六）。この〝目に見えないもの〟、形のないものを感じやすい人（水木はこれを「妖怪感度」と呼んでいます）が、音楽や踊り、あるいは絵画や言葉を介してそのありようを伝え、人々と共有していたのです。

それゆえに古来、アートは人々が生きるうえで重要な情報手段であり、人々が共同体として生きるために必要不可欠なものであったといえます。妖怪もまた、音や気配など〝目に見えないもの〟を現象として具現化し、キャラクターとして名前をつけ、その姿をユーモアに描くことで〝目に見えるもの〟にし、人々に畏怖、畏敬の念、あるいは教訓のようなものを伝えたのです。これこそがアートの成せる技です。

すなわちアートとは、〝目に見えないもの〟を、見たり、触れたり、感じたりできるようにするための手段であるといえます。このことは、ニコライ・ハルトマン（Nicolai Hartmann, 一八八二－一九五〇）がアート作品における存在構造の二層性として述べたことにも通じます。すなわちアート作品は、直接知覚することのできる物質的・感覚的な層（〝目に見えるもの〟）と、それを超えた、それ自身は直接見たり聞いたり触れたりできない精神的・意味的な層（〝目に見えないもの〟）があり、森田（二〇一三）はこの関係について「前者は直接知覚されるが、後者は受容者が特定の態度をとる場合に前者を通じてのみ現象として捉えることができる」と述べています。

では、人間の情報手段が圧倒的に簡易化し、あらゆるものが見える化された現代において、はたしてアートは何を伝えるのでありましょうか。

以前、三〇名のアーティストに対して、創造性や家族

図　アマビエ。江戸時代、熊本の海に突如出現し、「もし疫病がはやったら、人々にわたしの写し絵を見せよ」と予言を残したとされる妖怪。コロナ禍でそのイラストが話題となった。（©水木プロ）

的背景についてなど創造活動にまつわるインタビューを行ったことがあります。〈あなたの創造性はどこからきますか?〉という問いに対して、「衝動」や「欲求」、「強迫観念」、「好奇心」や「使命感」といった自身の内的衝動に関する回答と、「生活」、「記憶」、「これまでの経験」といった実体験をベースにした回答が同率で多かったのです。次に、「存在」や「ここにある」、「生きることの後付け」といった実存に関する回答が続き、次いで、「自然」や「宇宙」、「魂が天とつながる」といった超越的な内容が語られました。この結果からは、対象とした現代を生きるアーティストの創造性は、〝妖怪〟のような集合的無意識に類するような超越的な事象より、アーティストの私的事象から発する内的衝動性、あるいは実存的な問題に起因する傾向にあるといえるようです。

しかしまた、インタビューの中で作品を創作するにあたり、「何かに突き動かされているような感覚がある」、「ゾーンに入る」といった一種の憑依体験のようなありようがよく語られています。

アートとは求めるものではなく、実在—非実在あるいは、主体—客体が一体となったときに生じる現象であり、受容者がそれを享受することによって存在しうるものなのです。

コラム

そこにあるアート

きよはら　まいこ（神戸大学・横浜尾上町クリニック）
いじゅういん　せいいち（多摩美術大学）

アーティスト、表現者が、いわばそうした相を通して、その実在性、主体性を受容者に伝えるとき、「そこにあるアート」は色彩を帯びて光り輝き、時として、治療的なるものを生み出すのです。アートセラピーの理念の一端はここにあり、それゆえに人はアートを愛で好むのかもしれません。

水木しげるの画は、背景が精緻といわれる他のマンガ家の描く画とは異なり、怨念、念といわれるものが画面から滲み出して、描かれしものとその背景を美しく調和させ、見る者に浄化と創造の尊さを植えつけてくれます。「そこにあるアート」とは、まさにそのようなものであるといえるでしょう。

〔文　献〕

水木しげる『水木サンと妖怪たち――見えないけれど、そこにいる』筑摩書房、二〇一六
森田亜紀『芸術の中動態――受容／制作の基層』萌書房、二〇一三
Hartman, N. *Ästhetik*, Walter de Gruyet & Co., 1953〔福田敬訳『美学』作品社、二〇〇一〕

第7章

モダン・アートにおける闘いの場
――ガーデニングとイメージの作用力

後藤文子

1 芸術制作とガーデニング

1-1 印象主義からダダイズムまで、モネからヘーヒまで

近代美術史に重要な足跡を残したヨーロッパの芸術家らのなかには、生涯に庭づくりへと格別な情熱を注いだ者たちが数多くいます。たとえばフランスの印象主義を代表する画家クロード・モネ（Claude Monet, 一八四〇–一九二六）はよく知られた一人でしょう。彼は、一九世紀末から二〇世紀初頭にかけて、パリから北西に七〇キロメートルほど離れた地ジヴェルニーに、セーヌ川とエプト川が合流する同地の地の利を生かして創意工夫を凝らした、見事で広大な二つの庭「花の庭」「水の庭」を造成しました。今日それらの庭はフランス有数の一大観光地として、世界中から訪れる大勢の人々を魅了し続けています。同様に印象主義の画家では、カイユボット（Gustave Caillebotte, 一八四八–一八九四）、ドービニー（Charles-François Daubigny, 一八一七–一八七八）、シダネル（Henri Le Sidaner, 一八六二–一九三九）らも熱心な庭づくりで有名ですし、あるいは世紀末美術の周辺も重要です。いわゆるアール・ヌーヴォー[*1]を代表するガラス工芸家で、ナンシーを拠点に活躍したエミール・ガレ（Émile Gallé, 一八四六–一九〇四）や、一九世紀後半のイギリスでアーツ・アンド・クラフツ運動[*2]を主導したウィリアム・モリス（William Morris, 一八三四–一八九六）など、近代デザインの領域で活躍した工芸家・デザイナーらもちょうど同

じ頃、活動拠点とした地域こそ違いますが、並々ならぬ情熱をもって庭づくりに取り組んでいます。

　一方、ドイツ語圏へと目を移せば、今も保養地として名高いベルリン近郊ヴァンゼー湖畔に風格ある姿で佇むドイツ印象主義の画家リーバーマン（Max Liebermann, 一八四七－一九三五）の邸宅兼アトリエを忘れるわけにはゆきません。彼は広大な敷地に湖へと連なる見事な鑑賞庭園をつくり、さらに自邸の裏手にも丹精込めた実用庭園を設えています。デンマークとの国境に近い北方の地ゼービュルの自宅で四季折々に多年草が咲き誇る庭づくりに没頭した表現主義の画家エミール・ノルデ（Emil Nolde, 一八六七－一九五六）の存在もすぐさま思い浮かばれます。さらに、第一次世界大戦期に興った前衛美術運動ダダ[*3]のベルリン・グループで活躍した女性芸術家ハンナ・ヘーヒ（Hannah Höch, 一八八九－一九七八）や、抽象絵画の成立に重要な役割を果たしたロシア出身の画家ヴァシリー・カンディンスキー（Wassily Kandinsky, 一八六六－一九四四）、そしてそのカンディンスキーと親しく交流したことでも知られるスイス出身の画家パウル・クレー（Paul Klee, 一八七九－一九四〇）らの存在も重要です。取り組み方や庭そのものの在り方は多様ですが、彼らのように庭づくりに深く関心を寄せた近代の芸術家は枚挙にいとまがなく、今ここに名前を挙げた芸術家たちは、そのほんの一部の人々にすぎません。西洋近代美術史を専門とする筆者の関心は、そうした彼ら近代の芸術家による庭づくりの営みを単なる余暇の手遊びや趣味としてではなく、れっきとしたアートの制作と同等の水準で双方を相関的に捉え返すことにあります。なぜそのように考えるかと言えば、その理由の一つは以下に述べる通りです。

　研究史に照らして見ると、意外にも、近代芸術家による庭づくりをことアートとの本質的な相関性において捉え返すという研究アプローチが実は、細分化された近代の学問領域相互の狭間に埋没して、これまでほぼ等閑に付されてきた事態に気づかされます。人文学分野における美術史学の学問体系に従えば、庭園はあるがままの自然とは区別された造形カテゴリーである「庭園芸術（garden art）」として建築の下位分類に位置づけられますが、その美術史学における造形芸術・建築・庭園芸術研究にしても（Lauterbach, 2021）[*4]、あるいは自然科学分野において、庭園の植栽植物に関する生物学的知見に基礎づけられた園芸学や造園学など、いずれもここでの主題に直結しながらも、造形芸術作品の創造と庭づくりとをほかでもない一人の芸術家の制作行為が媒介するという視座を獲得できずにきたのです。以下では、この状況を念頭に、ガーデニングに勤しんだ近代芸術家が「イメージ」に纏わる問題として浮かび上がらせる近代芸術（モダン・アート）に特有なアスペクトへと目を向けてゆきます。

1-2 「不在のイメージ」という問題

検討を始めるにあたり、まずはアートの定義について確認することも有意義なはずです。現代にあっては日常的に注目され、万人に馴染みのある「アート（art）」という言葉は概して「美術（Fine Arts）」と同義の概念として了解されます。しかしそのような「アート（art）」をその語源へと遡ると、むしろ「技術」を意味するギリシア語の「テクネー（τέχνη, techné）」、またラテン語の「アルス（ars）」に行き当たります。今日では技術とは、たとえば日常生活の利便性を向上させるさまざまな電化製品等の技術革新に端的なように、人間の多様な欲求を満たし、ある一定の生活目的のために自然の素材を加工することであると了解されます。それに対して語源に即した古典的理解においてそれが意味するところは、そのような今日的理解とかならずしも同義ではありません。元来、技術とは、人間が自らの身体を媒介にして自然から与えられた素材、つまり外の世界に働きかけ、人工品（＝作品）を作ることを意味するのです。ここから明らかなように、技術としてのアートは、人間が世界を具体的に、かつ能動的に認識する仕方にほかなりません。

では、こうした言葉本来の語義に基づくと、アートがアートたる技術とはあらためてどのような技術であると定義されるでしょうか。一般にアートの名のもとに了解される美術は、絵具、キャンヴァス、ブロンズなど何らかの物質を用いて具体的に「形を造る芸術」、つまり「造形芸術」です。音の芸術である音楽や、言葉による芸術としての文学が物体性を伴わない非実在的な表現であるのに対して、「アート＝造形芸術」は基本的に物質的な実在としての在り方をその本質としています。これはアートと、音楽や文学とのもっとも本質的な違いです。

ところが実際に造形作品を眼前にする私たちが、それらは実のところキャンヴァスや紙、油絵具やパステルなど具体的な物質であるということをたえず意識して個々の作品を鑑賞しているかと言えば、かならずしもそうではありません。ゴッホが描いた《ヒマワリ》が来日しているから機を逃さず美術館に観に出かけようという時、キャンヴァスに油絵具の塗られた物体を観に行くという意識はきわめて希薄でしょう。絵画であれば、画面に描かれている植物の生命感溢れる様や人物の躍動する姿、あるいは樹々の木陰を抜ける涼やかな風の気配を感じとっているはずです。つまり私たちは、現に実在するキャンヴァスや絵具に備わる物質性をほとんど無意識的に意識の中で透明化させ、物質として眼前に存在している絵具やキャンヴァスそのものではなく、むしろそこに描かれた「不在のイメージ（＝像）」をあたかも眼前にあるかのように想像し、生き生きとした感性的イメージとして受け止めている――これが私たちのアート体験にほかなりません。そうであれば、ほかでもないアートに固有で本質的な技術とは、いかに絵を上手く描くかではなく、絵具やキャンヴァスなど実在する物質を用いて造形し、それによって「不在のイメージ」を生き生きと立ち現させる技術である、とひとまずそのように定義することができます。

1-3　制作論からガーデニングを見ること

ではそのうえで、近代芸術家による庭づくりを単なる彼らの余暇の手遊びや趣味として、つまり日常生活の一端として捉えるのではなく、むしろ芸術家の本業である芸術的創造行為との必然的な相関において検討する――この関心を上述したイメージ本来の特性にかかわる観点から捉え返してみましょう。すると明らかに次のことが浮かび上がってきます。すなわち、生き生きとした「不在のイメージ」を生み出す技術を駆使する人としての芸術家が、イメージに特有な「不在」、つまり「ここにない」という在り方とはむしろ対照的にもっとも揺るぎない実在である土に触れ、大地に根を張る実存としての植物と無媒介的に交わる行為に専心する事態です。

考えなければならないのは、かたや不在の造形イメージ、かたや実在する土や植物、これら双方がほかでもない一人の芸術家その人の身体的行為によって媒介されるという問題、つまり「制作論（ποιέω, poiesis）」的観点です。これは芸術研究に特有な方法論上の一つの立場で、いずれも芸術作品に内在的な意味内容を解釈する意味解釈論や造形的特性を検討する様式論、あるいは作品がどのように受容されたかを作品外在的な問題として検討する運用・機能論とは異なり、次のことを目指します。すなわち制作論の基本的な関心は、芸術家が自らの芸術制作をいかなるアイディアをもって構想し、造形の具体化に取り組んだか、そこでの一連の行為とプロセスの意義を解明することにあります。それゆえ制作論的視座においては、近代芸術家が完成させた「庭（garden）」、いわゆる「芸術家庭園（artist's garden）」そのものの様式的特徴やそこに込められた意味の検討よりも、「庭づくり（gardening）」という行為それ自体を芸術制作と同等な制作プロセスとして、つまり創造的な営みとして措定します。言うまでもなく行為主体は芸術家その人です。

しかしここで案外にも気がかりなのが、文字通り「庭をつくること」を意味する「庭づくり」という日本語の名詞的表現です。これが、ともするとその営みの最終到達目標としての「庭」それ自体の存在を強調するニュアンスを帯びるのにはやや躊躇を覚えるのです。「造園」や、主に日本庭園の伝統で用いる「作庭」概念についても同様です。それに対して英語の動名詞「gardening（ガーデニング）」はどうでしょう。我が国ではすでに長らく外来語として慣用的に定着している「ガーデニング」は、たしかに実際の庭づくりや庭仕事、庭をつくり育てる行為に限定せず、広く庭づくりや庭での生活全般を楽しむことをも含意し、かつて一九九〇年代半ばの流行を受けて一九九七（平成九）年には日本流行語大賞にも選定されるなど、庭づくりの文化を総称します（鈴木、二〇一一）。そのためこうした広義の慣例を一応は踏まえつつも、ここではむしろ元来の英語における動名詞的用法が人間の行為性を含意する点を重視し、すでに冒頭から用いてもいるように、本章では「ガーデニング」の語を一つの行為概念として採

図7−1　ムルナウの庭を耕すカンディンスキー、1910−1911年頃（撮影：ガブリエーレ・ミュンター）（©Gabriele Münter − und Johannes Eichner-Stiftung）

用することとします。

ところで、以上に述べたアスペクトに基づくと、冒頭に挙げた近代芸術家たちが実際どのようにガーデニングという行為に関与していたかについてはかならずしも十把一絡げにできない事態の重要性にあらためて思い至ります。たしかに一九世紀フランス社会の富裕なブルジョワ階級に属した芸術家であるモネ、カイユボット、ガレらや、ドイツの裕福なユダヤ人ブルジョワ市民層の出身である画家リーバーマンが、ガーデニングや園芸学のみならず植物学の豊富で最新の知識さえ十分に習得して、自邸兼アトリエの庭に深く関与したことは事実です。しかしその反面、彼らはかならずしも植物栽培や日々の庭の手入れのすべてを自らの実働として担ったわけではなく、専門の庭師を雇い、その者たちにガーデニングという労働を委託していた実態が知られます。他方、そのような一九世紀ブルジョワ的状況とはきわめて対照的なのが、自ら実際に鍬を手にして土を耕し、野菜や花々に如雨露で水を遣り、雑草を抜き、植物を育てる営みに没頭したカンディンスキー、クレー、さらにヘーヒら二〇世紀の前衛芸術家です（図7−1）。芸術をめぐる制作行為論と同等の水準でガーデニングを検討する意義は、ガーデニングをまさに自らの身体的営みとして引き受けた彼ら前衛芸術家らのうちにこそ認められるでしょう。続く第2節では、主として画家カンディンスキーに注目しつつ、芸術制作論とガーデニングがイメージ論の水準で交差する位相を探ります。

2 光と色彩のイメージ

2-1 機能形態学への関心

そこで注目されるのが、「光（light, Licht）」へと向けられた近代芸術（モダン・アート）の関心です。それは実に多面的なアプローチとして確認されますが、今ここでは一九二〇年代を中心に多くの前衛芸術家が自らの芸術制作との相関としてきわめて本質的な関心を寄せた有機体論の議論、いわゆる「機能形態学（functional morphology）」に注目します。

ゲーテ（Johann Wolfgang von Goethe, 一七四九－一八三二）によって創始され、一九世紀前半から半ばにかけて主流であった「生命形態学（morphology）」は、生物（動植物、菌類）のフォルムに即して運動や成長（生長）、そしてそこでの変化を重視して相互に比較するその特性から「比較形態学（comparative morphology）」としても特徴づけられます（「形態学」、二〇一〇／「比較形態学」、二〇一〇）。それに対して、生命体をその外部形状ではなく、むしろその機能に即して捉える「機能形態学」が一九世紀後半以降、新しい立場として関心を集めます（「比較形態学」、二〇一〇）。後者の特徴は、生命体をそれが生活する環境との交通に注目して捉えようとする点にあります。とりわけ「光（light, Licht）」の観点から双方の関連を考えるそこでの立場は「光の機能形態学」と呼びうる特性を有し（「光形態形成」、二〇一〇）、従来の生命形態学にはない新しさが認められました。機能形態学の理解によれば、生命体は光の放射エネルギーを生命的エネルギーへと変換する機能体であると認識されるのです。

この機能形態学の広範な普及に少なからぬ貢献をしたことで知られ、前衛芸術領域において広く受容されたのが、オーストリア＝ハンガリー帝国の生物学者で大衆科学ライターであったラウル・アンリ・フランセ（Raoul Henri Francé もしくは Rudolf Heinrich Francé, 一八七四－一九四三）の思想です（Botar, 1998; Botar, 2011）。実際、膨大な数に上るフランセの著作の随所で光をめぐるさまざまな議論が展開されます。たとえば主著の一つである『生物――世界の法則 第二巻』（一九二一）では、ニュートン（Sir Isaac Newton, 一六四二－一七二七）の分光現象に関する研究成果やフランスの物理学者フレネル（Augustin Jean Fresnel, 一七八八－一八二七）による鏡面ガラスを用いた光の回折現象実験などを紹介する中で、通常の透明ガラス、黒塗ガラス、鏡面ガラス、科学薬品で表面処理を施した厚紙などさまざまな素材を対象に光学実験を実施し、それら互いに性質の異なる面上に起こる光の現象が詳細に分析されます。一例として、塩の層の上にシアン化白金バリウムを施した黒塗の厚紙に太陽光スペクトルを照射すると、反射面では美しく蛍光発色するのに対し、光線が赤色や黄色の場合には同様の現象は起こらず、青色や紫色の光線では蛍光発色する事実が提示されます。こうした光学実験を通して、フランセは光それ自体の性質の解明に留まらず、反射面との関係において光のエネルギーがいかにその様態を変化させせるかを検討しています（Francé, 1921, pp. 38–40）。

重要なのは、こうした議論があくまでも生命論として行われており、物理学的関心に依っているのではないという点です。光のエネルギーが生命的エネルギーに変換する状況も生命論として検討されているのです。同じく『生物――世界の法則 第二巻』によれば、生命体の「エネルギー変換には、従来通り動物・植物・寄生生物の生命方式と言われる三種類の形式があり、それに従ってかなり首尾一貫せずに動物と植物は区別されている」（Francé, 1921, p. 85）との前提に立ち、植物のエネルギー変換について次のように指摘されます。

> 植物は、葉から特殊な炭酸と水蒸気中の気体のみを摂取し、根からはさらに水分とその中に溶解した窒素化合物、カリ岩塩、マグネシウム岩塩、リン酸塩を摂取し、そしてこれらを呼吸と呼ばれる別の過程を経て摂取される酸素の助けを借りて吸収している。これによってエネルギーが自由に使えるようになる。植物はそこから、成長、運動、感覚作用、生殖、また同様に、栄養分のさらなる摂取機序である原子交換、要するにすべて、植物の生命過程と呼ばれるものであるが、そうしたものとして表われる分子力学的な交換をまかなっている（Francé, 1921, p. 85）。

フランセが自著で頻用する「生物工学的」という用語の意義は、まさに今述べられた問題に直結していると見て差し支えなく、つまり、彼の生物学的思想においては光のテクノロジーとしての「生物工学

（バイオテクノロジー）」こそが、現代の遺伝子操作的テクノロジーとは異なる重要性を担っていると考えられます。[*5]『生物――世界の法則 第二巻』に先立つ著作『発明家としての植物』（一九二〇）の中で植物の一枚の葉におけるエネルギー変換作用が近代的な工場設備に喩えられるのも、同様の立場の現れです。

一重の葉は、その内部に巨大で近代的な工場設備を統合させている。（中略）植物の葉においては複雑な換気装置が働いており、さらに、乾燥装置、非常に多くの、いまだ真似のしようもない光力機械、冷却装置、そして水圧機も作動している。つまり、見事に取り揃えられた工場稼働である（Francé, 1920, p. 47）。

二〇世紀への転換期ヨーロッパで思想上の重要な議論であった一元論を背景に、機械文明から生物学的思想への移行について有機体論的メタファーを用いて論じるフランセの一貫した関心が、当時、ベルリンのダダイスト、ハンス・リヒター（Hans Richter, 一八八八－一九七六）をはじめ彼の周辺に集った芸術サークル、また、建築家ミース・ファン・デル・ローエ（Mies van der Rohe, 一八八六－一九六九）や、バウハウス[*6]においてカンディンスキーやクレーの同僚であったモホリ＝ナジ（László Moholy-Nagy, 一八九五－一九四六）ら多くの前衛芸術家によって広く共有されていた事実が知られています（Mertins, 2001; Botar, 1998; 後藤、二〇一四）。

2-2　光、大気への関心

一方、一九二〇年代における前衛芸術領域での機能形態学の受容に先立ち、光が植物や人間に与える作用に対する芸術領域での関心は、人間と植物を生命体的アナロジー関係において探究する思想的立場および実践の一環においてすでに一九世紀から多様に展開しています。その場合、一方には、生命体が拠って立つ足元の大地に宿る、いわば「下からのエネルギー」と動植物や人間との関係性への問いかけが、他方、光や大気など「上からのエネルギー」とそれらとの相関を考えるアプローチ、これらのいずれもが認められます。上からの大気や光のエネルギーは、実在する大地との結びつきに比べると非実体的であると言えます。この点で、すでに一九一〇年頃、絵画的造形イメージを抽象へと向かわせる時期のカンディンスキーが、光の色が植物に与える影響に対してきわめて自覚的な関心を寄せている事実は興味深い限りです（Burchert, 2017, p. 326）。なぜならそうした状況は、絵画が実在する外的世界との確固たる結びつきによって外界の対象を再現描写する模倣性から解放され、造形の純粋な自律性によってイメージを内発的に生み出す抽象化の局面にまさに対応しているからです。

彼は、最初の抽象絵画《無題（最初の抽象的水彩画）》（一九一〇年、紙、水彩・墨、四九・六×六四・八センチメートル、パリ、ジョルジュ・ポンピドゥー・センター）の成立期に重なる一九〇九年から一九一一年頃に認められたと考えられる未刊行の草稿中で、色光が命あるあらゆるものに強い影響を及ぼすことは、人間についても植物についても新しい実験が証明している。さまざまな病気が今や多様な色光を用いることで治癒されている。植物を色光のもとで生育させる試みに有意義な結果のあることもわかっている。たとえば、我々が人間に関わり続けるならば、未だわずかに知られるに過ぎないけれども確実な仕方で丸ごと人間に、つまり彼の身体にも、心にも、魂にも色彩が作用するということを認識しなければならない。どの色についても、である（Kandinsky, 2007, p. 417）

と述べ、生命体の成長（生長）や治癒に作用する光と等価な現象を生み出すのがほかでもない色彩であるという確信を示しています。

色光に関連しては、太陽光の生物学的意義を人間の感性的な現象として捉える独特な関心を示す発言が、二〇世紀を目前にしたカンディンスキーによる最初期の著述に繰り返し確認されています。たとえば、ミュンヘン分離派展を鑑賞してその際の印象を記した一八九九年のテキストには、

明澄で強い光、混ざり気のない色彩の純粋性は、旧来のやり方で陰鬱に霧のかかった多くのイメージの間にあって、強い斑点としてそこここで輝き始めている。（中略）あちらでもこちらでも力強い太陽が輝いている。つい最近までさまざまなモチーフの中でも重要な位置を占めていた黄昏のあの独特な雰囲気が、今では別の形で扱われている。色彩の純粋さと力強さが曇天であっても控えめながら発揮されているのだ（Kandinsky, 2007, p. 208）

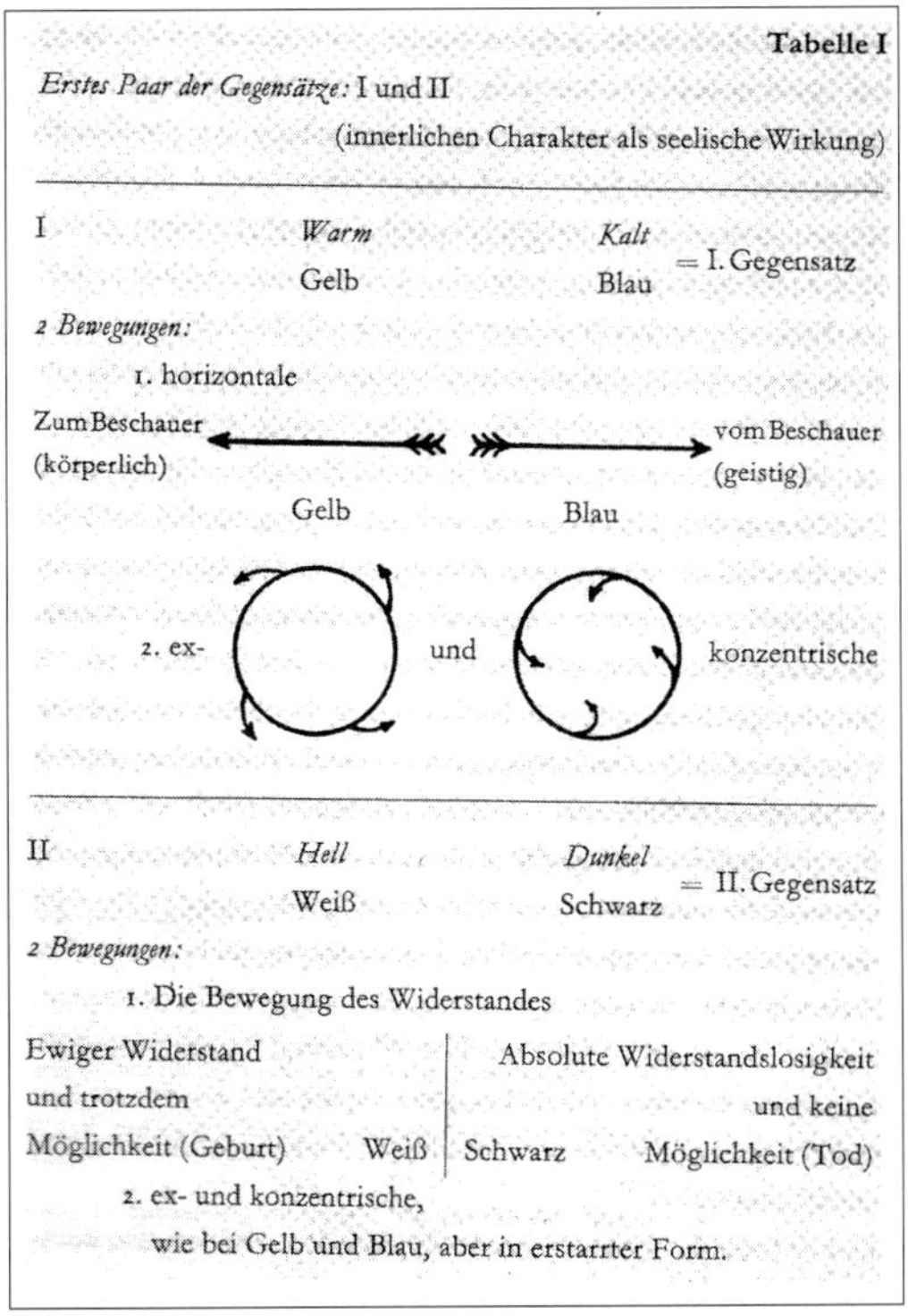
Tabelle I

Erstes Paar der Gegensätze: I und II

(innerlichen Charakter als seelische Wirkung)

I *Warm* *Kalt*
Gelb Blau = I. Gegensatz

2 Bewegungen:

1. horizontale

Zum Beschauer (körperlich) ← → vom Beschauer (geistig)

Gelb Blau

2. ex- und konzentrische

II *Hell* *Dunkel*
Weiß Schwarz = II. Gegensatz

2 Bewegungen:

1. Die Bewegung des Widerstandes

Ewiger Widerstand und trotzdem Möglichkeit (Geburt) Weiß | Schwarz Absolute Widerstandslosigkeit und keine Möglichkeit (Tod)

2. ex- und konzentrische, wie bei Gelb und Blau, aber in erstarrter Form.

図 7–2　カンディンスキー、色彩の「第一の対立：黄／青（心的作用のない的特性）」、『芸術における精神的なもの』（1911［奥付刊行年 1912］)。出典：Kandinsky, W.（1911, datiert 1912, p. 89）。

とあり、展覧会という場それ自体に本来自然の現象である「天候」を重ね合わせ、そこでの「大気の変化」を感性的な絵画イメージに特有の色彩性や輝きのエネルギーの変化として感受している様子を今に伝えています。カンディンスキーにおけるこうした関心は、一九一一年に刊行された彼の芸術理論書『芸術における精神的なもの』（一九一一［奥付刊行年一九一二］）において、色彩が感覚的・空間的に及ぼす知覚効果を色彩（黄と青）と明暗（白と黒、明るさと暗さ）それぞれのコントラストおよび両者の接続として検討する色彩観に通じています（Kandinsky, 1911, p. 87–95）（図7–2）。

2–3　カンディンスキーにおける光のイメージ

実際に制作された作品においては、光に対するカンディンスキーの関心が端的に白の表現に現れます。すでに画家としての最初期の草稿「色彩言語」（一九〇四）の中で、彼は「あらゆる色調の不透明色彩（不透明白色）を手元に置いておくべき」だと述べており、白を、多様なニュアンスを備えるれっきとした「色彩（color）」として認識していた事実が知られます（Wassily Kandinsky, 2007, p. 272; Ackermann, 2014, p. 26）。いくつか具体的な作品へと目を向けてみましょう。

光としての白という点できわめて興味深い作例が、鏡面ガラスを支持体とし、白を主調に描いた鏡面ガラス絵《聖ゲオルギウスⅢ》（一九一一）（図7–3）です。縦横二十数センチメートル四方の小さな鏡面を背面から削り、同じく背面に簡潔な線で騎乗の聖ゲオルギウスと龍を描いてから、ほぼ全体に水溶性絵具であるテンペラの白を施した、いわゆる裏ガラス絵の技法による作品です。よく見ると、鏡面ガ

図7–3　ヴァシリー・カンディンスキー《聖ゲオルギウスIII》(1911)、鏡面ガラスの背面にテンペラ、23.6×22.8 cm、GMS 119、市立レンバッハハウス美術館およびクンストバウ所蔵、ミュンヘン（©Städtische Galerie im Lenbachhaus und Kunstbau München, Gabriele Münter Stiftung 1957. 出典：https: //www.lenbachhaus. de/entdecken/sammlung-online/detail/st-georg-iii-30013098）
→口絵8

ラスの四周ほか所々では支持体の鏡が銀色味を帯びて露出しており、そのためキャンヴァスや紙に描かれているのとは異なり、本作は光を反射し、絵のこちら側の現実世界を画面に映り込ませることで、イメージ世界と現実世界の奇妙な連続や空間の拡張、非物質的な透明感を観る者に与えます（Ackermann, 2014, p. 25)。

《コッヘル　雪に覆われた樹々》（一九〇九）（図7-4）など抽象的イメージへの移行期の風景作品に雪の描写がしばしば見られることも、白に対する一連の関心に即して理解することができます。光が雪に照射することで表面に繊細な色彩の諧調が現れる現象を色彩問題として対峙する姿勢が確認されますが、それは単

図 7–4　ヴァシリー・カンディンスキー《コッヘル　雪に覆われた樹々》(1909)、油彩、厚紙、33×44.9 cm、GMS 38、市立レンバッハハウス美術館およびクンストバウ所蔵、ミュンヘン（©Städtische Galerie im Lenbachhaus und Kunstbau München, Gabriele Münter Stiftung 1957. 出典：https://www.lenbachhaus.de/entdecken/sammlung-online/detail/kochel-verschneite-baeume-30004016）→口絵 9

に外的世界を再現描写する自然主義の画家における態度とは異なり、先述したフランセ的思想に通じる関心としても見ることができるのです（Ackermann, 2014, pp. 26–27）。

そして、抽象絵画の成立期に取り組まれたコンポジション・シリーズのうち一九一一年の大作《コンポジションⅣ》（一九一一）（図7–5）の重要性は看過することができません。画面全体を覆うように多用された油性テンペラの白は、水彩絵具のように薄く溶いて画面に載せられているため、画面上で他の色と浸透し合い、そこここで下地が透けて見えてもいます。白といえども一様ではなく、多様な色調の白が多層的に画面を覆っています。統一的な奥行き空間は否定され、明度や彩度も一様ではない光がまるで散光するかの印象です（Ackermann, 2014, p. 29）。上述の通り、生命体に及ぼす

図7–5　ヴァシリー・カンディンスキー《コンポジション IV》(1911)、油性テンペラ、キャンヴァス、159.5×250.5 cm、ノルトライン＝ヴェストファーレン美術コレクション、デュッセルドルフ（©Kunstsammlung Nordrhein-Westfalen, Düsseldorf）　→口絵10

太陽光の作用をはじめ自然の大気現象について、それを感性的イメージ表現に接続する関心をすでに早くから抱いていたカンディンスキーですが、その意味での太陽モチーフを直接的かつ具体的に画面に描き込むことは稀です。本作はその点で例外的な作例と言えます。画面の右上隅に、黄色の円形モチーフを流動的な赤色が取り囲むかのような表現が見られ、太陽と思しき発光体として画面内を照らしているのです。光に満たされた大気現象との連想は、本作について画家自ら語った周知の発言に跡づけることができます。

ここで淡紅色と白は発泡しており、それらの色彩がキャンバスの表面にあるようにも見えなければ、観念的な平面にあるようにも見えない。むしろそれは空中に浮遊し、蒸気に包まれているかのように見える。このような平面の不在と距離感の不確定性は、たとえばロシアの蒸し風呂で観察することができる。蒸気に包まれている人は近くいるわけでも遠くにいるわけでもなく、どこかにいる。この〝どこか〟（中略）が、絵全体の内なる響きを決定している。

(Kandinsky, 1955, p. 39)

支持体としての物体の表面に定着してそれを覆う「表面色（surface color）」とは異なり、視触覚的な抵抗感を伴わずに「空中に浮遊し」「蒸気に包まれているかのように見える」大気現象のような柔らかい印象を与える「面色（film color）」の問題は、色彩論の水準では色の見え方をめぐる議論の範疇です。そうであればわれわれは、人間の色彩知覚に関する議論がここでは生命体に光が及ぼす作用と等価な色彩としての白の表現に接続している事態をあわせて確認するべきでしょう。そのような色彩イメージが生起する場が、カンディンスキーにおいては画面の「ここ」を特定しうる物質世界を超克し、「どこか」としか言いようのない非物質的・非実体的で精神的な「内なる響き」を実現する新しい抽象絵画にほかならないのです。

さて、以上では光や大気など「上からのエネルギー」作用が近代芸術家の制作論においていかに核心的な意義を担ったかに注目し、検討しました。それに対して、植物が根ざす大地と密接にかかわる「下からのエネルギー」作用の問題を考える時、ほかでもない芸術家自らがガーデニングに勤しむ事態が近代に特有なアスペクトとしてあらためて浮かび上がってきます。先に検討した絵画的イメージの作用力と芸術家自らの身体的行為としてのガーデニング行為とを相互に関連づけるところに筆者の関心はありますが、では一方に、すでに見た通り絵画的イメージに特有な作用力が措定されるとすれば、他方のガーデニング行為についてはどのような作用力を検討するべきでしょうか。以下に続く第3節においては検討の手がかりを「下からのアスペクト」に求め、そこでの問題について解釈を試みたいと思います。

3 闘いの場としてのガーデニング

3-1 「下からの革命」とガーデニング

すでに触れた通り、二〇世紀の前衛芸術家らが自ら鍬や如雨露を手にガーデニングに勤しんだ事態は、明らかに一九世紀ブルジョワ的な取り組み方とは異なります。教養市民層としての前衛芸術家におけるガーデニングの意義は、労働者階級が登場し、後述の通り国家体制が転覆する緊迫した近代市民社会の変革の只中でほかでもない芸術家が現実社会とどう直接的に関わり、自らをどのような存在としてそこに定位し、そして芸術家としてのいかなるミッションを引き受け、あるべき在り方を目指したかといった問いかけとけっして無関係ではありません。第2節で見た絵画における「不在のイメージ」に特有な作用力とは異なる位相ながら、彼らのガーデニング行為は、この時代の芸術創造をめぐる本質問題と深く結びついているのです。実際、興味深いことに、近代におけるガーデニング文化それ自体の歴史的変遷とガーデニングを自らの身に引き受けた前衛芸術家らが目指した動向には、まさに同じ激動の変革時代を共有していた歴史状況からも、互いに呼応し合う事態が浮かび上がってきます。

カンディンスキー、クレー、ヘーヒらにとって芸術活動の重要な拠点であったドイツは、フランスやオーストリアなど近隣ヨーロッパ諸国と同様に、独自の庭園文化を長らく宮廷文化の伝統のもとで育んだ国として知られます。一八二三年、ポツダムに設立されたプロイセン王立造園家養成学校が造園家を職業的に養成する目的で宮廷の庇護下に置かれた最初の専門教育機関ですが、これが国営化されるのは、ようやく二〇世紀に入り、第一次世界大戦末期のドイツ革命を経た後のヴァイマル共和政下における一九二八年のことです。すでに一九世紀末には国営化へと向かう前兆として、造園家が宮廷文化から離反して社会的自立を目指す動向が徐々に兆し始めており、以後、造園家の養成機会を近代的大学機関に移行させる運動も二〇世紀初頭にかけて活発に展開します（Wimmer, 2012; 後藤、二〇二〇、五〇－五一頁）。

一方、庭園文化内部でのこうした制度改革と歩調を合わせて進行するのが庭園文化の担い手であった市民層の社会構造的な変質です。上述の通り造園家の社会的自立化が目指された一九世紀末当時、彼らにとって重要なクライアントはブルジョワ階級の有産市民層でした。一七－一八世紀のフランス式整形庭園や一八世紀のイギリス風景式庭園のような大規模庭園に代わり、彼らブルジョワ市民の邸宅に付随する小規模庭園が広く普及するのです。それに対して、二〇世紀に入り新しい時代に適った造園文化を目指す変革者的な造園家らは、広く社会的下層市民層へも庭園文化の浸透を図る努力を始めます（Wolschke-Bulmahn, 2017, p. 86）。実際、そうした動向を推進した革新的な造園家団体「ドイツ造園芸術協会」が一九〇七年に発行した小冊子はその題目に「社会領域における庭園芸術の取り組み」を掲げ、労働者のための庭園、いわゆる「労働者庭園」をめぐる議論を展開してもいます（Wolschke-Bulmahn,

2017, p. 86)。

カンディンスキーら二〇世紀の前衛芸術家らがつつましい暮らしの中で自ら身体を動かし、労働することを蔑ろにせず携わったガーデニングが、庭園改革が近代社会の構造批判にも連動し得えたこの局面と時期的に重なり合っている事実は看過すべきではありません。美術史学、庭園史学いずれの先行研究においても、この視点はこれまでのところ特段考慮される機会に恵まれずにきましたが、以下に見る時代情況からも、両者の間に必然的な相関を認めることはあながち的外れではないように思われます。

第一次世界大戦末期、帝政ドイツの崩壊からヴァイマル共和政の誕生を直接的に誘引した一一月革命（ドイツ革命）が、一九一八年一一月三日、北ドイツ、キール軍港での水兵らによる民衆蜂起に端を発する「下からの革命」であったことは周知の通りです。ここからドイツ全土に広まった労働者と兵士らの革命勢力は、ドイツ皇帝が退位しヴァイマル共和政が成立する間にも、各地で指導部としてのいわゆる「労兵評議会（レーテ）」を自主的に組織します。

さて、こうした一連の歴史的事態に関連して看過できないのが、この動向に対してきわめて敏感に呼応した数多くの前衛芸術家らの存在です。その意味で、一一月革命直後のベルリンで建築家ブルーノ・タウト（Bruno Taut, 一八八〇–一九三八）が中心となり、建築家、画家、彫刻家、著述家らに呼びかけて組織した「芸術労働評議会（Arbeitsrat für Kunst）」（活動期間一九一八–一九二一年）は、芸術家らの自主的行動グループとしてきわめて重要です。一九一九年三月一日発行の会報において評議会は、「数十年の長きにわたる監視から芸術を解放するために政治革命が利用されねばならないという確信」のもと、「芸術と民衆は統合」され、「芸術はもはや少数者の娯楽ではなく、大衆の幸福と生存であるべきである」と宣言します（Steneberg, 1987, p. 4）。こうした理念を打ち出した設立当初の執行部メンバーの一人が、建築家ヴァルター・グローピウス（Walter Gropius, 一八八三－一九六九）です。先の会報が発行されたまさにその日に芸術労働評議会委員長の座についたグローピウスですが、翌四月にヴァイマルで開校するバウハウスの初代校長となる彼を介して、芸術労働評議会の理念が確実に初期バウハウスへと引き継がれている事実が知られます。ほかでもないその初期バウハウスに開校してほどなくグローピウスより招聘され、マイスターとして参画するのがクレーであり、カンディンスキーであるのです。

また、芸術労働評議会と同様、革命勃発直後のベルリンで一一月革命に直接ちなむ名を掲げて一九一八年一二月三日の集会で決起した芸術家グループ「ノヴェンバー・グルッペ（一一月グループ）」（活動期間一九一八－一九三五）の活動初期には、ドイツ国内から一七〇名を数える芸術家が集結しています。その中には芸術労働評議会メンバーも少なからず重複して参加していたほか、ドイツ表現主義の中心人物でベルリンの前衛的著述家・画廊主・編集者であったヘルヴァルト・ヴァルデン（Herwarth Walden, 一八七八－一九四一）とその周辺芸術家らが運動の中核であったことからも、ノヴェンバー・グルッペはイタリア未来派[*7]、ダダ、バウハウス、ドイツ工作連盟などと接続し、芸術労働評議会と同じ志を掲げて「芸術と民衆の統合」を目指します。そのノヴェンバー・グルッペのメンバーの中に、ほかでもないハンナ・ヘーヒが含まれている事実が注目されます（Freiheit, 2018）。

さらに、芸術労働評議会やノヴェンバー・グルッペの活動との関連から付言したいのが、革命期のクレーについてです。クレーは、生涯にわたる芸術活動を通してきわめて独自の道を歩んだ芸術家であり、革命期の態度を見ても、直接的には芸術労働評議会にもノヴェンバー・グルッペにも属することはしていません。しかし、一九一六年三月に自らドイツ軍新兵として従軍し、戦闘演習にも参加した後、軍用機輸送等の任を遂行した彼が終戦直後の一九一九年四月、ミュンヘンにおいて共産党革命に直面し、わずかひと月という短命に終わったバイエルン・レーテ共和国で芸術家行動委員会委員を引き受けた事実についてはあらためて想起すべきです。レーテ共和国が崩壊すると、クレーは反革命軍の報復的な厳しい追及を逃れ、きわめて過酷な情勢下をスイスの故郷ベルンへと逃避しているのです。

3-2 近代芸術の小さな苗に水を遣る

前節で見た当時の一連の社会情況と芸術家の緊迫した対応を踏まえると、前衛芸術家らが自ら拠って立つ足元の大地を耕し、生命的な植物の種を蒔き、水遣りをするガーデニングの営みは、まさに「下からの革命」への応答として浮かび上がってきます。その意味でもおそらくもっとも端的にこのアスペクトを今に伝えているのが、第一次世界大戦前夜の一九一二年に撮影された一枚の写真ではないかと思われます（図7-6）。椅子に腰掛け、右手に如雨露をもち、足元に置かれた小さな植木鉢の植物に水を注ぐこの男性は、カンディンスキーが画家フランツ・マルク（Franz Marc, 一八八〇–一九一六）とともに一九一一年暮れに結成した芸術家共同体「デア・ブラウエ・ライター」（青騎士）」に参加し、クレーらそのメンバーたちときわめて親しく交流した画家アウグスト・マッケ（August Macke, 一八八七–一九一四）です。その没年から推察される通り、第一次世界大戦に従軍したマッケは、この写真が撮影されてからわずかに数年しか経たない一九一四年八月にシャンパーニュの前線で二七歳という短すぎる生涯を

図 7–6　アウグスト・マッケが《近代芸術という小さな苗に水を遣る》(1912)、アインミラー通り 36 番地のバルコニーにて（撮影：ガブリエーレ・ミュンター）(©Gabriele Münter – und Johannes Eichner – Stiftung)

閉じています。

ところで、芽吹いたばかりの植物に話しかけるようなユーモラスな姿勢で如雨露から水を注ぐマッケの姿を、当時、カンディンスキーのパートナーであった画家ガブリエーレ・ミュンター（Gabriele Münter, 一八七七－一九六二）が捉えたこのスナップ写真には「近代芸術の小さな苗に水を遣る」という興味深い題名が付されており、実に示唆的です。写真に写るこの場所は、一九〇八年から第一次世界大戦開戦の一九一四年までカンディンスキーがミュンターとともに暮らしたミュンヘン市内のアパートメントのバルコニーです。活動の中心的存在であったカンディンスキーが暮らすこのアパートメントには青騎士メンバーらが親しく集い、新しい芸術創造に向けた志を互いに共有して過ごしたことが知られています。何より特筆すべきこととして、近代美術史上きわめて重要な近代芸術論集『青騎士年鑑』（一九一二）はまさにこの場所でカンディンスキーとマルクによって編まれ、世に送り出されています。つまり、マッケがほかでもないそのような場所で水遣りをしている「近代芸術の小さな苗」は、まさにこれから大事に育てられてゆく彼ら自身の、大地に根を張る芸術の苗であり、また、彼らにとっては実質的な意味での「芸術信条のマニフェスト」であると言っても過言ではないのです。

ですがそのうえであえて、かならずしもマッケの振る舞いを、そしてその振る舞いを彼のすぐ横で見守っていたはずの仲間らの振る舞いと意思を芸術内部へと押し戻しかねないそうしたメタファー的解釈に終始するべきではない、というのが筆者の考えです。上述した革命期の社会において「闘う教養市民層」として機能した芸術家らの文字通り命懸けの闘いを鑑みると、そこでの闘いの意義こそ汲みとるべきだと思われるのです。その意味でもあらためて想起する必要があるのが、オーストリア出身の美術史家ハンス・ゼードルマイア（Hans Sedlmayr, 一八九六－一九八四）が第二次世界大戦後まもなく著した重要な主著『中心の喪失』（一九四八）において文化批判的立場から展開した近代芸術をめぐる辛辣な議論です（Sedlmayr, 1948）。ゼードルマイアは自身の代表的著作である同書において、「神の喪失」に特徴づけられる近代の芸術的特性を七つの危機的様相として照らし出します。なかでも議論の中核をなす要点は次の通りです。まず、専門的分化が進む近代学問の諸分野や芸術の諸領域、あるいは人間と自然との関係や人間の諸感覚等には「諸領域の分離（純粋主義、孤立化）」が指摘されること、また、合理性と非合理性、知性と感情、心と頭脳、肉体と精神、個人主義と集合主義などさまざまな対象や事象を互いに対立的に「引き離すこと（対極化）」、さらにゼードルマイア独自の表現を用いて「生命の金属化」と指摘される通り、有機的なものよりむしろ「非有機的なものへの傾倒」が顕著であること、そしてこれと表裏一体の問題である有機体性の否定としての「大地からの乖離」です。つまりゼードルマイアの「中心の喪失」思想は、人間の活動や生存すら根底から脅かす近代の危機的状況において、近代芸術は本来拠り所とすべき重大な基盤を喪失した、と主張するのです。

こうした「中心の喪失」思想を踏まえると、危機に直面する近代人にとっては植物が自然からの乖離と根こぎに対するもっとも明確な対極モデルであることは明白です。前衛芸術家が自ら拠って立つ足元の大地に自らの身体で触れ、生命的な野菜や花卉《かき》植物を育むガーデニング行為は、人間と自然、また、分化した諸領域を「再統合」し、人間の意識と身体的な活動を「有機的なもの」へと傾注する営みである点で、彼らにとって必然的でもっとも生きる本質と結びついた営みであったと見て差し支えないでしょう。そうすることで生き生きとした生命性を再び獲得し、人間存在を「大地へと引き戻し」、生の現実を確認するのです。彼らにおけるガーデニングは、喪失した中心としての基盤を再び復権するための不可避な闘いなのです。

4 結び

最後にあらためて想起しましょう。近代の前衛芸術家らにとって中心の復権は何よりも自らにとって独創的なイメージの創出に向けた闘いであったはずです。それだからこそ、この問題はこれまで兎角イメージの内在性へと向かう、いわば求心的な問いかけとして検討されてきました。一方、近代のガーデニングは概して個人のプライベートな住環境に付随する行為であることから、本来的にきわめて私的なアスペクトとして捉えられがちであったと言わざるを得ません。近代芸術家のガーデニングが、その人の日常生活の一部である趣味や余暇活動と捉えられてきた所以です。しかし、ほかでもない芸術家その人の身体を介したガーデニング行為を、彼の本業である芸術的イメージ創出という営みの、つまり本質的に公共性を存在基盤とするアートという営みの相関に位置づけることで、そこでのガーデニング行為が実のところ担っていた社会性、歴史性、そして革新性が明確に浮かび上がってきたと言えるでしょう。アートに特有な「不在のイメージ」にとって実在の大地や植物と交わるガーデニングが相関的であるとすれば、あるいは逆に、前衛芸術家におけるガーデニング行為がその相関である「不在のイメージ」の新しいあり方を問いかけ得るとするなら、その地点を検討する試みが拓くのは、それら両極を架橋するイメージの作用力そのものをめぐる新たな視座であるはずです。

〔註〕

＊1　一九世紀末から二〇世紀初頭のヨーロッパで展開した美術運動で、「新しい芸術」を意味します。有機的モチーフを多用した装飾的造形を特徴としています。

＊2　一九世紀中葉にイギリスで起こった近代デザイン運動。産業化が招いた粗悪な大量生産品の流通を批判し、中世を模範として芸術による社会改革を目指しました。

＊3　第一次世界大戦の荒廃を背景に、既存の美術や制度を否定する目的をもった反芸術運動。一九一六年、スイスのチューリヒに起こり、ヨーロッパおよびアメリカで展開しました。「ダダ」は何ものも意味しない言葉としての「無意味」。近代の合理主義・社会体制を批判し、その破壊を目論みました。

＊4　庭園史学の立場から、本章の以下で言及する画家カンディンスキーの庭づくりに注目した最新の研究としてはLauterbachによる二〇二一年の論文が重要です。ただし芸術家が手がけた庭としてのいわゆる「芸術家庭園(Künstlergärten)」に注目する当該論考においては、この画家の絵画制作と接続させる問題意識が見受けられな

い点については留意する必要があります。

＊5　ラウル・アンリ・フランセによる機能形態学への言及は、本章末尾文献リスト中のFrancé（1921）第四章「機能の法則」をはじめ、著作の随所に確認されます。

＊6　一九一九年にドイツのヴァイマルに設立された近代デザイン学校。初代校長を建築家ヴァルター・グローピウス（一八八三－一九六九）が務めた。デッサウ（一九二五年）、ベルリン（一九三二年）へと移転した後、一九三三年にナチスにより閉校されました。

＊7　二〇世紀初頭のイタリアに起こった前衛芸術運動。造形芸術領域のみならず、音楽、演劇、文学など芸術の多領域にわたって展開しました。保守的芸術を破壊し、近代を特徴づける機械や速度を称揚しました。

〔文　献〕

「比較形態学」『生物学辞典 第一版』石川統・黒岩常祥・塩見正衞他編、東京化学同人、一〇六一頁、二〇一〇

「光形態形成」『生物学辞典 第一版』石川統・黒岩常祥・塩見正衞他編、東京化学同人、一〇六四頁、二〇一〇

「形態学」『生物学辞典 第一版』石川統・黒岩常祥・塩見正衞他編、東京化学同人、三七七頁、二〇一〇

鈴木誠「ガーデニング」『造園用語辞典 第三版』（東京農業大学造園科学科編）、彰国社、九四頁、二〇一一

後藤文子「造園植栽家フェルスターをめぐる『〈近さ〉の交信』『〈遠さ〉の交信』──モダニズム建築と天体観測と気象芸術学」『Booklet』二二［特集：コスモス──いま、芸術と環境の明日に向けて］慶應義塾大学アート・センター、一一五－一四四頁、二〇一四

後藤文子「ヴァイマル・バウハウスと庭園芸術──ハインツ・ヴィヒマンによる改革の試み」『美学』二五七、美学会、四九－六〇頁、二〇二〇

Ackermann, M. Viele Farben: »Weiß«, in *Kandinsky, Malewitsch, Mondrian. Der weiße Abgrund Unendlichkeit*, 2014. hrsg. von der Kunstsammlung Nordrhein-Westfalen, Düsseldorf, Ausst.-Kat.: 25–35, Köln: Snoek Verlagsgesellschaft, 2014

Botar, Oliver Á. I. Prolegomena to the study of biomorphic modernism. Biocentrism, László Moholy-Nagy’s New Vision and

Ernó Kállai's Bioromantik, Dissertation. University of Toronto, 1998

Botar, Oliver Á. I., Wünsche, I. (eds.) *Biocentrism and Modernism*, Burlington: Ashgate Publishing Company, 2011

Burchert, L. Erd-, Licht- und Luftnahrung. Botanische Produktions- und Wirkungskonzepte in der malerischen Abstraktion und der Künstlerausbildung, *Botanik und Ästhetik = Annals of the History and Philosophy of Biology*, 22: 319–333, Göttingen: Universitätsverlag Göttingen, 2017

Francé, R. H. *Die Pflanze als Erfinder*, Stuttgart: Kosmos. Gesellschaft der Naturfreunde, 1920

Francé, R. H. *Bios. Die Gesetze der Welt*, 2. Bd., München: Franz Hanfstaengl, 1921

Freiheit. Die Kunst der Novembergruppe 1918–1935. hrsg. von Thomas Köhler, Ralf Burmeister und Janina Nentwig, Ausst.-Kat., München/London/New York: Prestel, 2018

Kandinsky, W. *Über das Geistige in der Kunst, insbesondere in der Malerei*, München: R. Piper & Co. (1911, datiert 1912) (10. Auflage: 1952, Bern: Benteli)

Kandinsky, W. Das Bild mit weißem Rand, in *Rückblick*: 39, Baden-Baden: W. Klein, 1955

Kandinsky, W. *Gesammelte Schriften 1889–1916. Farbensprache, Kompositionslehre und andere unveröffentlichte Texte*, hrsg. von Helmut Friedel, Gabriele Münter- und Johannes Eichner-Stiftung, München, München/Berlin/London/New York: Prestel, 2007

Kandinsky, Malewitsch, Mondrian. Der weiße Abgrund Unendlichkeit. hrsg. von der Kunstsammlung Nordrhein-Westfalen, Düsseldorf, Köln: Snoek Verlagsgesellschaft, 2014

Lauterbach, I. Tuskulum in Oberbayern. Münchner Künstlergärten um 1900, in *Aspekte Münchner Gartenkunst 1825–1945.* Gärten, Akteure, Institutionen. Sonderdruck aus *Die Gartenkunst*, 33(1), 2021, hrsg. von Iris Lauterbach, pp. 49–67, Worms: Wernersche Verlagsgesellschaft, 2021

Mertins, D. Architektonik des Werdens. Mies van der Rohe und die Avantgarde, in *Mies in Berlin. Ludwig Mies van der Rohe. Die Berliner Jahre 1907–1938*, hrsg. von Terence Riley und Barry Bergdoll, Ausst.-Kat.: 107–133, München/Berlin/

London/New York: Prestel, 2001

Sedlmayr, H. *Verlust der Mitte. Die bildende Kunst des 19. und 20. Jahrhunderts als Symptom und Symbol der Zeit*, Salzburg: Otto Müller Verlag, 1948〔ハンス・ゼードルマイヤー『中心の喪失——危機に立つ近代芸術』石川公一・阿部公正共訳、美術出版社、一九六五〕

Steneberg, E. *Arbeitsrat für Kunst. Berlin 1918–1921*, Düsseldorf: Edition Marzona, 1987

Wimmer, C. A. Der Garten- und Landschaftsarchitekt in Deutschland ab 1800, in *Der Architekt. Geschichte und Gegenwart eines Berufsstandes*, Bd. 2, hrsg. von Winfried Nerdinger, Ausst.- Kat., pp. 744–751, München u. a.: Prestel Verlag, 2012

Wolschke-Bulmahn, J. Von der „Gartenkunst“ zu „Gartenkultur“ und „Gartenarchitektur“. Entwicklungstendenzen in Deutschland im frühen 20. Jahrhundert, in *Gartenkunst. Ideen und Schönheit. DGGL-Themenbuch 12*, hrsg. von Deutsche Gesellschaft für Gartenkunst und Landschaftskultur (DGGL), pp. 84–89, München: Verlag Georg D. W. Callway, 2017

Zimmermann, R. *Die Kunsttheorie von Wassily Kandinsky. Bd. 1: Darstellung, Bd. 2: Dokumentation*, Berlin: Gebr. Mann Verlag, 2002

アートは普遍的か？

G・カプチック[*1]（宮坂敬造 訳）

神社の前の池から流れてくる小川にゆきあたった。その水音《みなおと》に聞き入るうち、私は自分の魂、自分の自己を見出した……。(*In the sound of the temple stream, I found my soul, My self.*)

二〇一一年二月一九日、下鴨神社をおとなったとき、私の意識が静かに変容し、この詩が湧き出てきたのでした。案内役の学生によるとこの詩は英語ではあるが、五・七・五の母音の自然の調べがあり、俳句の型にそっているとのことでした。翌日、京都大学で講演したとき、この詩を日本語に訳してもらったものが冒頭に詠んだものです。怒りなどの負の感情についてのシンポジウムでの基調講演だったのですが、講演題は「釈迦のまなざしのもとで——負の感情をなだめながら」でした。私の詩が、いわば負の感情をなだめることについての講義の舞台を設定したのでした。みなさんもおわかりのとおり、異なる文化からやってきた者が、神社の霊性あふれる場所に導かれ、静まった精神の深奥から詩が現れ出たくらいに新鮮な心境を得たのです。こうした深い心境はエルサレムのユダヤ教徒の嘆きの壁を訪れたときにも得られたのですが、下鴨神社で、エルサレムの嘆きの壁の感動経験をふたたび想い起こしたのです。こうした経験から考えると、人が置かれた文脈に感受性を働かせ影響を受ける程度が高いときは、実際文化が違っても、アートは普遍的で変わらないといえるのではないでしょうか。

アートが主題と様式を巧みに操作するやり方は独特です。具象芸術では、意味空間をハード・エッジ（固い切れ味、すなわち大胆な直線が作る角を強調して平面的に構成した絵画の特徴を指す美術専門用語）にし、形式にまとめるか構造化されたかたちにするので、アート作品があたかも写真であるかように（作品の意味を）「読む」ことが容易になります。この場合、アート作品の範囲のなかで主題をしたため、あるいは解釈を加えるのをたや

図　葛飾北斎《神奈川沖浪裏》（1831）

すくするのが様式の機能となります。その作品の様式の構造もしくは統辞構造（文でいえば文法構造にあたるもので、絵でいえばいわば絵の構文になるもの）がより目立って突出するにつれ（意味空間が曖昧となり）、イメージがもっとソフト・エッジ（やわらかい切れ味）となるので、そうした作品は「読む」のが難しくなります。

絵の形式面がぼやけたものになると、色彩・色調・質感・構図に関係したアート作品の表現特質自体を鑑賞者が生の感覚で受け止めるようになり、絵の意味を想像力の働きで解釈するようになるのです。構造（外的意味構造）と統辞構造（内的様式構造）のつり合いがどのようなバランスを保つのかが、アート作品とアーティストに対して、その様式のあり方が独特であるという〝署名〟を添えることとなるのです。

北斎の荒々しい不穏な効果のある絵《神奈川沖浪裏》（一八三一）を眺めると、三つの小船がほとんど呑み込まれそうになっている冷たい海のさなか、おのずと波の力が感じられます。また、遠くには静寂に、雪を頂いた山がみえています。図像からみるなら、ほとんどの人は海があるのを認めるでしょう。ところが、小船とそのなかの小さな人影を一瞥しただけで見分けるのは難しくなります。図像学（Panofsky, 1939）の概念に照らすと、

コラム

アートは普遍的か？

《神奈川沖浪裏》は、この作品を飛び越え、その背後にある文化のなかに直接私たちを連れて行ってくれます。図像が伝える語りのなかにもっと深く入って読み込む知識豊富な観察者であるなら、図像のなかに微妙な象徴の体系を見いだし、解読することができます。訓練された鑑賞者なら、作品の制作時期を同定し、様式を明示でき、また、制作したアーティストをつまびらかにし、作品を深く味わうことができるのです。

アート作品の外生的価値と内在的な本来の価値とを区別しておくべきでしょう。外生的価値に着目すると、アート作品には収集したり売ったりする商品として、道具的価値があります。そうした価値は、アーティストがだれであるか、制作時期がいつか、稀少なものかどうかなどの関係から、外生的に定められます。そして、査定の専門家によって、その金銭的価値が保証され、確証されなければなりません。他方、アートは内在的な本来の価値をもつと通常は考えられています（Berlyne, 1971）。というのも、アートは、アーティストの内面的な経験や確立された文化的シンボルを具現化し、社会的に意味のある文脈でそれに出会う鑑賞者や聴衆に、影響を与えることができるからです。学術的観点からは、内在的な本来の価値は「多様性の幅のなかでの統一」という原理と合致すると魅力が高まるのです。それゆえ、ある文化に属する鑑賞者が、主題を理解し作品の様式からそれを感じ取るその鑑賞経験にどれくらい影響するのかという程度に応じて、アートの作業は内在的な本来の価値をもつのです。

脳科学の観点からみると、アート作品の様式の特質とアーティストないし観客の脳とは対応して連動する繋がりがあり、その繋がりの界面は脳科学的に特定できます。Wölfflin（1950/1915）は、西欧の伝統ではアート作品の線的な様式と絵画的様式とが基本的対照をなすと提言しました。新古典派（ハード・エッジ、すなわち固い切れ味をもつ）と印象派（やわらかい切れ味、ソフト・エッジをもつ）の対照がその具体例です。イメージに現れている「ハード」と「ソフト」な切れ味は、人間の脳のブロードマン領野でおのずと識別されます（Cupchik et al., 2009）。この脳の領域こそが、日々の生活において、また、アートにおいて地から図を私たちが識別するのを手助けしているのです。イメージの曖昧さが大きくなればなるほど、アーティストが創造し、あるいは、鑑賞者が解釈する作品に対して彼らがさまざまな想像を投影する余地が大きくなります（Cupchik, 2024）。ジャクソン・ポラックによる抽象的「身振りの表現主義」の絵画作品について、切れ味の検出に関係した様式の種々のニュアンスが、私たちが経験する仕方のかたちと様式を定めることすらあるのです(Mureika et al., 2004)。要するに、創造と解釈という行為は脳の特性によって制限されているのです。

説明を完璧なものにするため、アート作品とそれを創造したアーティスト、そして鑑賞者との間での共振・共鳴現象を話題にとりあげましょう。西欧の文脈では、アートと文学の話題に関し、フォルマリスト(形式論者)の立場とロマン派が扱う立場とが対照的であるとみなせます。絵画と演劇にアプローチするフォルマリストの目標は、登場する事物諸般の性格特徴と行為を慎重に選び、鑑賞者ないし聴衆が作品で味わう経験をうまく操作することです。これは、英国とフランスの新古典派がアートと演劇にアプローチするときのやりかたの典型です。

それとは対照的なロマン派のアプローチの場合——一八世紀末から一九世紀初期のドイツの画家、劇作家、詩人たちが当てはまるわけですが——鑑賞者ないし聴衆にとって意味が深い根本的情況に焦点をあわせます。ソフト・エッジの絵画(印象派がその例)のように、鑑賞者ないし聴衆は、個人的また文化的に意味が深い情況の意味を理解するようにうながされ、また、そうした諸般の状況に共鳴ないし感動するようにうながされます。これゆえに、共鳴というテーマはとどのつまり「審美的隔たり(距離)」を扱うことになるのです。もっと隔たった距離のある文脈では、様式が人々に隔たりを与え、様式上の意味と効果を分析する方向に人々を押しやります。

「じかに没入している」文脈では、鑑賞者たちが解釈と共鳴の愉楽を経験できる余地が十分ある点が、その作品の特徴になっています。この文脈においてこそ、アート作品の象徴的内容についての知識である図像が、図像学(Panofsky, 1939)へと拡張し、より深い表現をその作品にもたらし、アート作品を味わう文化的感性を共有する人々の魂に響くようになるのです。

個人もしくは共同体のさまざまな経験をとらえる独特で濃密な内的構造をアートと文学的作品がもっている、ということになります。旧石器時代後期の洞窟絵画からなにも変わっていないのです——西欧だけでなくインドネシアのスラウェシ島でもそれぞれ独自にこうした洞窟描画が出現していることが想起されます。

人類の脳の進化により、左右大脳皮質をつなげる脳梁を通じて形式的事項にかかわる左半球と表現的事項にかかわる右半球が統合されました(Cupchik, 2016)。立ち現れるイメージは、状況(たとえば、動物や狩猟の状況）の論理的特質と同時に、感情に結びついた辺縁系に滞留する（論理的特質以外の）情念を掴んだものになります。脳には神経可塑性があり、文化にも可塑性があり、両方が融合して協働するからこそ、個人的社会的意味と結びついたイメージが結実することになるのです。このようにして、解釈する脳の制限作用が、芸術的創造性をもたらしているのです。

文化に媒介された脳活動では、感覚運動ループ連環と運動感覚ループ連環とがつり合う事態が見いだされます。感覚運動ループ連環は外に焦点を当てるので、注意深く予行を重ねた運動行為によってアーティストが刺激状況の特質を正確に描くことが可能となります。一方運動感覚ループ連環は内側に焦点を当てているので、道具（たとえば、絵筆）を操作すると思いがけない視覚的効果が生じ、個人的に興趣を感じるようなことが起こり（たとえば、印象派絵画が壊れた画筆を使ったときの効果）、そのアート作品に一貫性をもたらすことがあります。私たちの脳の制限律則の特質と文化的語りとが絡み合って融合し、鑑賞者たちと聴衆の心と魂に彩りある意味と深い感情を呼び覚ますイメージが結実するのですが、その仕組みは古来変わっていません。

バーチャル・リアリティ（仮想現実、ＶＲ）の未来に目をむけてみると、絵の額縁は消え去り、描かれた場面に入り込んで探索することが即座にできるようになるでしょう。鑑賞者たちが自分たちにとって興味がある場面や展示イメージの現場にいなくても、ＶＲ装置があれば、現場にいる感覚を感じられるのです。歴史を遡る事態をまるで自分たちが現にそこにいるかのように感じながら、そうした歴史的出来事に入り込み、探索することができるＶＲ化の時代がやってきて、日本の文脈でも、歴史遡行ＶＲ体験ができるようになりそうです。時空の境界を超えることができる美的未来が到来すれば、アートへの深い理解にいたる機会にもっとめぐまれるはずです。しかしながら、フロイトが無意識を探求したときのように、美的時空をめぐる旅は大きな飛躍の兆候を確保するとはいえ、その反面、私たちのもっとも奥深い熱望をあらわにすると同時に、もっとも深奥の恐怖を呼び覚ます扉を開けることにもなりかねない、という問題もあるでしょう。

〔訳　註〕

Gerald Cupchik　トロント大学心理学部教授（実験美学・芸術心理学・社会心理学）、実証的美学国際学会会長（一九九〇－一九九四）、美学と創造性・芸術学会学際部門10会長（一九九六－一九九七）、文学とメディアの実証的研究国際学会会長（一九九八－二〇〇〇）、Rudolf Arnheim 賞受賞（二〇一〇）、主著 *The Aesthetics of Emotion*, Cambridge University Press (2016). 左記のURLでは同書で扱った絵画や図表をみることができます。
https://www.utsc.utoronto.ca/publications/aestheticsofemotion/image-gallery/

〔文　献〕

Berlyne, D. E. *Aesthetics and Psychobiology*. New York: Appleton-Century-Crofts, 1971

Cupchik, G. C. *The Aesthetics of Emotion: Up the Down Staircase of the Mind-Body*. Cambridge, UK: Cambridge University Press, 2016

Cupchik, G. C. *Landscapes of the Imagination*. New York: Cambridge University Press, 2024

Cupchik, G. C., Vartanian, O., Crawley, A., Mikulis, D. J. Viewing artworks: Contributions of cognitive control and perceptual facilitation to aesthetic experience. *Brain and Cognition*, 70(1): 84–91, 2009

Mureika, J. R., Cupchik, G. C., Dyer, C. C. Multifractal fingerprints in the visual arts. *Leonardo*, 37(1): 53–56, 2004

Panofsky, E. *Studies in Iconology: Humanistic Themes in the Art of the Renaissance*. New York; Oxford University Press, 1939

Wölfflin, H. *Principles of Art History: The Problem of the Development of Style in Later Art* (M. D. Hottinger, Trans.). New York: Dover (original work published in 1915), 1950

ジェラルド　カプチック（トロント大学）
みやさか　けいぞう（慶應義塾大学　名誉教授）

第8章

森山朋絵

次なる知覚へ

——アート&テクノロジー/サイエンスの視点から

近年、私たちは「メディアアート／メディア芸術」と呼ばれる領域の作品や、テクノロジーやサイエンスをプラットフォームとして成立する芸術表現について、目にする機会が増えてきています。それはもはや日常的な体験となり、特に新奇で珍しいというより、普通になじみ深い領域になったと感じられるほどです。もしかするとそれは、これまで一般に「最先端の技術を駆使した新しい芸術である」という印象を持たれることが多かったかもしれません。しかし「アート&テクノロジー／サイエンス」の領域は、カッティングエッジなテクノロジーに拠るものだけとは限りませんし、実は、豊かな歴史と拡がりを持っています。それは脳や知覚の問題と深く結びつき、ルネッサンス以前にも遡ることのできる、広汎で大きな流れの中にあります。むしろ普遍的であり、次なる知覚の世界への扉の一つとしてとらえることができる領域ではないでしょうか。

二〇二〇年代の幕開けにおいて、人工知能（ＡＩ＝artificial intelligence）が人間を超越するという意味での「特異点（シンギュラリティ）」について、多くの議論が社会を賑わしました。それはアトムからビットへの転換の延長線上にあり、現在では、世界のどこかで絶えまなく続く戦闘、天災や疫病のように、いにしえから形成されてきた「時代の特異点」と変わりない点（ドット）の一つになったかのようにも見えます。一方で、アートの世界においても、たとえば「アナログ」対「デジタル」といった二項対立的なとらえ方や「旧きアナログが駆逐され、新たなデジタルの世界へと進化する」という言説は、前世紀末から今日に至るまで、盛んに論じられてきました。しかし、アーティストの想像力や手仕事による「創造」と、社会的にも注目を集めたＮＦＴ（non-fungible token＝非代替性トークン）や人工知能、人工生命、生命科学などを反映するように自律的に生まれる「生成」との関係は、前述のように断絶した単純な対立構造ではありません。「連続」と「離散」の違いはあっても、その「あいだ」にはスライダーのように無数の階梯や往来が遍在しています。「現代美術」と呼ばれる領域は、第二次世界大戦後から現在に至るまで、情報化社会の急速な変化を反映しながらも、非常にゆっくりと「アート&テクノロジー／サイエンス」領域のプレイヤーが過去に取り組んできたエリアに近づいてきました。今や、現代美術作品を扱う芸術祭の多くが、かつては「新しい芸術領域」と呼んで隔離し保護せざるを得なかった「テクノロジードリブン」な作品群を普通に展示しています。

一九八〇年代以降、アニメーションや漫画などエンターテインメントとの境界線上にある表現がミュージアムという場に持ち込まれると、フルCGによるアニメーション映画が「表現ではなく技術である」という懐疑や、インタラクティビティを持つ作品群は「永遠に完成しない」という議論が生まれました。表現意図そのものが必然性あるテクノロジーに拠って成立する作品群は、決して昨日や今日に生まれたわけではありません。作家や研究者ら、それに携わるコミュニティは、既存のクライテリアの中で長いこと活動を繰り返してきたのです。

赤瀬川原平らが提唱した「3Dブームは三十年ごとに訪れる」という通説はよく知られ、多次元の往来、人工生命や人工知能、「仮想現実」ではない「人工現実感（VR）」[*1]、バイオアートやスペースアート、裸眼立体視を含む知覚の試みも、ちょうど今から三十年前に多数の雑誌やテレビの特集を含む隆盛を迎えています。そして、一九九〇年代頃から一般にも広く認識されはじめた「メディアアート／メディア芸術」という領域は今も拡張を続け、復元やアーカイブ化による再検証や歴史化の過渡期にあります。前述のとおり、国際的な企画展やコンペティションに集まる作品群の中にも、ビッグデータやAI、機械学習によるもの、ALife、群知能に拠る作品が多数登場しています。繊細な手仕事によって成立する作品でありながら、根底には現在的な情報処理の概念が存在している例も増えつつあります。また、二〇二〇年のプログラミング教育必修化も一つの「特異点」であり、以降も表現のプラットフォームは拡張を続けています。フィジカルな展示に対して、人工現実感の空間上に拡がるメタバースや空間アーカイブ、ハードコアなテクノロジー自体を「作品として／作品とともに」展示することに対しては、今や大きな抵抗はなくなってきたように見えます。

では、私たちが目指すべき、アートを通じた次なるヴィジョンはどのようなものでしょうか。本章では「アート&テクノロジー／サイエンス」のカテゴリーにも言及しつつ、大まかな分野にわたり、過去の卓越した事例や現在活躍する作り手たちの研究・作品表現を通して、新たなステージや次世代への可能性について考察します。

1 「アート&テクノロジー／サイエンス」のカテゴリー

旧くて新しい「アート&テクノロジー／サイエンス」について考えるうえで、重要な要素となる「メディアアート／メディア芸術」のカテゴリーについて、整理する必要があります。

前述のとおり、この領域はすでに長い歴史を持ち、非常にざっくりとした定義で「有形・無形の文化資源（文化資材・文化的財）等をデジタル化して記録保存を行うこと」とされてきた「デジタルアーカイブ」の視点[*2]からも、今後の保存と再現の必要性が叫ばれています。つまり、プラットフォーム＝表現媒体の変容にともなって変化し続ける領域であるだけに、常に複数の定義が複合的に並走し、単一のフレームワークに集約した議論が成立しづらいという課題がありました。しかし二〇一〇年代後半以降、国内外で進みつつある「タイムベースト・メディアによる作品収蔵」や、人工現実感や超高精細画像により実現の待たれる「空間アーカイブ」の可能性も含めて、展示やパブリックコレクション（収蔵）の機会は増えてきました。さらに、テクノロジー／サイエンスによって成立する作品を、作家や所蔵者が不在になった後にも第三者的に再現する方法について、広く検討がなされるようになりました。また、上記の流れと相前後して、土木、機械、電気など多様な工学分野の設計に携わり、人間とコンピュータの相互作用を専門家とする「デザインエンジニア」の存在が注目されました。複雑な科学技術を社会適応させ、社会課題解決を推し進めるというタスクは、今後もあるいは呼び名を変え、さらに重要性を増してくるでしょう。以前「ＡＩの進化により淘汰される人間の仕事」が話題となりましたが、それとは逆に、主にインターネットなどのメディアで活動するVTuber（バーチャルYouTuber）や、ブロックチェーン技術によって成立するＮＦＴのマーケットで活動するＮＦＴアーティストなど、かつては存在しなかった仕事が、アート&テクノロジー／サイエンスの領域では新たに生まれてきました。「デザインエンジニア」と同様に重要な役割を果たす「展覧会エンジニア」という仕事も同時期から知られはじめ、この領域の実現・保存・再現のうえで欠かすことのできない存在となっています。

そのような人材に支えられてきた「メディアアート」とは、拡張する五感によって世界をとらえようとする試みであり、かつて「ａｒｓ」という名のもとに一つであった科学技術と芸術が重層的に交錯し、広汎な流れを形作っている複合的な芸術領域です。メディアアート／メディア芸術（media art／media arts）は、単数形／複数形でその意味を変え、メディアアートとは「電子技術で作られる芸術である／メディアコンシャスである／新しいメディアを作ることである／メディアアートはメディアスペシフィックである」といった言説がさまざまな形で展開されました。しかし前述のうち、注意せねばならないのは「電子技術で作られる芸術である」という一項です。後述しますが、メディアアートに用いられるテクノロジーは、必ずしもデジタルテクノロジーには限らないからです。また、メディアアートは単一の価値観のもとに成立している芸術ではなく、いくつかの流派とも呼ぶべきものの存在まで言及されたことがありました。二〇一六年前後に開催された、落合陽一によるプレゼンテーションの前後に述べられた分析では、「①メディアコンシャスで人とメディアの関係を考える一派、②発明芸術によって表現多様性を示す一派、③現代アートの一派、④アウトサイダーやデジタルカルチャーより成る一派」という、主に各大学や研究機関を背景とした個性や違いとして指摘されました。[*3]

「メディア芸術」のカテゴリーについては、二〇〇一年策定の「文化芸術振興基本法（現・文化芸術基本法）」によって「映画、漫画、アニメーション及びコンピュータその他の電子機器等を利用した芸術」（同法第九条）と定義されています。一方で、前出の「メディアアート」は、二〇一〇年に策定されたある国立文化施設の基本構想において「『メディアアート（media art）』とは、主に複製芸術時代以降のメディア（コンピュータやエレクトロニクス機器等）を用い、双方向性、参加体験性等を特徴として表現される芸術領域である」とカテゴライズされました（「国立メディア芸術総合センター基本計画」[*4]）。そして、それに続くパラグラフには「一方『メディア芸術（media arts）』とは、メディアアートに加え、アニメーション、マンガ、ゲーム、映画等を含めた総合的な芸術である」と記されています。つまり、本章の冒頭で述べたとおり「一九八〇年代以降、アニメーションや漫画などエンターテインメントとの境界線上にある表現がミュージアムという場に持ち込まれ」たのですが、この単数形／複数形で意味を変えるカテゴリーを理解することが重要であり、前世紀末／今世紀初頭にかけて徐々に形成され、義務教育化されやがて社会に浸透した、エンターテインメントを含む広汎な「メディア芸術」は、他国に例を見ない複合的な領域として国内外で力を発揮する、日本独自の概念であったといえるでしょう。

2 「アート&テクノロジー／サイエンス」の日本における源流と文化施設、国内外の動向

次に、この領域の日本における源流、そしてそれを対象としてきた文化施設について述べます。また、国内外の主だった動向についても二つの大きな流れを中心に挙げつつ見てみましょう。新規なものと見なされがちであったこの領域を考える時、必ずしもネット上の情報だけでは十分とはいえません。そのカテゴリーに続き、大まかな流れと「場」について把握し知ることが、新たな知覚の獲得に向けて必要かつ重要な作業です。

2―1　日本における源流と文化施設

前項に述べた「メディアアート（media art）」は、日本では主に一九五〇年代の前衛芸術グループが試みた「総合芸術」に戦後の源を持つとされています。また、一九五〇〜六〇年代という早期に、今日のメディアアート学生が発想し制作するような「生成によって成立するコンピュータアート作品」や赤外線センサーによるインタラクティブ作品など、いま隆盛を迎えている表現の多くが、すでに国内で萌芽を見せています。日本の先駆者たちの活動は、国内に先んじて海外で抜擢され、評価や検証を受ける例が多く見受けられます。独カールスルーエの複合文化施設ＺＫＭ（Zentrum für Kunst und Medientechnologie, Karlsruhe）でも、一九六〇年代前半にデジタルコンピュータによって作品を制作した美学者の川野洋に注目した「生成される芸術の先駆者」としての個展が二〇一一年に開催されました。一方で、Ｊ・Ｆ・ケネディやＭ・モンローなどのポップアートアイコンをＸＹプロッタで描画した若手のアーティストグループＣＴＧ（Computer Technique Group, 幸村真佐男、槌屋治樹ら）[*5]は、個展「コンピュータ・アート展〝電子によるメディア変換〟」（東京画廊、一九六八）を訪れた英国のキュレーター、Ｊ・ライハートによって抜擢され「サイバネティック・セレンディピティ」展（ＩＣＡ、ロンドン、一九六八）に参加し国際的に評価を得ました。しかし、それより遡る一九五〇年代に結成された前衛グループ「実験工房」と、その中心的メンバー山口勝弘による創作と概念とは、現代における作品群が物質を離れていくことや「芸術を情報としてとらえる」こと、デジタルアーカイブの成立などを予見しています。山口は造形作家フレデリック・キースラーの「テレ・ミュージアム」に影響を受け、一九七五年から『イマジナリュウム』という文化空間」を構想し、一九七七年に「イマジナリウムの実験」、一九八一年に「イマジナリウム」を執筆しました。これは多様なメディアテクノロジーを援用した文化施設・情報の集積＝今日でいうビッグデータであり、遡ると一九七〇年の大阪万博で彼がプロデュースした三井グループ館「スペース・レビュー」も、観客を巻き込む「イマジナリウム」の一つの実験だといえます。

続く一九八〇年代には好景気に裏打ちされた多様なアート&テクノロジーの催しが続き、山口ら日本の先駆者らが結成した「グループ・アールジュニ」による「ハイテクノロジー／サイエンスの展」シリーズは、一九八五年の「つくば科学万博」(国際科学技術博覧会)前後を一つの頂点として、国内外のアーティスト・研究者が発表し交流する場となりました。この領域の社会的展開はさらに規模を拡大し、やがて入れ替わるように一九八九年の名古屋デザイン博覧会に始まる「名古屋国際ビエンナーレ・アーテック」が開催され、その最終回となった一九九七年には、前述の「メディア芸術」の名を冠した「第一回文化庁メディア芸術祭」が創設されました。

こうしてメディアアートの草創期・飛躍期を経た一九九〇年代に、先行して開館していた川崎市市民ミュージアムの写真・映像部門、横浜美術館の映像部門に続き、日本における最も早期の映像メディアの総合文化施設「東京都映像文化施設(現・東京都写真美術館)」が開館しました。山口の提唱した「イマジナリウム」を設立理念に含む同館に「映像工夫館(映像展示室)」という場を設けることが一九八八年から準備され、同館には、国内外の映像メディアに関する「情報を集積する」という基本理念が設定されました。それに続き、「キヤノン・アートラボ」シリーズの実験、NTTインターコミュニケーション・センター［ＩＣＣ］国際科学芸術情報アカデミー（ＩＡＭＡＳ）、せんだいメディアテーク、山口情報芸術センター（ＹＣＡＭ）、ＳＫＩＰシティ（映像ミュージアム／ＮＨＫアーカイブス）など、現在でもこの領域の拠点となっている各施設が次々に成立し、高まるアート＆テクノロジー／サイエンス領域の展示・アーカイブへの要請にそれぞれが取り組むことになりました。

前述のとおり一九九七年には文化庁メディア芸術祭が第一回を迎え、四半世紀の活況を経て二〇二二年の第二五回が最後の開催となりました。[*6] その会場を新国立劇場、草月開館、東京都写真美術館、国立新美術館、東京オペラシティ、再び国立新美術館、そして日本科学未来館へと移しながら、またその授賞対象や部門も数度の変遷を経ながら「メディア芸術」という日本独自のカテゴリーをグローバル／ローカルに発信していた試みは、制作・発表支援、連携支援、データベース構築支援など多数の助成として現在も継続し、人材を育てる理念は規模を拡大しながら続いています。同芸術祭の成立以前には、経済産業省によるＭＭＣＡ（マルチメディア・コンテンツ・グランプリ）がこの領域で同様の役割を果たしてきましたが、それは「デジタルコンテンツエキスポ」という通商産業を主とした本来の形式に移行していきました。今日においては、この領域のアーカイブについて、多摩美術大学アーカイブセンターや二〇二三年に開館した国立アートリサーチセンターなどが研究し、新たなアート領域の継承に従事し実践がなされています。

2-2 国内外の主な動向

国内に加え、海外において特筆すべき先駆的かつ大規模な国際フェスティバルや学会として、北米／カナダにおけるACM SIGGRAPH（全米電算機学会、コンピュータグラフィックス&インタラクティブテクノロジー分科会）の年次大会と、ヨーロッパにおけるArs Electronica（アルスエレクトロニカ・センター／グランプリ／フェスティバル／フューチャーラボ）の二つがあります。ACM SIGGRAPH（一九七四年に第一回会議開催）では、一九九〇年代初頭から、ロサンゼルス大会やボストン大会の審査・査読委員や企画コミッティーに、同じく第一回アジア大会（SIGGRAPH ASIA 2008 in Singapore, 二〇〇八）では、プログラム議長（Art GalleryおよびEmerging Technologiesの二部門）に日本人が任命されています。また、オーストリア・リンツ市で一九七九年に創始されたArs Electronica（一九八七年にコンペティションPrix Ars Electronica創設）も、一九八〇年代初頭の「ドナウ・コンサート」から二〇〇〇年代以降、現在に至るまで、日本から作家や審査員、特別展の企画者として多くの人材が参加・貢献してきました。この二つは「世界中が競って開発したコンピュータ理論やテクノロジーを他国に先駆けて発表し実装する場としてのアート展示や技術展示」と、「欧州各国のITコンサルタントも手がける『フューチャーラボ』という研究機関を備えたコンペティションやフェスティバル」として、どちらも展示や研究の現場で求められるアーカイブ手法をリアルタイムに開発・実装・実験する場となり、アート&テクノロジー／サイエンスの場として、重要な役割を果たしてきました。[*7]

その他には、独カールスルーエのZKMおよびマサチューセッツ工科大学（MIT Media Lab.）、またカーネギーメロン大学（STUDIO for Creative Inquiry）、ゲッティ研究所も、研究機関と展示機関を兼ね備えたアート領域を含む複合文化施設的な機関であり、そこでは常に開発と成果の展示・評価が一連の流れで同居しています。

2-3 「アート&テクノロジー／サイエンス」のサイクルとそのプラットフォーム

前項までに、日本における源流と文化施設、国内外の動向について大まかな流れを紹介しました。詳細は後述しますが、一九二〇年代の前衛グループ「マヴォ」以降、一九五〇年代の実験工房ほかの戦後前衛グループ、一九八〇年代のダムタイプなど映像メディアパフォーマンスグループやユニット、今世紀に入って二〇一〇年代にはごく一部の例としてチームラボやライゾマティクスリサーチ、WOW、そして石黒浩、池上高志、落合陽一ら科学者や工学者が率いる工学系研究室に至るまで、約三十年ごとに、アートコレクティブ的な「集合知」が大きな前衛ムーブメントを起こして新たな価値観を創出してきています。

源流として例示した先駆者について再び述べると、彼らが戦後の第一世代目にあたるとすれば、近年、彼らとリアルタイムでは重なっていない戦後第六世代目にあたる若者世代を含め、検証と再評価の動きも出てきました。

実験工房メンバーであった山口勝弘は、「20世紀芸術論」講義録（筑波大学）において「芸術の情報化」について再三言及しており、著書『メディア時代の天神祭』（美術出版社、一九九二）では物質を離れて「芸術を情報としてとらえる」ことを強く意識していたことが窺えます。また、同書には近年注目を集める「宇宙領域の芸術」の嚆矢となるような「地球外からの視点」への言及があります。『コンピュータと美学』（東京大学出版局、一九八四）で知られる川野洋は、多摩美術大学美術館で二〇〇六年に開催された「20世紀コンピュータ・アートの軌跡と展望」展においても大きくフィーチャーされ、作品のほとんどを寄贈したことによるＺＫＭでの前出の個展（「Hiroshi Kawano. Der Philosoph am Computer」，二〇一一）のほか、人工知能美学芸術研究会の中ザワヒデキ・草刈ミカらによる「人工知能美学芸術展」（二〇一七–二〇一八、ＯＩＳＴ沖縄科学技術大学院大学）でも作品が展示されています。このような流れは、人工物と生命、創造と生成のあいだといった「はざまにあるもの」を知覚し意識して制作することについて、今を生きる世代が興味を覚え、先駆者たちの試みを知ろうとした結果であるとも考えられます。

3　「アート&テクノロジー／サイエンス」の拡がりと事例

本項では、前項に紹介された早期の映像メディア施設、東京都写真美術館の「映像工夫館（映像展示室）」において開館前から基本計画として検討され実践された「五つのテーマ」をベースに、近年活況を見せる領域を加え、当該領域の拡がりについて若干の事例を挙げつつ紹介します。「メディアアート

／メディア芸術」のカテゴリーについて述べた際にもすでに言及したとおり、多岐に及ぶそれらをリニアーに網羅しきることよりも、各テーマともに新旧の作家・作品をランダムに往来しつつ記述していきます

五つのテーマとは、①アナモルフォーズ＝錯視と視覚トリック／マジック・シャドウズ＝プロジェクション、②アニメイテッド・イマジネーション＝動きを与えられた視覚メディア、③３Ｄ＝奥行知覚、人工現実感や重畳表示、パノラミックなイマーシブ領域、④視覚の拡大と縮小＝サテライトアート、スペースアートからナノスペース・量子領域、⑤時と空間の記憶＝高精細画像、空間アーカイブ、ドキュメンテーション）です。[*8] これらは、開館当時の東京都写真美術館が主に映像メディアを対象とした施設だったことから、五感のうち「視覚」に重心を置く切り口になっていますが、社会が大きな災害や疫病禍を超えた現在では、これらに加え、ウェルビーイングや多様性の視点、そして一気に普及したＸＲ(cross reality, extended reality）や生成ＡＩ、バイオテクノロジーによる芸術、地球環境やフロンティアの問題などが「次なる知覚」を考えるうえで欠かせないテーマとして加わってくることになるでしょう。

また、ここ三十年以上の流れの中で、以前にも増して多様な領域が芸術領域に流入してくることになりました。近年の特筆すべき知覚とアート領域との協働要素としては、たとえば、明順応・暗順応とストロボ効果、視野闘争、前庭電気刺激、脳波の音や光への変換、脳波による作品操作、イマーシブ映像やベクション、パーティクル＝点群による描画と空間認知、地球外の視点の獲得、脳内イメージの具現化などを挙げることができるでしょう。

3-1　アナモルフォーズ＝錯視と視覚トリック／マジック・シャドウズ＝プロジェクション

最もベーシックなテーマといえるアナモルフォーズや錯視の問題は、われわれが外界を認知するためのシステムとしての感覚器をだます・逆手にとることで成立する表現であるともいえます。大型アナモルフォーズの一つ、二〇一二年に開催された国内最大規模の「東京駅丸の内駅舎保存・復原工事完成記念プロジェクションマッピング TOKYO STATION VISION」の成功によって非常に身近になった投影技術＝プロジェクションマッピングについても、近年は単なる観光資源として消費されていく懸念を感じてしまうほど、すっかり社会に定着しました。ありがちな通常の投影＝プロジェクションとの混同を避け、本来の三次元的な「マッピング」が必然性あるコンセプトとともに呈示されているかについて、表現の領域からはそこを看過せず見極めなくてはなりません。また、江戸の写し絵「風呂」、大阪の錦影絵、ヨーロッパのファンタスマゴリアなどと同様の伝統につながる歴史的な意味での大型映像プロジェクションは、歴史的建造物に投影された巨大映像を目にして記憶を語り合う、静謐なものでした。ジュリアン・メールによる液体や色ガラスを駆使したプロジェクション装置の部屋は、その精神を継承しています。そして、J＝F・ニスロンやM・ベッティーニらが一七世紀に試みた、空間を数学的に歪曲させディストーションを生む研究に端を発するアナモルフォーズや[*9]、その現代的な応用であるプロジェクションマッピングによる作品は、必ずしも巨大映像によるものには限りません。Ars Electronica 2002 の授賞式で披露されたパフォーマンスグループ Vivisector の公演は、暗転したステージに立つ四人のメンバーの身体に、捻じれや変容を繰り返す彼ら自身の身体の動画を投影してわれわれの視覚を翻弄するものでした。近森基の「KAGE」や「Tool's Life」では、卓上にある多様なオブジェの「影」が実は投影された画像であり、Electronic Shadowによる「3Minites」では、非常にコンパクトな白い部屋の内部に、計算されつくしたマッピングで投影される男女の姿が生きいきとディメンションを横断し、いずれもメディアテクノロジーを知りつくした創意によって高く評価されています。

また、錯覚を題材とした表現において、かつて福田繁雄が鏡とピアノを使い、あたかも鑑賞者がピアノの前に座って演奏するかのような姿を創出させる「アンダーグラウンドピアノ」（一九八四）を生み出したように、元量子物理学研究者の現代作家ジュリアン＝ヴォス・アンドレは次元をもう一歩進め、粒子と波動の二重性を体現する多次元的彫刻「Quantum Man」（二〇〇七）とそれに連なるシリーズを発表し続けています。同様の試みは作品表現に限らず、親子で学習できる認知心理学ワークショップとしても発表を重ねる大谷智子、丸谷和史ら「錯視ブロックワークショップグループ」の活動があります。五つの基本的な錯視パターンの貼られたレゴブロックを使って、レーザーカッターで作られたレリーフ地図の上に、参加者が思い出の中の建物・未来の建物を思いおもいに建てるワークショップの成果は、鏡によってさらに浮遊感を増し、重層的な意味を醸し出します。

さらに、通常の人間の視覚ではとらえられないヴィジョンの作品群として、赤外線ＬＥＤによる八谷和彦「見ることは信じること」（一九九六）や蓄光・長時間露光を用いたセミトラ「No Flash Photography Allowed」（二〇〇九）、ＬＥＤアレイの点滅を活用したサッカード・ディスプレイによる「Slice of Life」（田畑哲稔＋Maria Adriana Verdaasdonk＋渡邊淳司＋安藤英由樹、二〇一一）シリーズが挙げられます。

一方で、視覚に限らない錯覚の作品として、同じ作家ら（安藤英由樹＋吉田知史＋渡邊淳司）が前提電気刺激を用いて鑑賞者の歩行する方向を意思に関わらずコントロールできてしまう体験型作品「Save Yourself!!!」（二〇〇七）も、ユニークな知覚の作品だといえます。同作のシリーズは国内外の多くの機関に招かれ、発表を重ねて高く評価されました。

3-2　アニメイテッド・イマジネーション＝動きを与えられた視覚メディア

止まっているものに動きを与える／動いているものを写しとめる試みは、洋の東西を問わず人々を魅了し、いにしえの走馬灯から一九世紀の驚き盤（フェナキスチスコープ、ヘリオシネグラフ）、その多様な発展形（プラクシノスコープ、キネトスコープなど）に至るまで、映像メディア史への興味と考古学的な探究は尽きるところを知りません。多岐にわたる歴史的映像装置群に想を得て、音や光を含むメディアテクノロジーを駆使した作品群を創作し続けるメディアアーティスト岩井俊雄は、現在まで続く絵本作家としての活動以前の一九八〇年代に遡り、ＴＶモニターをストロボ効果のデバイスに次元を往来する「時間層」シリーズ、任天堂のゲームソフトウェアとして発売された「エレクトロプランクトン」、ビョークやオノ・ヨーコら世界中のミュージシャンに愛されるＹＡＭＡＨＡの映像楽器「TENORI-ON」などで国際的に活躍しています。近年は「パノラマボール」シリーズで知られる橋本典久とともに、多くの映像装置の検証と研究を実践し、その一端として岩井の個展「いわいとしお×東京都写真美術館　光と動きの１００かいだてのいえ――19世紀の映像装置とメディアアートをつなぐ」（東京都写真美術館、二〇二四）において、同館が収蔵する多数の映像装置群（J・P＝ドゥズーズ／W・ネケスらによるコレクション）と現代作品とのコラボレーションが実現しました。フィルムを使わないアニメーション装置とストロボ効果による現代作品との温故知新的な対比、錯視コマ（ニュートンの円盤、カレイドスコープ・カラートップ）や日本に輸入され翻案されたプラクシノスコープ（草原真知子コレクション）の可憐な絵柄のフィルムストリップ（動画リボン）への考察を含め、普遍的な創作動機が実体を得てそこに展示されました。

オブジェによる動画的な表現を展開する現代作家の作品群は、映像史や視覚への探求という切り口でとらえられるケースも多く、後藤映則による一連の回転型インスタレーション作品もその一例といえるでしょう。クロノサイクログラフやモーションキャプチャのように連続する繊細な三次元造形が暗室内で回転し、それをスリットスキャン光がたどる「energy #1」では、アスリートのエモーショナルな動きに魂が吹き込まれるように見えます。Ars Electronica ほかでの発表を重ね、コロナ禍を経験した作家は、昼と夜とで姿を変えつつ歩く／立ち止まる人物像や、一二人もの人々が歩く姿を内包する多次元的な表現に到達しました。映像メディア史の可視化作品に見えながら、目指すところはピクセルでなくボクセルを超えた先、ある種の量子的な世界への展開を思わせます。一方で、研究者・メディアアーティストとして活動する落合陽一は、前出の岩井俊雄と坂本龍一とのクロスモーダルなコラボ作品、坂本龍一×岩井俊雄「Music Plays Images X Images Play Music」（一九九六）の影響を思わせつつも、初期の「視野闘争のための万華鏡」（落合陽一、豊島圭佑、住友洋平、二〇一一）や一連の「サイクロンディスプレイ」ではすでにそれを「計算機自然」につながるオリジナル概念へとダイレクトに昇華しています（図8-1）。

第8章
次なる知覚へ

図 8-1　落合陽一「Re-Digitalization of Waves」 →口絵 1

3-3　3D＝奥行知覚、人工現実感や重畳表示、パノラミックなイマーシブ領域

ここ三十年ほどで、最も拡がりを見せた領域が、奥行知覚と3D、パノラマ、VRやAR（拡張現実）などの重畳表示、イマーシブな体験を含むこのテーマではないでしょうか。一九九三年頃を中心とした世界的な3Dブームをリアルタイムで知る世代はもう限られていますが、裸眼立体視（交差法／平行法）のトレーニングが流行し、TVのクイズ番組の回答までもがランダムドット・ステレオグラムで作成され、赤瀬川原平らによるグループ「脳内リゾート開発事業団」がステレオ写真による作品発表を盛んに展開し、関連出版物も多数刊行されました。古くは一八五一年の第一回万国博覧会（ロンドン）のダゲレオタイプ・ステレオ写真や日露戦争時のアンダーウッド社製ステレオセット、万国実体写真協会の観光写真セットに遡ることができ、三十年ごとに訪れる3D領域のサイクルをなぞるように、その後ブームは沈静化をたどり、逆にこの領域は今や真に普及したといえるのかもしれません。

さらに、人工現実感によるパノラミックな没入感は大きな魅力を人々に与えて惹きつけ、パリのグランパレ美術館が新館グランパレ・イマーシブを開館させるなど、世界的な潮流として今後も活況の兆しを見せています。アーティストによる表現としてのバーチャルリアリティ作品は、ジェフリー・ショーによる、自転車に乗って体験型する〝読める〟都市の作品「レジブル・シティ」（一九八八‐一九九一）、仮想の部屋を出現させる「アリスの部屋」（一九九七）[*10]などが先駆的かつ技術的にも高く評価される一方で、レベッカ・ホルンが日本での個展「レベッカ・ホルン展――静かな叛乱　鴉と鯨の対話」（東京

都現代美術館、二〇〇九）で展示した「鯨の腑の光」（二〇〇二）は、水盆に反射しながら壁に投影され揺れて移動し続ける文字群がベクション（視覚誘導性身体動揺）のエフェクトを生み、没入感ある錯覚空間として、決してテクノロジードリブンではない表現を成立させています。

日本では一九九六年に学術団体として日本バーチャルリアリティ学会が創設されており、最初期からＩＶＲＣ（国際学生対抗バーチャルリアリティコンテスト）など幅広い活動を展開してきたものの、一般の人々に「メタバース」、「テレプレゼンス」、「人工現実感」といった概念が浸透したのは、コロナ禍を乗り越えるため、必要に迫られた社会の動きによるものでした。技術としてのＶＲ領域はアメリカや日本での研究が先進的であり、ＡＲにも百年の歴史があるといわれています。「電脳コイル」や「セカイカメラ」、「Pokémon GO AR」などを含め、舘暲や廣瀬通孝ら初代のＶＲ研究者が「三度目のＶＲ元年」と呼ぶ活況を経て社会のメタバース化は進みました。国産の成果を海外で早期に見せたSIGGRAPH 2000のエム・アール・システム研究所（通商産業省／キヤノン）のデモでは、水飛沫を上げて掌の上で跳ねるイルカの「座標精度の正確さ」が高く評価されました。それから時を経て、二〇〇六年に結成されたフルスタック集団ライゾマティクスが個展（東京都現代美術館、二〇二一）で見せた大型ＡＲインスタレーション「multiplex」の異常なレジストレーション精度が、この領域をより優れた表現へと昇華させました。非在のＡＲダンサーたちとOmniホイールで動くキューブロボットたちが十分ごとに正確なパフォーマンスを繰り広げるその作品世界には、かつてポール・ミルグラムと岸野文郎が論文「A Taxonomy of Mixed Reality Visual Displays」（一九九四）で分析した四つの複合現実世界（「Virtual-Reality Continuum」）がシームレスに共存しているかのように見えます。[*11]

3-4　視覚の拡大と縮小＝サテライトアート、スペースアートからナノスペース・量子領域まで

非常に微細なナノスペースから、ランドサットやＩＳＳ（国際宇宙ステーション）など地球外の視点まで、視覚のスケールをコントロールするようなテーマについても、前世紀末から今世紀初頭にかけて大きな拡がりがありました。チャールズ&レイ・イームズ「パワーズ・オブ・テン」で表現された世界のように、われわれはロケットで行ける宇宙のみならず、人智を超えて存在するかのような量子や素粒子の世界に分け入ろうとしています。公立美術館での総合的な宇宙芸術展のフェーズ1としては「宇宙の旅」（水戸芸術館、二〇〇一）、「ミッション：フロンティア」（東京都写真美術館／日本科学未来館、二〇〇四）、「ミッション［宇宙×芸術］」（東京都現代美術館、二〇一四）、「宇宙と芸術」展（森美術館、二〇一六）が開催されました。また、二〇一七年には「種子島宇宙芸術祭」が個性ある地方芸術祭として創設されています。異世界・理想郷としての宇宙から、次第に日常になっていく宇宙、アーティストによる内的宇宙とリアルな宇宙の対比など、企画の回を追うごとにそのテーマも移り変わり、二〇〇四年の「ミッション：フロンティア」展では、宇宙や深海の映像やアーティスト作品、宇宙飛行士インタビューや宇宙の食玩が展示されました。また、二〇一四年の「ミッション［宇宙×芸術］」展では、逢坂卓郎、大平貴之、木本圭子、森脇裕之、名和晃平、鈴木康広、チームラボ、ARTSAT：衛星芸術プロジェクト、oblaat（谷川俊太郎、三角みづ紀、最果タヒ、穂村弘）、松本零士、SPACE FILMS、なつのロケット団、有馬純寿、スペースダンス・イン・ザ・チューブ、イ・ヨンジュン、ユリウス・フォン・ビスマルクら、

いずれも卓越した表現を展開してきたアーティスト・研究者らが、プラネタリウムから詩まで幅広い創作を以て、ＪＡＸＡを中心とした宇宙ロケットや人工衛星などのリアル宇宙とパラレルワールド的な展示を実現しました。[*12]

宇宙芸術／スペースアートとは「一．宇宙における時空間の概念から、新たな世界観や美意識を創造する」「二．芸術、科学、工学の融合をとおして『宇宙、地球、生命』の在り方を問い続ける」「三．以上を実現するための宇宙観念と宇宙活動に関する広範な芸術領域」（宇宙芸術コミュニティbeyondによる）と定義され、科学雑誌『レオナルド』元編集長・天文学者のロジャー・マリーナは「実現のために宇宙活動に関係する現代の芸術」であるとし、七つのカテゴリーを挙げて定義しています。二〇一一年には「Ars Electronica 2011：ORIGIN」と題したフェスティバルがＣＥＲＮ（欧州原子核研究機構）からマイケル・ドーザー博士を招き、Arts at CERN が発足、アーティスト・イン・レジデンス制度をはじめとする宇宙研究機関とメディアアートの協働が始まりました。続く総合的な宇宙芸術展フェーズⅡとしては、そのような協働の成果を一般に発信することや、今後実現するであろう「アルテミス計画」や火星ミッション、有人ローバー、宇宙重力波望遠鏡などに向けた創作活動を特集するとともに、これまでなかなか芸術の世界と結びつきにくかった量子・素粒子物理学の世界に視野を拡げることが新たな芸術領域の成立を期待させる展開になりつつあります。つまり、ロケットで行く宇宙に加え、いまここにある、われわれをとりまく宇宙の成り立ちを観測し、創造する行為について考え、実践する時が到来したのです。新たな芸術領域が成立しようとする瞬間を目撃するのは、いつの時代にも非常にエキサイティングで、深い思索をもたらす経験となります。これからますますスピードを上げて開発が進む量子コンピュータの世界を通して、かつてなかった創造のフィールドの一つが訪れようとしているのではないでしょうか。

これまで、多数のアーティストがデータの可視化という試みに取り組んできました。カールステン・ニコライや坂本龍一、真鍋大度、平川紀道らが、地磁気、気温、振動、多次元宇宙などのデータをさまざまに可視化・可聴化し、ときに可触化さえ試みられてきました。一方で、猪子寿之の率いるスーパー・テクノロジスト集団チームラボが国内外で着々と活動を拡張し、東京・麻布台ヒルズやサウジアラビアに開館後、アブダビにもそのミュージアム「チームラボ・ボーダレス」が開館します。彼らが長年テーマとしてきた超次元的空間の拡張と没入、作品同士の融合、遠隔体験などは健在ながら、麻布台で新たに設置された無数のサーチライトによる作品は、単なる照明ではなく「物体」としての光の質量や、身体にぶつかってくる衝撃を体感させる空間を出現させました。単なる拡張されたプラネタリウムや全天周映像を超え、鑑賞者は作家が創出する、いわば未知の「量子的空間」を体感することになります。

3-5 時と空間の記憶、高精細画像・写真、ドキュメンテーション

最後に、ある「時と空間の記憶」、アーカイブを含めた記録についてのテーマを考えてみましょう。古典的な意味での「時と空間の記憶」については、無数の記憶装置（絵画から写真機、高精細スキャナから8K映像に至るまで）が考案され駆使されてきました。より迅速なラピッドプロトタイピングのための3Dプリンタ、ディープフェイクを容易にしてしまうほど即座にわれわれの身体を三次元データ化で

きる3Dスキャナ、工作機械CNC（コンピュータ数値制御）による木彫と三次元データの往来など、今世紀に入ってますます創作の手段は拡張を続けています。一方で、いにしえの記憶術師さながらのオーラルヒストリーやオーラ・リサーチ（キルリアン写真）など、必ずしも先鋭的とはいえないクラシックな手段によって、しかしテクノロジーについての考えを根底に置きつつ制作を続ける作家もいます。その境界線上にある試みの一つとして、藤本由紀夫による体験型オブジェ作品「Printed Eye」（一九九一）を挙げてみましょう。この小型作品では、ポラロイドカメラにも似た黒いフラッシュ機材が卓上に設置され、鑑賞者は機材のファインダーを覗きこみながら、そのレリーズを実際に押して作品を体験します。するとフラッシュの閃光が鑑賞者の眼球を照らし、その網膜には「EYE」のように左右対称の文字によるる作家のメッセージが直接焼き付けられることになります。かなりダイレクトな手段で、鑑賞者はしばらく消えることのないメッセージを焼き付けられた眼で床や天井に見続けることになり、「視る」、「記録する」ことについてしばらく考えさせられます。

それとは対極にありそうなのが、超高精細映像としての8K技術による作品群です。自己生成的CGプログラム「グロース・モデル」で知られる河口洋一郎やクレイアニメーションの伊藤有壱らの3Dハイビジョン作品にも使われたかつてのハイビジョン（2K）以降も、NHK（日本放送協会）がさらに開発を進め、まず放送技術としての認知と並行して表現媒体としてのアピールをするために、二〇一六年にはArs Electronicaの「Deep Space 8K」シアターにてNHKコンテンツの特集上映が開催されました。サザンオールスターズやサカナクションのミュージックビデオのほかには科学映像やねぶた祭の勇壮な映像が中心で、近い将来このテクノロジーが必然性ある作品表現にも使われるよう、多くのコメントが寄せられました。その後、二〇一九年には「Movie for Art, Design and Data（MADD.）」というコンセプトにより人材育成・制作支援・発表支援を行うコンペティション「MADD.」（主催＝慶應義塾大学SFC研究所　次世代映像コンソーシアム／アストロデザイン株式会社）が発足し、8Kという特権的なメディアによる制作の支援を受けて、多くの若手作家による作品群が世に送り出され、二〇二一年にはSIGGRAPH Asia の連携プログラムとして上映会（東京都現代美術館）も開催される運びとなりました。[*13]

では、われわれの思考を記録する行為にもつながるといえそうな「脳内イメージの具現化」については、どのような状況でしょうか。作品のために「脳波による操作・入力」を試みた例として、一九八〇年代に脳波の音や光への変換を敢行したステラークや、一九九〇年代以降の三上晴子、古川聖ほか多くの作家が挙げられます。近年では、真鍋大度の個展「EXPERIMENT」（清春芸術村、二〇二三）において、京都大学とＡＴＲ（国際電気通信基礎技術研究所）の神谷之康研究室による「ブレイン・デコーディング」を用いた作品「dissonant imaginary」が展示されました。ブレイン・デコーディングとは、人の脳活動パターンを機械学習によるパターン認識で解析して心の状態を解読するシステムです。ライゾマティクス個展での展示に続き、同展では、真鍋が制作したサウンドを聴いた体験者が多様な情景を思い浮かべ、ブレイン・デコーディングによって脳情報からその映像が生成されました。まだまだ未知の領域だといえる「脳」について解き明かすという命題は、ＡＩ全盛やシンギュラリティを論じる時代になっても、引き続き課題となってわれわれをインスパイアし続けているのです。

4 ポストコロナ時代の試み

前節では、一九九〇年代に成立した映像メディアの公立文化施設の基本計画において、サイクリックに展示していく前提で検討された五つのテーマ、領域について述べてきました。二〇一〇年代から二〇二〇年代初頭にかけて、われわれの社会はかつてなかった災害や疫病禍を経験し、これまでの価値観や経験値だけでは解決できない課題に「ニューノーマル」という言葉に象徴されるような新たな視点で取り組むことになりました。従来型のアート展が次々と変更中止を余儀なくされていく中、アート&テクノロジー/サイエンスという領域は力を発揮して社会により浸透しました。本節では、これら五つのテーマの検討が始まった一九八〇年代末にはまだ現在ほど顕在化していなかった、または現代のような意味で注目を集めることの少なかった領域、すなわち生成ＡＩによる芸術、人工生命の美学、バイオテクノロジーによって成立するアート、さらにはＮＦＴ、ウェルビーイングやソーシャルエンゲージドアートについて触れます。

4-1 ＡＩ、人工生命、バイオアート

「生成ＡＩ」という言葉は、二〇二三年一二月に「現代用語の基礎知識選 2023ユーキャン新語・流行語大賞」を受賞し、表彰されトロフィーを受け取ったのはメディアアーティスト落合陽一でし

た。この言葉は同賞の「トップ10」でしたが、よく見ると選考委員特別賞一点のさらに下、「その他ノミネートされていた言葉」一九点の中にも「チャットGPT」が含まれており、国内での関心の高さを示しています。表彰式と同日、若手アーティストを特集して現代美術領域の動向を呈示するグループ展シリーズの第一九回目として、東京都現代美術館で「MOTアニュアル2023 シナジー、創造と生成のあいだ」が内覧を迎え開幕しました。同展にはおそらく公立館としては初めて、人間による主催者挨拶と生成AIによる主催者挨拶が並べてパネル展示され、資料展示「創造と生成の100年・抄」に作品展示した落合がトロフィーを持ってパネルの前に立ち、挨拶テキスト二種は図録にも収録されました。同展には、当時十歳から三九歳までのアーティスト一一人（荒井美波、後藤映則、(euglena)、Unexistence Gallery（原田郁／平田尚也／藤倉麻子／やんツー）、やんツー、花形槙、菅野創＋加藤明洋＋綿貫岳海、Zombie Zoo Keeper、石川将也／杉原寛／中路景暁／キャンベル・アルジェンジオ／武井祥平、市原えつこ、友沢こたお）が参加しました。彼らの世代にとって企画テーマ「創造と生成のあいだ」とは、決して単純な二項対立ではなく、会場と図録にある「あなたにとって『創造と生成のあいだ』とは？」という問いへの答えを見ても、ごく自然にその両域を往来しながら発想できるフィールド、一つの多元的混沌ではないでしょうか。

「MOTアニュアル2023」展の関連事業「MOTアニュアル extra」では、日本テレビ開局七十年を記念したXR領域の公募「日テレイマジナリウムアワード」が併催されました。同アワードは「国境のない芸術村」という理念から山口勝弘の提唱した「イマジナリウム」にちなんで命名されており、XR／メタバースに加え「フリースタイルコンピューティング」の三部門とされ、各部門の審査員にはいずれも当代を代表する作家・研究者ら九人が迎えられました。[*14] フリースタイル部門グランプリとなった木原共は、受賞コメントでポール・ヴィリリオの「事故の博物館」の言説を引用しましたが、車載AIを巧みにだます彼の「How (not) to get hit by a self-driving car」も、まだまだ出し抜ける余地を残した今のAIだからこそ成立する、過渡期の絶妙なバランスを意図的に内包している作品表現です。

さらに、落合と同じく資料展示に、人工知能美学芸術研究会（AI美芸研）による「人工知能美学芸術展」（沖縄科学技術大学院大学［OIST］、二〇一七－二〇一八）の図録が陳列されました。美術家の中ザワヒデキ、草刈ミカほか発起人二九名が二〇一六年に発足させたAI美芸研は、作品制作展示、コンサート、研究会やシンポジウムを作品として開催し、二〇二二年にはNPO法人「AI愛護団体」を設立しています。早期の「人工知能美学芸術宣言」[*15]では、ジェネラティブアート議論を超えて「機械美学による機械芸術」の成立に言及しています。研究会初回の「汎用コンピュータの成立と芸術」の議論や、超越的な研究環境を有するOISTを会場に、エッフェル塔に始まる八メートル超の「人工知能美学芸術年表」を展示したことは、一九二〇年代の前衛グループ、マヴォを髣髴とさせます。それは次世代以降に真価が認識されるような、やや早すぎるマニフェストだったのかもしれません。

次に、人工生命への芸術によるアプローチについて、また人工物に対する感情移入について考えてみましょう。本書刊行に約三十年遡る一九九三年前後にも一度、人工生命（A-Life）に対するアート領域の関心は高まり、企画展の開催やブームを盛り上げようとする特集書籍の刊行がありました。同時期に、SIGGRAPH '93にも参加していたクリスタ・ソムラー&ロラン・ミニョノーが、ごく初期のインタラクティブインスタレーションとして、実際にプールの中に手を浸して水棲生物の人工生命を創造し進化させる作品「A-Volve」を発表しています。彼らはほどなく京都のＡＴＲ（国際電気通信基礎技術研究所）に初代客員芸術家として招かれ、一九九七年からは岐阜県立国際情報科学芸術アカデミー［ＩＡＭＡＳ］で教鞭を執り、教え子からライゾマティクスのメンバー（真鍋大度、石橋素）、長谷川愛ほか多数の作家を輩出しました。*16

長谷川愛は、上記ＩＡＭＡＳのあとロンドンの英国王立芸術大学院大学で学び、生命・環境を対象とするバイオアート領域のみならず社会へのプロトタイピング、提案型のスペキュラティブ・デザイン領域でも意欲的に活動しています。同性間で実子をもつ可能性について考えシミュレーションする「（不）可能な子供」（二〇一五）や、問題を乗り越え複数の遺伝的親たちと子どもをシェアできるかを考える「シェアード・ベイビー」（二〇一一／二〇一九）は、「ありえたかもしれない未来」を視野に思索することで創造的思考を活性化する試みだといえるでしょう。また同様に、ＢＣＬ（福原志保、ゲオアグ・トレメルのプロジェクト）の活動を通してバイオテクノロジーの発展が社会に与えインパクトを考えてきた福原志保は、木の遺伝子内にヒトのＤＮＡを埋め込む「Biopresence」や、VOCALOID「初音ミク」に遺伝子と心筋細胞を与えるプロジェクト「Ghost in the Cell：細胞の中の幽霊」（金沢21世紀美術館、二〇一五）でも、生と死についての根源的な問いかけを行いました。

彼らの活動が開始された二〇〇〇年代前半には「HYBRID」と題された「Ars Electronica フェスティバル企画展」（二〇〇五）においてバイオアート領域が注目され、それを受けてハイブリッドアート部門が翌年から新設されました。初代グランプリはバイオアートの先駆者エドゥアルド・カッツが獲得したため、芸術監督シュトッカーらの思惑はもっと領域横断的な意味をもたせた「ハイブリッド」という命名に対して、以降のグランプリもバイオアート領域の作品群が受賞するケースが多くなりました。そこから前述の福原・長谷川のような作家たちが生まれ、国の内外も領域も横断しつつ「議論のツール／社会的インパクトについて探求する／気づきを与える」(福原志保による「アートの持つ性質」)を追求する土壌となったのであれば、断続的な「点」に見えながら、それは非常に素晴らしい流れであったといえるでしょう。

4-2 NFT、ウェルビーイング、ソーシャルエンゲージドアート

近年大きな隆盛を見せ、社会的インパクトを与えた領域を考える時「NFTによるアート」の影響を抜きに語ることはできないでしょう。八歳の夏休みに、タブレットで描いた動物のゾンビの絵をもとに母親と始めたNFTプロジェクトがたちまち世界的マーケットにおいて注目を集め、高値で取引され話題となった「Zombie Zoo Keeper」や、約一四万点のニューヨーク近代美術館所蔵作品のデータをもとに言語モデルを作成、AIに学習させて再構築し、同館とのNFTプロジェクトも成功させたレフィーク・アナドールなど、従来とはまた違うストーリーをもったアーティストたちが年齢を問わず生まれてきつつあります。ライゾマティクスの個展(東京都現代美術館、二〇二一)においても、展示室の中から、日々移り変わるNFTマーケットを反映するかのように会期中も変容を続ける「Gold Rush」が発表され、一度展示され開幕すれば一定かつ堅牢で変わることがないという従来の展覧会イメージをも変えさせる試みとなりました。暗号資産業界におけるCO_2の排出については、NFTに対しても疑問や懸念

の声が上がりましたが、二〇二〇年代前半を席捲した話題として、かつ「次なる知覚」を考えるうえでもNFTは欠かすことのできない要素となるでしょう。

また、前項のバイオアート領域のみならず、日本のアート&テクノロジー／サイエンスを考えるうえで、非常に特徴的な「健気な人工物」という概念があります。変形型月面ロボット（愛称「SORA-Q」）が天地逆に着地してしまった小型月着陸実証機（SLIM）の撮影やデータ送信に成功したことや、前出の「MOTアニュアル2023」で発表された菅野創＋加藤明洋＋綿貫岳海「野良ロボ戦隊 クレンジャー」（二〇二三）のように、われわれはロボット掃除機にすらキャラクターの個性を感じ、がんばる姿にはエモーショナルな心の動きを覚えてしまいます。[*17] アジア諸国における「テクノロジー観」は人間とは相容れないものというより、テクノロジーを自らの中に取り込んで魂を込めるいわば「人機融合」的なものであり、それは同時に、一九四〇年代にノーバート・ウィーナーが提唱したサイバネティックス、つまり「生体と機械における制御と通信」に共通するのではないでしょうか。

そして「人機融合」という言葉は、SFアニメーション作品の題材としてだけでなく、「光学迷彩」の実装で知られる稲見昌彦や暦本純一らによる研究「人間拡張工学（オーグメンテッド・ヒューマン）」においても重要な要素であり、それを実現する技術として、VR（バーチャルリアリティ）やAR（オーグメンテッドリアリティ）、HCI（ヒューマン・コンピュータインタラクション）、ウェアラブルエレクトロニクス、テレプレゼンス／テレイグジスタンス、サイボーグやロボティクス、人工知能までが援用されます。

同じく稲見昌彦らによる「自在肢」（DESIGN & PRODUCTION：山村菜穂子＋瓜生大輔＋村松 充＋神山友

輔+阪本真+山中俊治）や、数々のＶＲ装置のほかにデバイスアート研究・実践でも知られる岩田洋夫らの大型歩行移動型モーションベース「Big Robot Mk.2」、外骨格ロボットクリエイター「スケルトニクス」による映画『エイリアン2』のパワー・ローダーを思わせるパワードスーツなどは、工学系学会で展示されるのみならず、今や国内外のアート・デザインの企画展やミュージアムで広く展示されています。また、リアルな人間らしさや「ヒトとロボットの境界という意味で大きな話題を呼んだ石黒浩「ジェミノイド」は、もともと離れたところにいる実験者がアンドロイドをアバターにして振る舞い、あたかも本人が憑依したように感じさせる「テレプレゼンス」の装置・作品としてArs Electronicaほかのアート企画展でも展示され、新たな人間らしさとは何かを考えさせるものでした。

人間らしさとは、そして真の心の豊かさとは何か――それは、二〇一〇年代後半から社会的に注目されはじめた「ウェルビーイング」の概念において中心的な、そしてそれを援用したアート表現においても重要なファクターです。コロナ禍で社会活動が自粛傾向であった二〇二〇年に開催された大人のためのこども展「おさなごころを、きみに」（東京都現代美術館）で展示された安藤英由樹らの「心臓ピクニック」や渡邊淳司らの「手のひらで感じるテニス　同時翻訳」などは、見知らぬ人と心臓の鼓動を共有して身体感覚をとらえなおしたり、これまで視覚・聴覚に頼っていたスポーツ観戦を「触覚を通じた体験」へ変換し、目が見えなくても楽しめる、新しいスポーツ観戦の在り方を実現するものでした。[*18] 同時に、コロナ時代の困難を乗り越えて開催された同展は、ポストコロナ時代に向けたアート&テクノロジー／サイエンス展示の在り方について、いくつかの成果を残しました。

成立するだけで奇跡（ミラクル）であり、参加した作家たちからも「複製藝術で本当によかった」、

「疫病によってこんなにもテレプレゼンスが普及するとは」、「二〇二〇年は予期せぬ特異点になった」などと感慨の声が上がりました。つまり、知恵を絞って①消毒と検温によってゆるやかな入場整理を実現した、②暗幕の廃止、プラスチック椅子の採用で順路や照明の工夫がなされるようになった、③同一上映ソースの分岐分配で多人数が集まらない、④非接触センサーの採用で消毒の手間を省く、⑤大型インスタレーションをドキュメントに変更し効果的に見せる、⑥参加型イベントの中止はクローズドイベントに変更し、無観客リモートを実施、⑦無観客型展示、非在の展示の検討を求められれば、それを逆手にとる面白い企画に転化したのです。

続くコロナ禍の影響下、前項に取り上げた二〇二一年のライゾマティクス個展でも、リモート環境を活かした多様な空間展示や配信、デジタルツイン会場などが試行されました。同展での「Particles 2021」展示は、かつて Ars Electronica や文化庁メディア芸術祭で受賞した作品を、半導体レーザー照射で光らせるハイパーな技術により十年を経て更新した作品でした。二〇一〇年代には、多様な手段で空中に情報を呈示する技術が競って開発されましたが、ライゾマティクスは「光の点群」以外にもドローンを用いた試みを早期から展開していました。空中に描画する手段であったドローンが、攻撃型ドローンとして使用されつつある現実は、かつて、想像力を視覚的に実装するためのツールであるはずのＣＧが、当初はミサイル弾道計算のために開発されたことをわれわれに思い起こさせるかもしれません。しかし一方で、工学者たちの探求が、社会におけるウェルビーイングを実現する試みとなり、同時にアートとしても評価される例が徐々に増えはじめています。

かつてより若手研究者として前出のＩＶＲＣにも携わっていた南澤孝太が、現在までに慶應義塾大学大学院メディアデザイン研究科において取り組んだ研究に、ムーンショット型研究開発事業・目標1「身体的共創を生み出すサイバネティック・アバター技術と社会基盤の開発」による「Brain Body Jockey プロジェクト」があります。このプロジェクトは、人間拡張工学的な取り組みとして、筋萎縮性側索硬化症（ALS）の当事者であるEYE VDJ MASA（武藤将胤）の意図するコマンドを、脳波を通じて抽出し、サイバネティック・アバター技術に基づいた拡張身体による身体的パフォーマンスの実現を目指しています。同様に、武藤とアーティスト小泉明郎のコラボレーション作品「縛られたプロメテウス」が、第二四回文化庁メディア芸術祭アート部門で大賞を受賞しました。もっと早期には、ザック・リバーマンらによる「Eye Writer」（二〇〇三）が同様にアイトラッキングシステムを用いてALSのグラフィティアーティストをフィーチャーし、二〇一〇年のArs Electronicaでインタラクティブ部門のグランプリであるゴールデン・ニカを受賞、文化庁メディア芸術祭では第一四回アート部門優秀賞を受賞しています。*19

これらの動きは、単に表現ツールの幅が拡がっただけではなく、身体拡張という方向性での社会貢献の可能性も押し広げました。鳴海拓志＋畑田裕二「拡張アバター接客　ゴーストエンジニアリングの実践」（二〇二三）では、鳴海拓志の提唱する「ゴーストエンジニアリング」＝アバターなどの身体拡張技術を活用してゴースト（情動・認知・思考など）に影響を与え、あるいはエンジニアリングする試みを実践しています。同作では、吉藤オリィら主宰の「分身ロボットカフェ DAWN ver. β」において、外出困難者である「パイロット」が遠隔で実際に接客を行い、ロボットアバターとバーチャルアバターとを切り替えられる「拡張アバター接客」を長期運用し、「パイロット」らが経験した認知や自己概念の変化を明らかにしました。AIによる創作活動を前に、写真機の発明で画家が失業するといわれた一九世紀さながらに揺れるアート領域から一方踏み出してみると、脳波でコマンド操作できるNextMind社のウェアラブルデバイス「NEXT MIND」なども、VRツールキット「ハコスコ」や現実と虚構の区別を曖昧にする「代替現実感（SR＝substitutional reality）」を用いた舞台『MIRAGE』（パフォーマンスグループ「グラインダーマン」代表：タグチヒトシ、日本科学未来館、二〇一二）で知られる社会神経科学者の藤井直敬によって、製品として国内で流通する運びとなりました。藤井らが専門とするブレインテック領域は、今後も多数のプレイヤー（研究者／アーティスト）の取り組みによって拡張を続け、表現ツールの拡大とともに社会実装による貢献も実現していく「装置」として機能していくことでしょう。

5 おわりに――次なるクリエイティビティへ

ノーベル賞を受賞した物理学者、朝永振一郎がしたためた「ふしぎだと思うこと　これが科学の芽です　よく観察してたしかめ　そして考えること　これが科学の茎です　そうして最後になぞがとけるこれが科学の花です」[*20]という言葉はあまりにも有名ですが、アートもテクノロジーもサイエンスにも、まず「ワンダー」があり、それにじっと集中し、そして考えるところから出発しています。では、今世紀に入って久しい今日、アート、サイエンス、デザイン、エンジニアリングなどの創造的な各領域の地図は、どのような姿を見せているでしょうか。

二〇一六年に、デザイナー／建築家であり、MITメディアラボで教鞭を執るネリ・オックスマンが論文「エンタングル（もつれ）の時代」で提唱した「創造性のクレブス回路（Krebs Cycle of Creativity）」（図8-2）という概念があります。それを図示したダイヤグラムは、生物がエネルギーを生成する一連の反応を指すクレブス回路と、元MIT教授でメディアラボ副所長も務めた前田ジョンによる同様のマトリックス（二〇〇六）、そして前田と共著書を刊行したリッチ・ゴールドによるイラストレーションのマトリックスという三点を参照していますが、いずれも上記四つの分野に、X軸Y軸で分かたれた象限のように明確な境界を設けています。[*21] ここで注目すべきなのは、「シンプリシティの法則」で知られる前田は自らのマトリックスをバミューダ海域になぞらえて「バミューダ四辺形」と呼んでおり、ともすれば四つの領域の中で迷い子になる可能性を認識しているのに対して、オックスマンは前出の論文において、下記のように述べています。新しいミレニアムの幕開けとともにわれわれは新たな「もつれの時代」に突入し、自らのダイヤグラムについても、四つの創造的探求の領域は完全にからみあい「ある領域が別の領域内で進化を引き起こし、ある個人やプロジェクトが複数の領域に同時に存在することがある。そしてその個人やプロジェクトは複数の領域に存在しうる」という、非常に「量子」的なアイデアを語っています。「量子もつれ」とは、数個またはそれ以上の粒子が相互に関係しあって、どの粒子の量子状態も単独では記述できず、すべての粒子をまとめて記述することしかできないような状態を指しています。前田やゴールドは、サイエンスは探求、エンジニアリングは発明、デザインはコミュニケーション、アートは表現であるというように、互いに明確に異なる四つの在り方を示しましたが、オックスマンは合成と分解が変換可能な四つのフィールドを、国境がなく専門用語の通じない「知的パンゲ

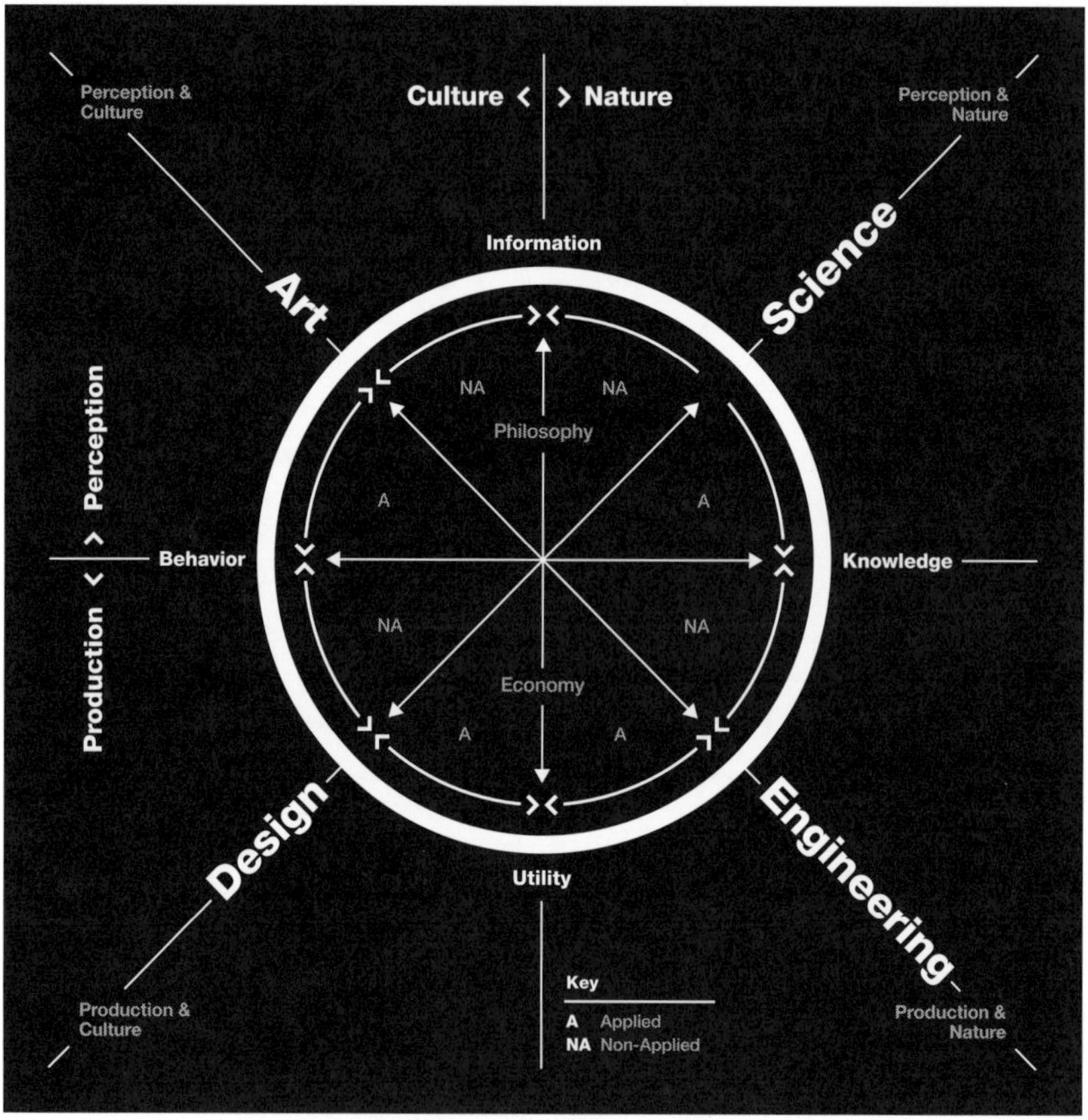

図 8-2 「Neri Oxman's Krebs Cycle of Creativity」Neri Oxman, Age of Entanglement, JoDS (Journal of Design and Science), 2016 より。https://jods.mitpress.mit.edu/pub/ageofentanglement/release/1 (2024 年 9 月 30 日閲覧)。

ア」にたとえ、そこを「エンタングルの時代」に旅することになぞらえました。しかし、いかにもミレニアル時代の賜物にも見えるこの「創造性の回路」も、二〇一七年から二〇一八年、コロナ直前の世界の中で成り立った言説です。つまり今は「もつれ時代」の只中であり、われわれの世界はすでに、疫病コロナの流行という大きな災厄を経た次のサイクルに突入しているのです。

二〇〇四年に文部科学省の平成一五年度科学技術振興調整費による調査・提言「先端科学技術研究をメディア芸術へと文化的価値を高めるための施政の在り方」が実施され、その報告書には、今後、アート領域と交わりハイブリッドな新領域が創出されるであろう科学技術の一〇の領域を予見した図（図8-3）が示されています。二十年以上が経った今、その予感は果たして的中したでしょうか。[*22] あらためてその図をよく見ると、重なりあういくつかの円の形をとって、本章でも話題にした、現在でいうウェルビーイング、宇宙や深海のフロンティア、バイオアートや生成ＡＩといった活況を呈する領域がここには予見されているように見えます。

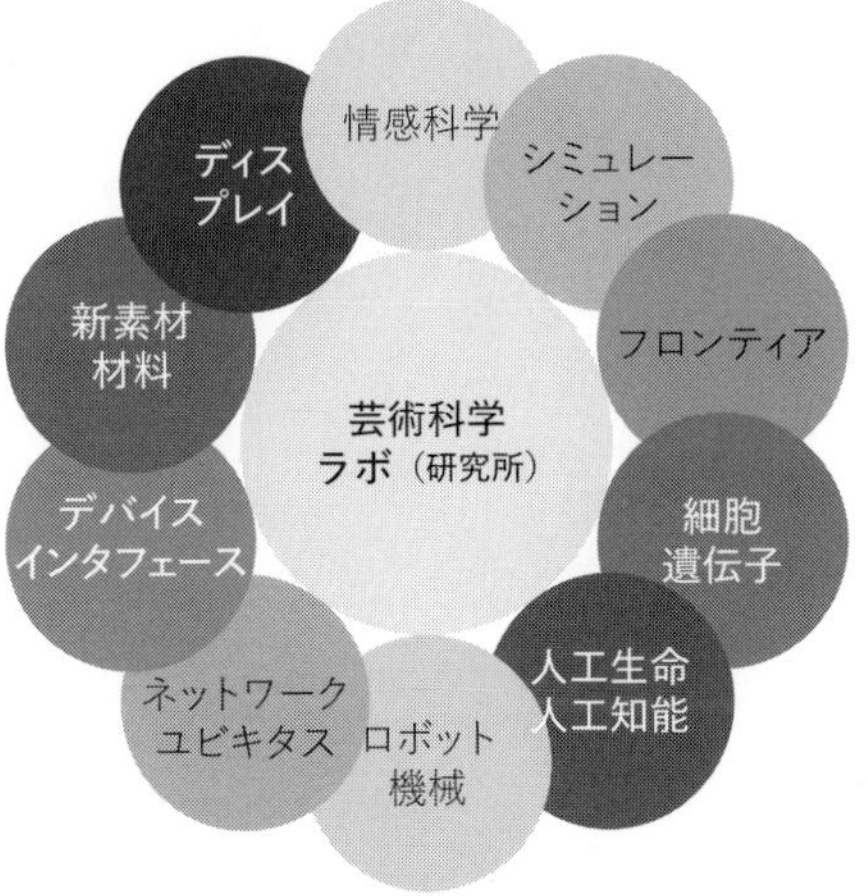

図8–3　かつて予見された科学技術の領域、「第5章 科学・芸術・産業の融合――芸術科学ラボの設立　重点研究領域の体系化」、「平成16年度科学技術振興調整費　科学技術政策提言『先端科学技術をメディア芸術へと文化的価値を高めるための施政の在り方』報告書」、メディア芸術調査委員会、p. 29

また、今世紀初頭から現在までに、

アートやデザインをビジネスに結び付けるものを含め、多様な思考法が編み出され提案されてきました。たとえば「ロジカル思考（顕在課題／論理定量）」から「デザイン思考（潜在課題／共感定性）」へ、さらにスペキュラティブ・デザインや「アート思考（自分起点／身体性・偏愛）」に至るものがよく知られていますが、社会は本当に、オックスマンのいう「量子的思考」へと向かっているのではないでしょうか。「量子的思考」とは、量子のふるまいのように全方位的であり、決して二項対立では割り切れない「非局所性」を特徴とし、トポロジカルかつ複数の場に遍在しうるというあり方です。

一方で、移り変わる社会や価値観の変容を目にする時、来たるべき宇宙時代にアートの果たす役割についても、人文社会科学研究からの視点を忘れず、引き続き考え続けることが必要です。また先述のとおり、メディアアート／メディア芸術の民主化は義務教育化によって劇的に進み、普及に重要な役割を果たした文化庁メディア芸術祭は四半世紀にわたって大規模に展開され、老若が集う国際的なコミュニティを形成したのち、きっぱりと終わることによって、本当の意味での「歴史」となりました。特に、日本ではメカニカルな存在に魅かれるアートコレクティブとしては一九二〇年代のマヴォに始まり、戦後の前衛芸術グループ実験工房が第一世代としてのアート&テクノロジーの萌芽だとすれば、一九八〇年代に大型映像空間を創出したダムタイプ、二〇一〇年代にはチームラボ、ライゾマティクスなどに代表されるようなテクノロジストのアートコレクティブによる活動が展開され、約三十年ごとに隆盛は繰り返されてきました。いずれも、関東大震災、第二次世界大戦、チェルノブイリ原発事故、東日本大震災――と、災厄や戦禍のたびごとに、レジリエンスを以て若い世代がテクノロジーによる創造性を発揮した結果だったように見えます。以降も、いま十歳ほどの子どもたち――われわれの次世代、次々世代が次の三十年を経て、並行世界のように少しずつ前サイクルとは違う活動を繰り返し続けて進んでいくのかもしれません。

ミレニアル世代に続くZ世代にとって、今後看過できない要素となっていくのが「死とテクノロジー」の問題です。死から問うテクノロジーと社会[*23]について、意識し判断せねばならない時がすでに訪れています。つまり、死者とのアクセスポイントとしてのXRテクノロジーや生成AIについて、科学が変容させる死生観や倫理の問題としてわれわれは考えねばなりません。亡くした幼い娘をVRで蘇らせるプロジェクトや「死後に自分をデジタル的に蘇らせない権利」を作品化するアーティストの出現など、パラダイムシフトはもう始まっています。今後も、人が死の前に見るという走馬灯＝パノラマ視現象についての研究や、肉体から生体データを観測・採集し続ける森公一の作品（「Trouble in Paradise／生存のエシックス」展／シンポジウム「《光・音・脳》メディアアートと脳神経科学の融合にむけて」、京都国立近代美術館、二〇一〇）が示す可能性が、次なる展開のカギになるかもしれません。そして、メタバース空間への展開も含め、今後も取り組みが続くであろう「空間アーカイブ」については、すでにニューヨーク近代美術館が古橋悌二「LOVERS」VRを収蔵／ウェブ公開しており、空間記録や空間内の身体の動きについては、伝統舞踊の舞いの軌跡を身体から三次元記録し、モーションキャプチャ手法で実装する研究が二〇〇〇年代初頭から進行しています。また屋外ARの事例としても、一九六四年に地域住民が撮影した東京オリンピック聖火リレーの古いパノラマ写真をデータ上でコラージュし、実際に現場に立ってタブレットをかざすとAR重畳表示としてされる「ARまちあるき」（東京大学廣瀬・谷川・鳴海研究室：当時）が、清澄白河や長崎の歴史写真にも応用され、ある意味「タイムマシーン」はARによってすでに実現していたといえます。

必然性のあるインタラクション／サイトスペシフィックなインスタレーション作品としては、マーカス・キソンの「touched echo」が卓越した表現を展開しています。ドレスデンを見おろす高台の鉄柵に肘をつき、両方のてのひらを耳にあてると、骨伝導によって飛行機の降下音や爆撃音が頭の中で聞こえ、第二次世界大戦末期の一九四五年に米英軍がドレスデンを襲撃した無差別爆撃が蘇ります。当時の市民が、この作品と同じく耳を覆って空襲の爆音に耐えたことを含め、幾千の言葉を尽くすよりも、作品が都市の記憶を静かに語り継いでいます。

かつてジュール・ベルヌ的な夢であった空間・作品の完全データ化は、前述のように何らかの手段で実装されつつあります。かつて「ホログラフィですべてを記録せよ」と提唱したソ連時代のロシアは「空像としての世界」＝ホログラフィの先進国でした。断絶し孤立しているフィルターバブルなアーカイブの中で、今や私たちは携帯電話などごくハンディなデバイスを使ってパノラマ空間に没入することができ、何週間ものTV放送をアーカイブし取り出せる生活を送っています。いつの間にか「イマジナリウム」はわれわれのすぐそばに成立していたのです。

アート&テクノロジー／サイエンスのいずれの面からもわれわれの知る世界は変転を続け、二〇二二年には量子研究がノーベル賞を受賞、二〇二三年には量子芸術祭が成立し、国産量子コンピュータ初号機、弐号機、参号機が稼働しました。ほどなく一九七〇年の大阪万博前後と同様、二〇二五年には量子コンピュータによる芸術が黎明を迎え、すべてのコンピュータが「古典コンピュータ」と呼ばれる時が到来します。「リアル」な空間に対して、オフホワイトならぬ「オフリアル」な空間があるという石田康平による概念が注目される一方で、かつての松澤宥「量子芸術宣言」や松井茂「量子詩」の試みを超えた「もつれ時代の多元的混沌」の中には、クロスモーダルな存在であることがデフォルトになった「量子ネイティブ」と呼ばれる世代が、いずれ生まれてくるかもしれません。量子的思考とは何か——生涯の間に答えの出る問いと、出ない問いがあります。これまでに獲得してきた視点と、やがて到来する「人が身体、脳、空間、時間の制約から解放された社会」の実現を目指す次の十年間について、これからも「量子的思考」と「量子的感性」とを以て物事に取り組み考え続けることが、今のわれわれに課された次なるミッションではないでしょうか。[*24]

〔註〕

＊1　virtual reality を「仮想現実」でなく「人工現実感」とすべき根拠と起源は下記を参照。谷卓生「VR＝バーチャルリアリティーは、〝仮想〟現実か——〝virtual〟の訳語からVRの本質を考える」『放送研究と調査』二〇二〇年一月号、NHK放送文化研究所、NHK出版、四六－五八頁。

＊2　森山朋絵「メディアアート領域にとってのデジタルアーカイブ」『デジタルアーカイブ・ベーシックス四　アートトシーンを支える』青柳正規ほか共著、監修：高野明彦／責任編集：嘉村哲郎、勉誠出版、八九－一〇三頁、二〇二〇

＊3　「情報処理学会連続セミナー２０１６　第5回メディアアート」（登壇：森山朋絵、田中浩也、剣持秀紀、落合陽一、司会：片寄晴弘）、化学会館／大阪大学中之島センター（遠隔）、二〇一六年一一月一五日でのコメント。

＊4　国立メディア芸術総合センター（仮称）設立準備委員会（森山朋絵ほかメンバー）「国立メディア芸術総合センター（仮称）基本計画」、二頁、二〇〇九年八月

＊5 「人間とテクノロジー」美術手帖一九六九年五月号増刊二一巻、三一三号、一九六九年、「別冊付録1―テクノロジーと芸術の歴史的展開」、G・ケペッシュ、N・シェフェール、J・ライハート、山口勝弘、幸村真佐男が論考掲載

＊6 「審査委員対談　原島博×森山朋絵」『文化庁メディア芸術祭1997－2022：25年の軌跡』、画像情報教育振興協会（CG-ARTS）、六八六－六九六頁、二〇二三年四月

＊7 Ars Electronica Linz GmbH, The Network for Art Technology and Society The First 30 Years Ars Electronica 1979–2009 (2009)

＊8 「映像工夫館」、東京都「東京都写真美術館基本計画」、一三－一六頁、一九九一および「総合開館記念展　イマジネーションの表現」（東京都写真美術館監修）、一九九五を参照

＊9 J＝F・ニスロンによる『奇妙な遠近法』（一六三八、東京都写真美術館蔵）に所収の「パトモスの聖ヨハネ」、「パオラの聖フランチェスコ」は、CGよるディストーションにも通じる空間変容と考えることができる

＊10 同作を展示した坂根厳夫企画による「不思議の国のサイエンスアート――インタラクティブアートへの招待」（かながわサイエンスパーク、神奈川、一九八九）が日本初の「インタラクティブアート」を冠した展覧会

＊11 Paul Milgram (University of Toronto)/Fumio Kishino (Osaka University), A Taxonomy of Mixed Reality Visual Displays, IEICE Transactions on Information and Systems vol. E77-D, no. 12(12), 1994: 1321–1329にいう、現実世界(Real Environment)／現実にバーチャルが混入した世界(Augmented Reality)／バーチャルに少し現実が混入した世界(Augmented Virtuality)／完全にバーチャルな世界(Virtual Environment)

＊12 ユリウス・フォン・ビスマルクは、CERN（欧州原子核研究機構）の初代客員芸術家として Ars at CERN に招聘された。以降、日本からは池田亮司、真鍋大度らがCERNとの作品制作を行っている。

＊13 SIGGRAPH Asia 連携企画、次世代映像アワード MADD. Award 2021「超高精細8K大型映像」カテゴリー作品上映（300インチ大型スクリーン投影8K映像作品上映）、東京都現代美術館講堂、二〇二一年一二月一六日

＊14 審査員（筧康明／草野絵美／ドミニク・チェン／稲見昌彦／八谷和彦／南澤孝太／土佐信道／樋口真嗣／福原

志保）を迎え、応援メッセージ（猪子寿之／落合陽一／Sputniko!／真鍋大度／山崎直子）を得て開催

*15 中ザワヒデキ起草（二〇一六年四月二五日）による「人工知能美学芸術宣言」の冒頭には「人間が人工知能を使って創る芸術のことではない。人工知能が自ら行う美学と芸術のことである」と書かれている。

*16 同作を含む大規模回顧展が、独ZKMを起点にオーストリアのOKセンター、ベルギーのiMalなどを経て世界巡回中。日本での活動と貢献はMITプレス刊行の同展図録を参照。Tomoe Moriyama, "Again, while you still have the Light. On their work, influence and relationship to Japan", C. Sommerer & L. Mignonneau THE ARTWORK AS A LIVING SYSTEM 1992–2022 (ed. ZKM / Leonardo): 356–362, MIT Press, 2023.

*17 「わび・さび・もえ・けなげ」のうち、わび・さびは英単語としても定着し、森川嘉一郎の提唱した「萌え」は「Moe = cherish affection」と訳されることもあったが、「けなげ」についてまだ定訳はないとされている

*18 『見えないスポーツ図鑑』（晶文社、二〇二〇）の著者、伊藤亜紗（東京工業大学）、渡邊淳司（NTTコミュニケーション科学基礎研究所）、林阿希子（NTTサービスエボリューション研究所）による研究プロジェクト

*19 Zach LIEBERMAN / Evan ROTH / James POWDERLY / Theo WATSON / Chris SUGRUE / Tony TEMPT1, The EyeWriter（第一四回アート部門優秀賞）。The EyeWriter 開発チームによる「The EyeWriter 2.0」も、山口情報芸術センター［YCAM］にて発表されている。

*20 京都市青少年科学センター所蔵色紙より

*21 オックスマンによる「Krebs Cycle of Creativity」は二〇一六年の「Neri Oxman, Age of Entanglement, JoDS (Journal of Design and Science)」に掲載され、「Neri Oxman's Krebs Cycle of Creativity」Spectrum 二〇一七年冬号、MIT Press にて紹介されている（ウェブサイト https://jods.mitpress.mit.edu/pub/ageofentanglement/release/1, 二〇二四年九月三十日閲覧）。

*22 「平成16年度科学技術振興調整費　科学技術政策提言『先端科学技術をメディア芸術へと文化的価値を高めるための施政の在り方』報告書」、メディア芸術調査委員会、二九頁

*23 詳細は、アート&サイエンス領域の企画展やサイエンスと異分野をつなぐプロジェクトで知られた故・塚田有

那の著作を参照。編著：塚田有那・高橋ミレイ／HITE-Media「RE-END　死から問うテクノロジーと社会」ビー・エヌ・エヌ、二〇二一。

＊24　久保田晃弘「量子コンピュータアート序論」、ÉKRITS、二〇二三（ウェブサイト、二〇二四年九月三十日閲覧）および企画展「坂本龍一　音を視る　時を聴く」（東京都現代美術館、二〇二四）および「エンタングル・モーメント――量子・海・宇宙」展（大阪・関西万博、二〇二五）のための筆者の論考を参照。

あとがき

私たちは朝起きてから夜眠るまでアートに囲まれています。着ているパジャマ、なぜそれを着ているのだろう。寒いから？　でもそれだけではないでしょう。寝室を見回してみます。窓にカーテンがかかっています。遮光すれば何でもよかったのでしょうか？　そうではないと思います。そのカーテンを選んだのは、柄が気に入ったからではないでしょうか。壁に絵が掛かっているかもしれません。もちろんお気に入りの絵のはずです。私たちは物を機能だけで判断しているのではありません。機能は同じでも、気に入る物とそうでない物があるのです。つまり、私たちは私たちの周りの環境を常にアートとして判断しているともいえます。商業デザイン、工業デザインの発展は、私たちが物を機能のみならず、アートとしても評価もしているからです。

さて、朝食です。なぜテーブルをその場所に置いたのでしょう？　なぜその食器を選び、一定の形に配列したのでしょう？　それらが気に入っているからだと思います。もちろん料理自体もアート作品としての側面をもっています。このように、私たちは不断にアートを作り出す行動をしています。もちろん私たちは専門家のアート作品を楽しみますが、アート作成行動なしのヒトは考えられません。これは「文明化」された人間だけの特性ではありません。アフリカや南米の先住民族もまた、優れたアートに囲まれています。つまりアートはホモ・サピエンスの行動の特徴なのです。アール・ブリュットの世界は、「ヒトの本能」としてのアートの姿を垣間見せてくれます。

アートは私たちを楽しませるだけではありません。作り手と鑑賞者の間に情報の流れがあります。私たちが伝えたい情報は言語化できるものだけではありません。音楽を含めて、アートは、多くの言語化できない情報を伝えることを可能にします。さらに特定の社会的・政治的主張も可能にします。つまり社会に対する情報発信の手段としてのアートです。

アートは私たちの文化の産物であることはいうまでもありませんが、同時に意識することはなくても、ヒト以外の動物とも共有している進化の過程の産物でもあります。そう考えると普段気がつかないアートの意味が見えてくるかもしれません。この本がアートという、私たち人間に与えられた豊穣な世界をより深く理解することの一助となれば幸いです。

この本の編纂にあたり、著者の方たちにはさまざまな無理をお願いしました。快く執筆していただけたことを心から感謝いたします。また、末尾になりましたが、共立出版の山内千尋さん、河原優美さんには本当にお世話になりました。著者を代表してお礼申し上げます。

渡辺　茂

Memorandum

Memorandum

取得退学。専門は美学・美術史。著書に『イタリア・ルネサンス美術大図鑑１ ――1400年～1500年』（共訳、柊風舎、2014）、『美術コレクションを読む――アート・コレクション制度の成立とその読解』（共著、慶應義塾大学出版会、2012）。

石津 智大（いしづ ともひろ）

関西大学文学部心理学専修教授。2009年慶應義塾大学大学院社会学研究科心理学専攻博士課程単位取得退学。博士（心理学）。ロンドン大学生命科学部リサーチフェロー・シニアリサーチフェロー、ウィーン大学心理学部リサーチャーなどを経て、現職。専門は神経美学・認知脳科学。著書に『神経美学――美と芸術の脳科学』（共立出版、2019）。

内海 健（うつみ たけし）

東京藝術大学名誉教授。1979年東京大学医学部卒業。東京大学医学部附属病院分院神経科、帝京大学医学部精神神経科学教室、東京藝術大学保健管理センターなどを経て、現職。博士（医学）。専門は精神医学・精神病理学。著書として『援助者必携 心理カウンセリングのための精神病理学入門』（共著、金剛出版、2025）、『精神科臨床とは何か 増補版――「私」のゆくえ』（春秋社、2024）、『アートをひらく――東京藝術大学「メディア特論」講義』（編著、福村出版、2024）、『金閣を焼かなければならぬ――林養賢と三島由紀夫』（河出書房新社、2020、第47回大佛次郎賞受賞）、『さまよえる自己――ポストモダンの精神病理』（筑摩書房、2012）など。

後藤 文子（ごとう ふみこ）

慶應義塾大学文学部人文社会学科（哲学系）教授。1996年慶應義塾大学大学院文学研究科美学美術史学専攻博士課程単位取得退学。修士（美学）。東京国立博物館研究員（文部技官）、宮城県美術館研究員を経て、現職。専門は西洋美術史。著書として『科学と芸術――自然と人間の調和』（共著、中央公論新社、2022）、『色彩からみる近代美術――ゲーテより現代へ』（共著、三元社、2013）、「ヴァイマル・バウハウスをめぐる〈多共同体ネットワーク〉とパウル・クレー」（『パウル・クレー展 創造をめぐる星座』図録、中日新聞社、2025）、「歩くことは踊ること 二〇世紀初頭ドイツにおける〈躍動〉としての体操」（『ユリイカ』、2024年6月）。1997年に棚橋賞（財団法人日本博物館協会）、2005年に美術館連絡協議会図録奨励賞（共同受賞）、2006年に西洋美術振興財団文化振興賞（団体）を受賞。

森山 朋絵（もりやま ともえ）

メディア芸術キュレーター／東京都現代美術館学芸員。1989年より学芸員として東京都写真美術館の創立に携わり、「総合開館記念展 イマジネーションの表現」（1995）ほか、映像メディア展を多数企画。2007年より現職。東京大学、早稲田大学ほかで教鞭を執り、ZKM、マサチューセッツ工科大学、ゲティ研究所招聘滞在後、アルスエレクトロニカ、NHK日本賞、第1回SIGGRAPH Asia議長を歴任。東京都現代美術館にて、名和晃平（2011）、吉岡徳仁（2013-2014）、ダムタイプ（2019-2020）、ライゾマティクス（2021）、坂本龍一らの個展を担当し、映像装置やテクノロジーと芸術の協働、展示支援システムの研究と実践を行う。日本バーチャルリアリティ学会大会フェロー。大阪芸術大学アートサイエンス学科客員教授。

著者紹介

［編著者］

渡辺 茂（わたなべ しげる）

慶應義塾大学名誉教授。1975年慶應義塾大学大学院社会学研究科博士課程修了。文学博士。専門は、実験心理学・神経科学・比較認知科学。著書に『動物に「心」は必要か 増補改訂版──擬人主義に立ち向かう』（東京大学出版会、2023）、『鳥脳力──小さな頭に秘められた驚異の能力』（化学同人、2022）、『あなたの中の動物たち──ようこそ比較認知科学の世界へ』（教育評論社、2020）、『美の起源──アートの行動生物学』（共立出版、2016）など。1995年イグ・ノーベル賞、2017年日本心理学会国際賞・特別賞、2020年山階芳麿賞を受賞。

［編者］

大崎 睦（おおさき むつみ）

東京都公立大学法人東京都立大学管理部生涯学習推進課オープンユニバーシティ職員。京都芸術大学大学院芸術研究科（通信）修士課程修了。修士（芸術学）。2018年より東京都立大学にて生涯学習講座の企画を担当し、本書著者、渡辺茂、星聖子による講座をはじめ、アート分野を中心に多くの講座企画を手がける。

［著者］

五十嵐 ジャンヌ（いがらし じゃんぬ）

東京藝術大学、慶應義塾大学、立教大学、明治学院大学、実践女子大学、文化学園大学非常勤講師。2003年フランス国立自然史博物館大学院博士課程修了。博士（先史学）。専門は、美術史・考古学。著書に『洞窟壁画考』（青土社、2023）、『なんで洞窟に壁画を描いたの?──美術のはじまりを探る旅』（新泉社、2021）。2016～2017年に東京、宮城、福岡で開催された特別展「世界遺産ラスコー展」学術協力。

幕内 充（まくうち みちる）

国立障害者リハビリテーションセンター研究所脳機能系障害研究部高次脳機能障害研究室室長。2001年東京大学医学系大学院脳神経医学専攻博士課程修了。博士（医学）。東京大学医学系大学院認知言語医学講座、カロリンスカ研究所神経科学部門人脳研究講座、マックス・プランク認知神経科学研究所神経心理学部門などを経て現職。専門は、認知神経科学。著書に『自閉スペクトラム症と言語』（編著、ひつじ書房、2023）、『音声コミュニケーションと障がい者』（共著、コロナ社、2021）。

星 聖子（ほし せいこ）

慶應義塾大学グローバルリサーチインスティテュート未来共生デザインセンター共同研究員、北里大学、桜美林大学非常勤講師、東京都立大学オープンユニバーシティ講師。1989年慶應義塾大学理工学部物理学科卒業ののち、1989～1994年石川島播磨重工業株式会社（IHI）宇宙利用開発部勤務などを経て現職。2004年慶應義塾大学大学院文学研究科美学美術史分野博士課程単位

なぜアートに魅了されるのか

Why Art?: A Multi-Disciplinary Approach

2025年 5 月10日　初版 1 刷発行

編　者　渡辺茂・大崎睦

著　者　渡辺茂・五十嵐ジャンヌ・幕内充・星聖子・石津智大
内海健・後藤文子・森山朋絵　Ⓒ 2025

発行者　南條光章

発行所　**共立出版株式会社**
〒112-0006 東京都文京区小日向4-6-19　電話 03-3947-2511（代表）
振替口座　00110-2-57035
［URL］　www.kyoritsu-pub.co.jp

印　刷
製　本　藤原印刷

Printed in Japan

検印廃止
NDC　701.1, 701.4, 491.371
ISBN 978-4-320-00621-8

一般社団法人
自然科学書協会
会員